生活·读书·新知 三联书店

人论三题

新编本

邓晓芒 著

Copyright © 2019 by SDX Joint Publishing Company.
All Rights Reserved.
本作品版权由生活·读书·新知三联书店所有。
未经许可，不得翻印。

图书在版编目（CIP）数据

人论三题：新编本／邓晓芒著．—北京：生活·读书·新知三联书店，2019.9（2023.10 重印）
ISBN 978 – 7 – 108 – 06500 – 1

Ⅰ．①人… Ⅱ．①邓… Ⅲ．①人生哲学 Ⅳ．① B821

中国版本图书馆 CIP 数据核字（2019）第 040009 号

责任编辑	吴思博
装帧设计	康　健
责任校对	龚黔兰
责任印制	董　欢
出版发行	生活·讀書·新知 三联书店
	（北京市东城区美术馆东街 22 号 100010）
网　　址	www.sdxjpc.com
经　　销	新华书店
印　　刷	三河市天润建兴印务有限公司
版　　次	2019 年 9 月北京第 1 版
	2023 年 10 月北京第 3 次印刷
开　　本	880 毫米 × 1230 毫米　1/32　印张 13.75
字　　数	330 千字　图 46 幅
印　　数	11,001 – 14,000 册
定　　价	58.00 元

（印装查询：01064002715；邮购查询：01084010542）

目录

新编本序言　_1
初版序言　_4

第一编　人生的功课

"成人"的哲学——邓晓芒教授访谈　_002
一个"右二代"的"革命"经历　_021
生命的尴尬和动力　_065
我的优雅生活　_069
在哲学的入口处　_076
知青·人生　_085
对知青下放50周年的历史与哲学反思　_124
我的大学　_134
七十受聘感怀　_146
史铁生的哲学　_150
活,还是不活——评余华的《活着》　_191

第二编　人格的建构

"人格"辨义　_ 196

再辨"人格"之义　_ 201

［附录］"人格"有道德含义　_ 209

当代中国知识分子的两难处境　_ 217

［附录］在语境中理解概念的含义　_ 223

要有中国语境的现实感　_ 229

何谓自由知识分子　_ 232

［附录］也谈胡适的身份意识　_ 238

从《文化偏至论》看鲁迅早期思想的矛盾　_ 246

新型人格意识宣言　_ 266

门外谈中国画的创新　_ 281

"我要问学者"栏目答客问　_ 294

第三编　人性的镜子

西方伦理精神探源　_ 304

东西方四种神话的创世说比较　_ 339

《康德〈论永久和平〉的法哲学基础》序　_ 349

信仰三题：概念、历史和现实　_ 357

消费时代与文学反思　_ 376

关于《红楼梦》答傅小平问　_ 387

现代艺术中的美　_ 401

关于城市雕塑的文化反思　_ 416

新编本序言

本书由重庆大学出版社初版于2008年，算来已有十个年头了，市面上早已脱销。虽然印数不多，但也已经造成了一些影响，在孔夫子旧书网上最贵的竟然标价500元一本。当然，这也与本书不是一本严肃的学术论文集，而主要由一些随笔、访谈、讲演和短文组成有关，其中与本人青年时代亲身经历相关的部分，可能对今天那些仍然在逆境中艰难拼搏的年轻人有更大的吸引力。这次新编，我去掉了一些比较沉闷的、哲学专业性太强的以及已收入其他文集中的文章，补充了一些较有可读性的文章，并加了一些新旧照片，使文章读起来更加直观。算来减少的部分有10篇，增加的部分共12篇，保留的有17篇，总的字数有所增加，特别是加了一篇自传性的《一个"右二代"的"革命"经历》和几篇文学艺术评论（其中最长的一篇是《史铁生的哲学》，为最近在北京青年报社的一次演讲），并配上相应的图片，内容更为生动。所以这个本子仅仅称为"修订本"已经不够了，干脆叫作"新编本"。但主题仍然是"人论三题"，即人生的功课、人格的建构和人性的镜子，这也是我数十年来整个学术研究背后最重要的三个主题，无论我面对的是德国古典哲学那深奥晦涩的文字，还是令人眼花缭乱的文学艺术现象，或是中西文化的激烈碰撞，以及波诡云谲的国内外时势的跌宕起伏，这三个主题无时无刻不在我的内心中向我提问，逼迫我思考。

改革开放以来,中国人思想意识中所发生的最大变革是什么?我想可以用四个字概括:人的发现。这本来是人们经常用来形容西欧文艺复兴时代的赞语,但不同的是,文艺复兴的人文主义者们在反抗中世纪的思想禁锢时,他们手中现成的武器就是古希腊罗马所流传下来的文化传统。相反,中国当代的"人的发现"却不可能采取"文艺复兴"这种形式,因为我们从古代传统中所能够继承的意识形态只有一个,就是"人的扼杀"或"人的遮蔽"。"人"在中国传统文化中,不是归结为"家国天下",就是归结为"自然"。这一传统的阻力不但时时将人们引回古老的时代,而且近些年大有笼罩一切、控制一切之势。但毕竟,随着国门的打开,国际交流的日益频繁,尤其是随着市场经济给中国人的日常生活方式所带来的巨大变革,中国人在开始"睁眼看世界"的同时,也已经睁开眼睛看自己了。同一个"人的发现",在西方近代采取了文艺复兴的方式,而在中国则是采取了面向西方文化的方式。这两种方式看似不同,实则为一——就是揭开千年以上的文化遮蔽而返回到普世的人性。

我本人早在四十多年前,就开始了这一艰难的历程。现在的青年人可能很难理解,我是从阅读马克思主义哲学经典著作而获得对西方文化的最起码的教养的。当然另一个重要的思想来源是西方文学经典作品,这其实是"五四"新文化运动在历经磨难后所仅存下来的硕果。这两种西方的意识形态,一个从思维方式上,另一个从情感方式上,猛烈地撞击着当时我那渴求光明的灵魂。这就是为什么我的书中那么频繁地回到自己的知青生活,因为那就是我的启蒙时代。我以自己的经历证明,即便是"文革"和上山下乡那样的思想荒漠,也不能完全抹杀和阻止人在黑暗中的摸索,正如顾城所言:"黑夜给了我黑色的眼睛,我却用它寻找光明。"今天举国上下的商品经济大潮带来了另一种思想黑暗，人们纷纷返回到古老传统中去寻求心灵的避难所，试图在那里维持几千年来的麻木和自欺。当代年轻人面临的是鲁迅在《死火》中所描绘的处境：要么让自己冻灭，要么燃烧起来，"忽而跃起，如红彗星"，哪怕烧完。思想上的懒汉等于未曾诞生，又何苦来到这个世界上？这也正是我自己当年的想法。由此我也悟到，现在的年轻人和我的知青时代有同样的困惑，需要付出同样的毅力和决心来抗击周围的黑暗。这也许正是我的书能够得到年轻一代的关注和共鸣的缘故吧。

编完此书，我想到还有两个多月，我将迈入人生的"古稀之年"，本书第一部分"人生的功课"可以看作我对七十年心路历程的一个全景式的回顾，具有特殊的纪念意义。在这里，我为我自己，也为年轻的读者们，感谢吴思博女士的约稿，以及三联书店慨然接受此书的出版！

邓晓芒，2018年1月20日，于喻家山

[补记]

正当我七十岁将满，准备从华中科技大学按正常程序办理退休手续前夕，今年4月4日，湖北大学聘我为该校哲学学院资深教授，获终身教职。在聘任仪式上，我为学院一百多师生做了一场关于生死问题的演讲，决心将有限的余生，用来从事自己深爱的哲学事业。这不是矫情，而是我的真实想法。

2018年5月13日又及

初版序言

"人生""人格"和"人性",这是我关于"人"的思考的三个主题,也是我自己在"成人"的旅途中三个重要的驿站。

首先是"人生"。

什么是人生?通常认为,人自从一生下地,便开始了他的人生。一般意义上当然也可以这样说。但在我所体会的意义上,真正的人生是从一个人脱离家庭的庇护而走上社会的时候才开始的。当人意识到自己是一个"人",而不只是家庭的一分子,当人意识到他的处境同其他"人"没有任何两样,他必须靠自己的双手和头脑为自己争得在社会上立足成人的资格,这时候,他的"人生"就开始了。而在此之前,他的家庭生活、学生生活都只不过是在为他踏入人生做准备而已。

四十多年前,我初次踏上了人生的旅途,那年我十六岁。当火车启动,载着我们一大批知青驶向那千里之外的都庞岭山区时,我与同车厢的知青摆开"楚河汉界",开始了虚拟世界中疯狂的厮杀。我们在下棋、观棋中消磨着旅途的无聊,有时歌声响起来,激动起一阵狂热的遐想,铁路边惊飞的大群麻雀消散在天际,有女同学在偷偷地啜泣。我那时年轻气盛而单纯,义无反顾,正好与当时充斥于社会的"革命豪情"叠加在一起,应和着"我们走在大路上,意气风发斗志昂扬"的歌声的节奏。直到多年以后,我才把自己奔向人生的决绝从这种虚假的豪情上剥离开来，而这是很多老知青至今还未能做到的。回想起来，当时的那种决绝正是一个青年在面对自己人生的前途时极宝贵又极正常的冒险精神，那里面充满着好奇、幻想和迷惘，略微有点感伤，但更多的是一种生命力的强烈冲动，它给我带来一种走出家庭扑向社会的类似英雄主义的自豪感，和一种迎接生活的严峻挑战时的激动。

在农村，我接触到了中国社会的底层，并且自己就生活在他们之中，成了他们中的一员。但我并不能，也并不心甘情愿地成为他们中的一员，因为我是知青。甚至于，我有意让自己成为他们中的一员，就是为了最终不让自己仅仅成为他们中的一员。我在漫长的十年知青生涯中，有三年是自己转回到老家，主动放弃知青的身份处境，而和远房亲戚、农村青年打成一片的时光。我想看看他们的人生，并用他们的眼光来更深刻地体验自己的人生。我对他们既有友谊和敬佩，也有怜悯和悲哀，有时还有愤怒。我深深体会到鲁迅所说的"哀其不幸，怒其不争"，我绝不能走他们所走过和必将重走的人生老路。但当时我没有办法把自己和他们区别开来，我知道，很可能我也将和所有的农民一样，在农村娶妻生子，仅仅为了养家糊口而操劳一世。我唯一能够和他们不同的就是我有思想。我开始领悟到，真正的人生就是反思的人生，没有对人生的思考，人的一生和动物也就没有什么区别，人就白活了一生。我在很久以后读到苏格拉底的名言："没有思考过的人生是不值得过的。"感到深获我心。

其次是"人格"。

我的独立思考使我有了我的"自我"，正如笛卡尔所说的："我思故我在。"在孤独中，我看书，我记日记，我和同学、和朋友们写很长的信，倾吐着自己偶尔冒出来的思想，并力图将它们整理成"思路"。我日益精进，开始有了自己的"心路历程"、自己思想的脱胎换骨。那时我在农村,天不管,地不收,没有人关心我看什么书、说什么话、想什么问题,也没有任何人可以请教,只有书本。我完全是在自我启蒙。每天的劳动是挣自己的口粮,同时也是练身体,以及体验零距离的"生活";而每天晚上的读和写,则是把这些体验变成思想、变成灵魂的营养。就这样,我形成了自己封闭的"人格"意识,即一个人的精神独立性,他的物质性生存和肉体生存都是为了一个独立的精神生活服务的。人之成人的标志就在于他有一个人格,这个人格是他时时关注、着力打造、小心维护并坚持一生的,是他作为一个人存在的基础。它给他提供主见、决断、追求的目标和评价的标准,而不在乎外界的成见和众人的关注。一个有人格意识的人是一个有个性的人,具有"虽千万人,吾往矣"的决心和胆识;一个有人格意识的人是一个有原则的人,他分得清什么是违背自己人生信条的、什么是自己应该万死而不辞的。而他的原则经过反复的独立思考,是建立在他确信无疑的自由意志之上的,而不是未经思考由别人给自己安排停当的。缺乏独立的人格意识的人在追溯自己的思想根源时总是喜欢说,我从小就受到谁谁的教育,懂得了什么什么道理;与此相反,我则是在反叛这些教育、怀疑这些道理中获得了自己"成人"的经验的,我的原则是我自己建立起来的,或者说,至少是我自己在各种不同的原则中自由选择出来的。如今网络"愤青"们缺乏的正是这样一个过程,他们是思想上的懒汉,从来没怀疑过那些"天经地义"的东西,因而他们很容易成为某种现成势力的玩物,或者打手。

最后是"人性"。

中国人自古以来把人性归结为以家庭血缘关系为模式的等级名分(礼),而把一切违背这一等级模式的行为直呼为"禽兽"。从此以后,中国人便无法懂得把人与自然从根本上区别开来的标准和界限,因为血缘关系仍然不过是一种自然关系。中国人只是在自然关系内部划分人与兽,因而并不能够真正把人与兽、人性与兽性划分开来。我们由此可知,为什么中国人总是用对待兽的办法来对待人了。正如鲁迅所说的,几千年来我们是一个"吃人"的民族,我们不仅在肉体上习惯于吃人,而且更重要的是在精神上总是将一切人性化的东西都吞噬无遗、化为乌有。但我们对这一点并不自知,因为我们自恃有"五千年文明",我们可以将一切"吃人"的痕迹都打扫得干干净净,装饰得天衣无缝。唯有当我们在一百年前初次接触到西方启蒙思想的时候,我们才惊异于一个闻所未闻的崭新的视野展示在我们面前,这就是西方人道主义或人本主义的视野。人本主义并不取消人的自然性或肉体存在,但它强调的是人的自由意志在人的生存中所发挥的主导作用,是人的思想和精神追求对于人生的决定性的意义,是一切人类个体在普遍人格上的一律平等。这种人生境界是只有当人已经具备了一定的人格意识之后,才能够心领神会的。我在近三十年前跨进武汉大学的校门的时候,已经初步具备了这种意识。又加之遇上了改革开放的大好时机,大量曾遭封禁的中外文史哲著作的解禁,一波又一波的最新国外思潮在最短时间内被翻译出版,美学热、文化热、尼采热、萨特热、弗洛伊德热、海德格尔热,向我们这一代幸运儿扑面而来,令人目不暇接:这些都提供了对中西人性进行比较的最佳条件。20世纪80年代的"新启蒙",以及有关人道主义和异化问题的大讨论,是中国人性论在理论上的一次巨大飞跃。正是在两种不同意义上的"人性"的比较中,我开始意识到人类普世价值是不论哪个民族的人性都自然追寻而不可偷换的目标。所以在我看来,人性的话题就是中西文化比较的话题,它将在整个21世纪成为中国学术界或隐或显的核心主题。

本书不是专业性很强的学术著作,而是多年来我的一些比较轻松的文字的汇编,其中有随笔、有评论、有序跋、有短文、有论战,也有几篇比较长的论文,但都不算艰深。所有这些文字都围绕着一个"人"的主题,并且展示了我上述有关"人生""人格"和"人性"的一些思考。再过几天,就登上我人生满六十周岁的一个阶梯了,我谨以此书作为我六十年来人生之旅的一个纪念,并感谢促成此事的责任编辑陈进先生。

邓晓芒,2008年4月2日,于珞珈山

第一编　人生的功课

"成人"的哲学——邓晓芒教授访谈

访谈人：欣文，《学术月刊》编审

欣文（以下简称欣）：邓教授，我曾从旁了解到您的经历，感到十分惊异。可以说您完全是通过自学而取得进入学术界的学力的。在十多年的知青下放和从事体力劳动的过程中，您以初中毕业的学历为自己打下了厚实的哲学基础，而且涉及如此广泛的文化知识领域，是一般人难以想象的。能否谈谈您的自学经历？

邓晓芒（以下简称邓）：其实，那时我自学西方哲学包括马克思主义哲学只是一种兴趣而已。这种兴趣不是天生的，只能是生活带给我的。我就是想要搞清一些社会的问题、历史的问题，更重要的是我自己的人生的问题。所以我对哲学的理解是很广泛的，它与整个人生都密切相关，而且不仅仅是我自己的人生，也包括别人的人生，甚至包括文学作品中的人生，全人类曾有过的和可能有的人生。我想搞清别人的活法，各种各样不同的活法，以便为自己的活法提供参考。所以哲学就是理解人、理解自己。在这方面，我觉得外国哲学展示了人生的各种不同的可能性，所以尽管一开始我什么书都找来看，但后来慢慢就把更多的精力投入到阅读外国哲学著作中去了。但显然，外国哲学对于我来说并不是一种"专业"，而是一种视野。

欣：据我所知，在当前国内的文化讨论中，您对传统文化持十分激烈的批评态度。是什么使您认为有必要对传统文化采取彻底批判的立场？是单纯学理上的考虑，还是您真的觉得传统文化对当今社会的发展和对您个人造成了极大的阻碍？

邓：当然是现实的考虑。我们这一代人经历了"文革"后，不少人放弃了对社会的思考，一心一意地为生计奔忙，但我觉得有必要反省我们在"文革"中的所作所为。我把这种反省看作一个人"成人"的功课。"文革"是一场情绪化的运动，"文革"中的行为在心理上都类似于儿童的行为，没有理性和自己的思想，只有"朴素的阶级感情"。追究起来，只是一种情绪而已，是一种非理性的心理定势的作用。我是"文革"前下放农村的，整个"文革"期间我们都与农村和农民保持着密切的接触。我已经朦胧地感觉到，这种非理性的情绪化并不是一次运动所造成的，它深深植根于我们这个农业民族的深层心理中。因此一个中国人要想真正"成人"，首先就必须与这种幼稚的非理性情绪拉开距离，以一种客观、清醒和理性的眼光反省我们自己的行为和生存方式。我对哲学的兴趣就是这样来的。我在西方哲学的书中，当时主要是在马克思主义哲学的书中，找到了理性的思维方式，一下子就着了迷，并将这种思维方式视为自己安身立命的坚实基础。对照当时周围一片不讲道理的喧嚣和煽动，哲学家们在他们的书中是那么娓娓道来，但又具有逻辑的说服力。所以我一开始学习哲学，就带有一种社会批判和文化批判的倾向，虽然并不完全自觉，但有一点是确定的，就是在当时席卷一切的非理性狂潮中，力图通过理论学习来加强自己的定力，保持清醒的头脑。

欣：在出身于知青的学者群中，坚持弘扬传统文化的精华的学者也不少，许多人正是通过对传统价值的弘扬来批判当今社会的弊病。您如何看待这种现象？

邓：不错，我们这一代学人尽管有大致相同的经历，却也产生了一些原则性的分歧，其中最重要的，是对同一个中国的现实生活和对中国传统文化的看法的分歧。我们置身于同样的处境中，却产生了两种完全不同的感受和态度。一种是，在经历过"文革"之后，沉入农村那相对平静的自食其力的劳动生活，亲身感受到周围人际关系的亲切、单纯和温暖，很容易认为中国几千年传统文化的血脉唯有在偏僻农村才完好地得到了保存，于是从中生发出要恢复和发扬这已经濒临断层的传统文化，以拯救堕落了的世道人心的志向。另一种则是，并不是把"文革"看作某种个人意志任意妄为的产物，而是追溯到产生"文革"的文化心理基础和社会历史根源，于是在下到农村之后，通过劳动的磨炼和与农民的贴近的交往，感到自己把握到了"文革"之所以发生的最深刻、最隐秘的根源，这就是落后的自然经济的农业生产和家族式的人际关系。这种人际关系以温情脉脉的方式培养着人的依赖性和情绪化的思维方式，从而为集权统治准备了最广大最深厚的温床。我本人在十年的农村插队生活中采取的是第二种思路，由此形成了我的基本立场：对"文革"的批评不是对某一个人或某一群人的批评，而是要从根子上对整个社会由以形成的传统文化进行反思，因为只要这个社会的根基不变，陈旧的农业生产方式不变，农村普遍存在的宗法式的家族人际关系不变，"文革"的一套思维模式和情感模式就总会以这样那样的形式表现出来，严重地阻碍我们这个社会的发展和进步。

很明显，上述两种思路是针锋相对的：一个是要恢复和弘扬中国传统文化，一个是要批判和改造中国传统文化，但两者都是出于对"文革"的反思和对社会的责任感。我认为，假如没有当代的国际潮流和国内现实的根本变化，这两种思路本来谈不上谁对谁错。就第一种思路来说，其实中国历史上拨乱反正并回到以仁爱立国的无为而治、与民休息的方针上来的例子多得很。如汉初鉴于秦政的失道而行"黄老之术"、唐代的"贞观之治"等等。毕竟，儒家理想的"治世"总要比"乱世"好，因此人们总会希望重振纲纪，恢复传统。就此而言，我对上述第一种思路抱同情的理解。站在儒家的立场，无疑会认为"文革"摧毁了传统儒家文化的血脉，毒害了中国社会几千年流传下来的人际关系，而没有了这种被当作正统的儒家文化传统，中国人就丧失了"道德理想"，导致了"人文精神失落"。因此后"文革"时代知识分子的一个主要使命，在许多人看来就在于重新回到传统文化、主要是儒家文化中去，挖掘我们今天社会生活的道德资源，以维系我们民族的精神血脉。

但我以为，这种在中国数千年历史上有其合理性的儒家正统立场，在当代中国特别是改革开放以后的中国，已经不适应时代的发展了。其实，传统法家路线与儒家路线在贬低个体意识这一点上完全是一致的，就此而言，"文革"绝非中国传统文化的"断裂"，而正是中国传统文化中沉渣的泛起。我所选择的思路不是顺从日常社会经验的惯性的思路，而是切入到现实生活的根本变化并对其做出展望的前瞻性思路。这一思路只有在接受和吸收了西方哲学的某些内在精华的前提下才有可能形成，这就是自由主义和理性主义的精神。我认为这两种精神都是中国古代哲学中极其缺乏的。

欣：据我所知，有的学者认为在中国传统哲学中也存在着自由主义和理性主义的因素，只要将它们发挥出来，就可以向现代文明模式转化。您如何看待这种观点？

邓：人们通常把宋明理学的所谓"理"与西方的"理性"混为一谈，我认为这是近代中国哲学的最大误会之一。程朱的"理"或"天理"绝对不是理性主义的，而是忽视语言和逻辑，单凭内心体验所体会到的。也有人把中国古代的道家精神与西方的自由精神相等同，但道家的自由是否定自由意志的，去掉了意志，自由与不自由也就没有区别了，自由就等于任其自然。所以后来佛家的禅宗鼓吹"糊涂"，放弃执着，"隐于市"甚至"隐于朝"，就是道家（老庄）伪自由原则的逻辑结果。反之，西方是一种主客二分的思维方式，即反思性的思维方式，主观和客观之间有无限的距离，因而人不能仅靠自己的内心去体验，而必须掌握语言的中介，精通逻辑规则，沿着这个阶梯不断地向彼岸超升。在这里有两个重要的因素是离不开的：一个是要有超越的冲动和对彼岸的执着的追求，即"爱智慧"的"爱"；另一个是对语言和逻辑的信任，把语言看作自己"存在的家"。我是通过对西方哲学史上最大的理性主义代表黑格尔哲学的研究而解开这一西方理性精神之谜的。我在《思辨的张力——黑格尔辩证法新探》一书中谈到，西方的理性主义是由两种精神辩证地结合而成的，这就是自古希腊以来的"逻各斯精神"和"努斯精神"。前者发展为西方理性主义中的逻辑精神，后者发展为西方理性主义中的超越精神或自由精神，这种自由精神作为自由意志，本身就包含在理性精神之中。中国的传统思想中缺乏的正是这样两种精神，既缺乏对超验事物的自由追求，时刻被世俗条件所束缚，又缺乏普遍的逻辑理性和行为规范。"五四"以来，人们提出要引进西方的

"赛先生"和"德先生"即科学和民主，正反映出我们文化传统中的理性和自由的匮乏。但"五四"时期的大多数启蒙者都没有注意到，科学和民主的根基其实就是逻各斯和努斯。

所以中国传统思想中所缺乏的正是自由的超越和普遍的规范，只持有一种世俗日常的经验眼光，一方面不讲原则，耍小聪明，钻一切"特殊情况"的空子；另一方面又缺乏创意，墨守成规，崇拜既成事实。以这种眼光来接受西方思想，都只能是把这些思想庸俗化，在任何一个西方哲学概念上都只看到其中世俗的可以触摸的一面，而丢掉了超越的一面。用胡塞尔现象学的话来说，就是陷入了"括号"里的东西而不能自拔。

欣：说到现象学，我记得您最先提出要"建立马克思主义的精神现象学"，在国内马克思主义哲学界引起了广泛的关注。能否谈谈您在这方面的想法？

邓：这一提法并不是要标新立异，不如说是拨乱反正。反观我们近一个世纪以来对马克思主义哲学的接受，我发现有各种各样的误解，这些误解归根到底都出于传统视野的狭隘性。如对"辩证法"的解释。在古希腊，dialectics一词的本义是交谈和辨析，被看作从语言中发现逻各斯的规律性的方法。但传到中国，就被剔除了其中的语言学逻各斯主义的要素。这一从概念的辨析和对话中产生出来的逻辑方法被单纯地理解为非人的自然事物的一种可操作和可操纵的隐秘规律，成了一种等同于道家和兵家的技术性的权谋和对策，从而失去了其理想的精神生活的内涵。又如在黑格尔和马克思那里，Widerspruch本来意味着同一句话本身的自相矛盾，也就是自我否定，所以他们把矛盾的辩证法称作"否定性的辩证法",它是事物在发展过程中取得肯定的积极成果的内在原动力。但我们在借助于韩非子的寓言来翻译这个词时,却用一个"矛"和一个"盾"把这个概念实物化了,使一个东西的自我否定变成了两个东西的外在冲突。再如对"实践"的理解,我们通常为了坚持"唯物主义"而把实践视为一种"纯物质过程",即肉体的人凭借自己的肢体掌握物质性的工具,去作用于客观物质的自然界,以获得自己肉体生存的物质资料的过程,如以李泽厚为代表的"实践派"。这样,马克思对实践的能动的、自由创造的理解就完全被消解了。

欣:为什么会发生这样一些误解呢?

邓:所有这些误解都属于文化传递过程中出现的文化错位,即由于我们的哲学传统中缺乏逻各斯精神和努斯精神的文化基因,我们很难从现象学的层面上来把握西方思想深刻的内涵,只能理解看得见摸得着的东西。当然,西方哲学中也有这种倾向,胡塞尔就是通过批判西方哲学根深蒂固的"自然主义"而提升到现象学上来的。但胡塞尔也指出,现象学是整个西方现代哲学甚至全部西方哲学史所追求的目标,从柏拉图到笛卡尔到康德,都已显示出了现象学的维度。胡塞尔不过是将这一维度作为西方哲学最精华的部分提取出来并加以发挥而已。从这一思想背景来看马克思的实践唯物主义,我们同样可以看出其中的超越层次。马克思批评国民经济学家把劳动者只看作会说话的工具,忽视了对人的内在精神生活的考察,并指出资本主义生产关系把人们的经济关系,乃至于把一切关系都变成了纯物质过程,导致了人的本质的异化,这种物态化的关系是应当批判的。马克思则要把劳动者作为人来研究,把人不仅仅是看作生理学的对象,而且是看作内在生活与外在生活相统一的感性活动的对象。要获得这种眼光，首先就要克服国民经济学家的自然主义局限性，把人的生理方面的东西放进括号里存而不论，把人的生产活动的物理方面放进括号里存而不论。于是劳动者在生产中的精神状态就最直接地向人呈现出来了，他在劳动中的痛苦和不自由、他的非人的自我感受（即他对他自己的异己的感受）就显现出来了。所以，马克思把工业看作人的本质力量的打开了的书本，看作感性地摆在我们面前的人的心理学。现象学的眼光使我们看到劳动者不是牛马，而是人，是本应有着丰富内心生活的人；正是在异化劳动中，在劳动者进行异化劳动时的痛苦的内心状态中，我们直观地"看"出了劳动者的本质或一般人的本质就是追求自由自觉的生命活动，看出了劳动者本质上是和牛马不同的。所以，马克思把人的本质规定为"自由自觉的生命活动"，既不是通过推论，也不是通过历史发生学的实证，而是通过对现实生活中的劳动者的本质直观。

由这一立场来理解马克思的历史观和人学思想，我感到马克思的全部理论探索都是要在人的历史发展中寻求某种现象学上的层次性和规律性。发现人的偶然的、自由自决的行为也隐含某种规律，即历史与逻辑具有一致性，这是马克思的一个了不起的伟大思想。当然，这一思想最初来源于黑格尔，然而黑格尔的思想中仍然有本质主义的残余，他归根到底把自我意识和概念范畴看作一切现象后面的隐秘的本质或实体。马克思则可说是从现象学的层面上改造了黑格尔的本质主义，使存在和本质、历史和逻辑、感性和理性真正达到了一致。所以，如果说黑格尔在其《精神现象学》中展示了人类意识发展的逻辑规律，那么马克思在《资本论》中则展示了人类现实的感性的经济活动一步步从简单到复杂的必然进程。这两部著作从清理人类历史中的逻辑规律这点来说，都使我有极大的收获，主要是一种方法论上的收获。读了这两本书，我内心产生了一种不可遏止的冲动，就是想要尝试一下，看我是否也能用一种逻辑的眼光来考察一下我们今天所面对的现实生活和文化历史传统？看看我们原先是如何走到现在的状态中来的？这一历史过程有必然性吗？如果有，那又是一种什么样的规律？

欣：这可是一个宏伟的计划。您是如何进行这方面研究的呢？

邓：我首先是从我自己的专业即西方哲学史的领域中开始操练这种方法的。如何从西方哲学史上的个别哲学家的思想中寻求推动人类哲学思想发展的矛盾生长点，成为我长期关注的一个理论主题。我把逻各斯精神和努斯精神看作西方精神的两个不可分割的方面，它们自始至终具有一种互相偏离甚至内在冲突的倾向，并由此而构成了整个西方哲学精神的矛盾进展，直到黑格尔把它们发展成"反思"和"自否定"，并将其统一为黑格尔辩证法的两个对立统一的环节，西方精神才达到了其集大成的圆融性。黑格尔哲学的解体，同样也是这两大要素在更高程度上再次分裂的结果。直到现代和"后现代"哲学，仍脱不了这一对基因组合。通过这一研究，我所悟到的远远超过了对黑格尔或某个具体哲学家的思想的了解，而是获得了一个方法论上的一般原则：凡是研究一个哲学家的思想，都必须深入其哲学的内在矛盾，进而分析哲学家为克服这一矛盾在做什么样的努力，发展出一种什么样的概念，从而使自己的体系、立场或位置发生改变而进入到运动和历史中。我把这一方法简称为"对概念的矛盾分析法"。由于对这一方法的掌握，我逐渐萌生了一种愿望，想要系统清理一番西方精神传统的发展历程，至少是系统清理西方理性精神或哲学精神的历史，首先是写一部西方"形而上学史"，其跨度从古希腊直到今天。但目前我还只做到对古希腊形而上学的产生和形成做出一种大致的概括性描述，约十几万字，均以单篇文章的形式发表在学术刊物上。[1] 我认为中国人在对西方精神进行考察时有一个西方人所不具备的优势，那就是可以不受西方传统文化背景的限制，同时中国人自身的文化背景在对西方文化进行研究时也可以从不利因素变为有利因素，即赋予研究者以更为广阔的视野，从而发现某些西方哲学家不自觉地当作天经地义的前提而设定的命题，其实是有一定的文化心理因素做基础的。

对西方哲学史的追溯，只是我尝试运用"逻辑的和历史的一致"这一辩证方法论原理的一种"操练"，因为纯粹哲学领域的确最适合于一种方法论的严格运用。但在其他并非纯粹哲学的领域，我也曾试图运用这一方法去进行理论分析，作为对这一方法的普遍适用性的一种检验。如在美学领域，我在与易中天合著的《黄与蓝的交响——中西美学比较论》中，便以美和艺术这一对对立统一范畴梳理了从古希腊到现代的整个西方美学史，并在最后一章以美和艺术的本质定义为基点，建立起一个"实践论美学"的逻辑体系。"美是对象化了的情感""艺术是情感的对象化"，这是人类审美活动这一概念内部所包含的两个本质定义，这一对定义实际上是古往今来一切理论形态的美学赖以生长的基本矛盾。从东方到西方，历史上各种审美倾向、文艺思潮、艺术流派、风格更替直到具体的表现手法，都无不是由于这一基本矛盾在不同层次和时代条件下的侧重面之不同而产生出来的。通过这种整理，那些历来被视为不可能以逻辑概念来加以清理的文艺现象和美学现象就获得了坚实的理论基础，并由此推进了理论形态的美学的深入。

---

[1] 这些文章后来以讲演录的方式结集为《古希腊罗马哲学讲演录》，由北京世界图书出版公司于2007年首次出版。

连我自己都感到惊奇的是，当我把这种概念的矛盾分析法运用于一些看起来更为飘忽的领域，如长篇小说的文学评论领域时，竟然也取得了某种成功。这一点集中体现在我的文学评论专著《灵魂之旅——九十年代文学的生存境界》中。这本书分析了20世纪90年代中国文学十几位有代表性的作家的代表作品，并依据一种逻辑的次序作了一种"历史性"的安排，使这些作家和作品的思想境界构成一种逐级上升的"旅程"。这种分析的着力点不是放在作品的外在叙述形式和技巧上，而是置于作品及其人物所体现的内在灵魂结构和思想性上，尤其着重于分析其中所体现的作家本人的观念形态和一般国民心理。我把这种国民心理的内部结构揭示为一个矛盾统一体，即"纯情"和"痞"，并把这种"纯情"和"痞"的辩证结合，归结为中国传统文化的"恋母情结"。其实，中国现代文学的最核心的冲动就在于试图努力冲出这种幼稚状态而不得的痛苦。在这种左冲右突中，有的作家致力于将"纯情"抬到至高无上的高度，但到头来却成就了最蛮痞的灵魂形象；有的则干脆痞到底，宣称"我是流氓我怕谁"，暗中却在标榜"纯情"。只有极少数作家在锻造着中国人的理性心灵，即在中国人的人之常情和"纯情"的后面，去挖掘一种语言结构和灵魂层次，作一种自我超越的审视和解剖，如莫言、史铁生和残雪，就进入到了这一语境。但绝大多数作家都处于一种类似于失去了母亲的幼儿的心态中。这种心态表现为当代中国文学的主流就是"寻根"，即对母亲及象征着母体的"原始""民间""黄土地""草根""家族""大自然"等的依恋和寻找。对文学作品的这样一种分析其实已超出了单纯文学评论的范围，而扩展到了社会批判、文化批判和思想评论的广阔视域，但它的确可以弥补国内文学评论界越来越缺乏思想性、越来越走向形式主义的空洞苍白的毛病。我最初设定的目的，就是试图以逻辑的力量展示历史的必然，来帮助中国人树立构建独立自我的信心。

文学的矛盾其实就是现实矛盾的反映。而中国当代现实生活中最深刻的矛盾就是传统和现代化的矛盾，它是由传统文化的自相矛盾和传统文化与外来文化的冲突交织而成的。因此在当今时代，每一个关注当代学术发展的人都不能对中西文化比较掉以轻心。我认为，中西文化比较至少将是21世纪整个百年间中华学术研究的热门话题。

欣：您的工作本身就是中西结合的一个生动实例，即援用西方哲学思想的方法和观点来分析中国的国情。您是如何理解中西文化在当代的关系的？

邓：作为一个以研究西学为主的中国学者，我的研究几乎一开始就与中西比较结下了不解之缘。当然，这种缘分最初还是朦胧的。最初意识到中西文化比较的不可回避性，是在1987年撰写《灵之舞——中西人格的表演性》（1995年出版）的时候。那时的初衷是想表达自己对人生的各种哲学体验，但说着说着就发现，在任何一个题目上都会碰到中西两种截然不同的人生境界。为了说明这些不同的境界，我不得不回过头去读了大量中西哲学和文学的文献资料，越来越浸润于中西体验中那些看似细微实则意义重大的差异之中，结果最终写成了一本主要是讨论中西文化心理比较的书。到了1992年写《人之镜——中西文学形象的人格结构》（1996年出版）一书时，我的中西文化比较的意向已经很明确了。该书选取了中西文学史上一批最著名、最脍炙人口的文学经典名著中的主要文学形象，对他们的深层文化心理作了系统的比较。我在书中并不想对中西文化单纯作一种全面持平的优劣评判，而只想表达我对当代中国人的生存状况的一种批判性的体验，并通过这种批判而凸显出我们这个时代的时代精神。否则的话，中西文化比较就成了一种纯粹知识性的罗列，而无法帮助我们走出今天所面临的文化困境，更不可能促使我们突破自己的文化局限而创造出一种新型人格。

我认为，当今时代，学术研究的一个更重要的动机应当是批判。自从20世纪80年代末以来，我对中西文化在各种不同领域和精神层次上的差异性做了很多批判性的比较，甚至为此专门开设了一门"中西文化心理比较"的选修课，至今已上过8轮。由讲课稿中抽出的单篇文章已陆续发表，内容涉及中西语言观、中西辩证法、中西人格结构、中西言说方式、中西法制思想、中西建筑文化、中西伦理与善、中西人生哲学、中西本体论、中西怀疑论等的"差异"。之所以要寻求差异，正表明一种拉开距离进行批判的姿态，以此来反观和批判中国传统的狭隘眼光，生发出一种积极的人生态度，以冲破传统固有的局限性，塑造一种新型的独立而坚实的中国人格。

欣：说到"批判"，最近您和杨祖陶先生从德文翻译的康德的"三大批判"出版了，这是我国百年来引进西方文化的一件具有重大意义的成果。您对这件事有什么感想？

邓：我所进行的文化批判与康德的"批判"的确有内在的一致之处。我多年来一直都很注重对西方经典哲学文本的翻译，如对康德的翻译，其目的主要不是想成为一名康德研究专家，而是要通过忠实的原版翻译，使中国人真正能够读懂康德哲学，将西方这一经典的理性思维形态"原汁原味"地把握住。康德哲学为中国人所知道已经有整整一百年历史了，但一直没有一部真正信得过的、从德文直接译成汉语的经典文本。我觉得这是中国的西方哲学研究者的耻辱。近年来我与杨祖陶教授合作翻译了《康德三大批判精粹》和全部"三大批判"即《纯粹理性批判》《实践理性批判》和《判断力批判》，就是出于这一考虑。西方理性的武器就是批判的武器，中国学者如果不掌握这一武器，就无法进行理性批判。

当然，要将一种异民族的文化思想"原汁原味"地介绍到中国来，谈何容易！有人甚至提出这根本是不可能的，因为现代解释学已经证明，没有任何介绍是不带先入之见的。但其实这种观点本身也是一种悖论。当你说出"翻译是不可能的"时，你当然已经知道为什么是不可能的，因而已经知道所要翻译的对象的意思了，因为如果你连这对象的意思都不知道，你怎么知道这个意思不可翻译的呢？而既然你已经知道了对象的意思，不就已经在你心中实现了翻译吗？于是问题就只在于如何把你已经知道的那个意思表达出来，这就只是一个技术性问题了。所以严格地说，我们只能承认绝对准确的翻译是人们不可能实现的一个理想，但这个理想毕竟是可以接近的。我所说的"原版"或"原汁原味"当然也只是相对而言的，是指我们在翻译和研究西方哲学文本时要尽可能地客观和忠实，尽量排除我们由中国传统文化和心理习惯所带来的对原意的扭曲和干扰。只有这样，我们才能通过翻译，尽可能多地从西方哲学文献中获取对我们有借鉴作用的新东西。所以与国内某些翻译家不同，我们在翻译中尽量避免采用可能引起人们联想到中国人所熟悉的事物的译名、成语和字眼，哪怕因此使译文成了淡而无味的大白话，却着眼于意思的直白和表达的朴素流畅。在译康德的著作时，我们在绝大多数情况下严格遵从康德原来的句式，不惜用长得不可思议的句子，把康德那些重重套叠的从句整合进一句话里面去，在康德没有打上一个句号的地方绝不帮他画一个句号。这样做的目的,也正是要避免因将完整的句子断开而导致的信息失落,并通过保持康德原文那冗长繁琐的风格,让中国人习惯于短句子的头脑也习惯一下德国人强韧的理性。事实证明,只要译者牢牢地把握住句子中的逻辑线索,充分吃透康德所想要表达的意思,再长的句子也能被中国读者所接受,这就起到了训练和改变中国人的思维方式的作用。

除了翻译以外,梳理"原版的"西方哲学还需要对西方哲学史进行全面系统的把握。翻译毕竟只是一种基础,在翻译的基础上进行研究才是实质性的工作。在这方面,国内的西方哲学研究有两个重要的薄弱环节。一个是在研究西方哲学家的思想时客观性不够,总是摆脱不了中国文化视野所带来的一系列误会和曲解,使西方哲学家的思想往往成了中国人已有思想的注脚,而失去了自身的完整性和系统性。另一个是由于现在哲学研究在中国越来越成为一种"专业",所以由专业分工所造成的狭隘性已经严重地束缚了人们的眼界和头脑,以至于许多研究者一辈子就是抱住一个哲学家不放,靠他吃饭,其他一概不知。这就使西方哲学研究成了"盲人摸象"式的。只有对西方思想的整个传统有整体的了解,才不至于抓住一个人就做文章,以偏概全,这样你才能有资格说中西思想的比较和融通。融通不是为了把西方思想纳入到中国人习惯的思维方式中进行削足适履的"改造"。当然,"六经注我"是不可避免的,但它只能是走向"我注六经"的道路上的路标。这就要求对待文本的严肃认真的态度,要求有耐心,把人家的书逐字逐句读懂,而不要急于一下子就说人家的某某学说就类似于我们古人的某某观点,甚至说我们古人比他们说得更早、更精彩。

但不管是翻译也好,研究也好,对于我来说都是进行文化反省和文化批判的手段,因而也是一种"成人"或"立人"的手段。在这里,"批判"不只是为了追求民族的自强,而是类似于康德意义上的"纯粹理性批活动是自己对自己做出的，因而就既改变了自己，又保持了自己的连续性。自否定就是自生自造，无中生有，从潜在可能到现实，"太初有为"。我在一篇文章中说，道家的核心概念是"自然"概念，但道家哲学把自然理解为"无为"，即非人为，看不到人的意志行为其实是更高层次的自然和本性。西方哲学则在"自然"概念中分离出一个"创造自然的自然"和一个"被自然所创造的自然"，前者比后者更高，是后者的否定，因为它用"人为"否定了"自然"。但它也是同一个自然的"自否定"，因为"人为""创造"也是自然，而且更加是自然，所以它是自然的"本质"、真正的自然。道禅的取消人为、放弃意志、破除执着，看似回复到自然而"返璞归真"，其实反倒是最不自然的。所以我主张吸收西方哲学的这一人为精神，在道家的"自然"概念中划分出两个层次，即"无为"层次和"有为"层次，使自然完成它的自否定，由此成就一种适应当代发展需要的哲学。这种自否定哲学主要体现为每个人以自己的灵魂结构为标本，对自己心中所暗藏的传统文化基因作批判的反思，但它的意义并不单纯是消极的，而将带来一种进取的、独立不倚的人格形态。因为"自否定"本身意味着一种逻辑上的人格同一性和普遍性，它是对每个人的个性、创造力和自由意志的承认，而且是连续一贯的承认。从此以后，只有建立在自由意志之上的道德才是真正的道德，才是值得提倡的，更重要的是，才是当代中国人自发地愿意接受的。

由这种自否定哲学来看当代中国人文精神，我们就会意识到，中国文化正处在一个"自否定"的转型时期。不是谁要否定中国传统文化，而是这个传统文化现在已经自己否定着自己，这正是这个几千年的古老文明重新焕发生机的难得机会。实际上，自从一个世纪前皇权解体之后，历史就已经给中国人提供了这种机会，但由于逝去的亡灵不断复活并纠缠着中国人的头脑，中国人对自否定的必要性的意识始终处于动摇和模糊之中。直到改革开放以来，现实中发生的巨大变革迫使我们重新寻求我们的生存根据，我们才意识到必须在一片从未涉足的荒原上靠自己的创造精神去开拓民族文化的未来。一种对新型价值的呼唤，向从事精神生产的中国知识分子提出了创造真正有价值的精神产品的任务。在今天，只有个性化的哲学才能吸引人们的注意力，才能对人们形成自己的个性起一种激发作用。这种哲学不需要强加于人，它不是一种说教，而是希望任何一个人心悦诚服地理解它的原理，就像苏格拉底所说的那样，真正的美德只不过是一种知识而已。

当然，"自否定哲学"还只是提出了一个纲要，它还有待于完成。可以说，迄今为止我的一切学术研究和思考都是为了建立这样一种哲学，因为它是我自己的哲学。我参考的是中国和西方哲学家们的思想，但我的立足点既不是中国传统的，也不是西方的，而是我在几十年现实生活中的个人生存体验，是我对这个时代精神生活大趋势的感悟。我为这个时代而振奋、呐喊，因为它是我的时代，它必须，也必将造就它独特的成就。我们每个人的生命只有一次，我们不要辜负了我们的时代。

（原载于《学术月刊》2005 年第 5 期）

一个"右二代"的"革命"经历

1957年我九岁,上小学三年级。那时正当反右运动高潮,学校的音乐老师教我们唱了一首歌:

> 右派右派,像个妖怪,当面说好,背面破坏。见到太阳,他说黑暗;幸福生活,他叫悲惨。社会主义对他不利,提起美国心里欢喜:这是什么?是坏东西!他要是不改,把他扔进垃圾箱里,把他扔——进——垃圾箱——里!

再就是整天喇叭里放的那首《社会主义好》,其中最有力的一句是:"右派分子想反也反不了!"但过了几天,听说这位教音乐的廖老师自己也成了右派。我心里恍然大悟,难怪总觉得廖老师样子那么可怕,眼睛鼓得好大,唱歌总是恶声恶气的,大家都怕他。可是,百思不得其解的是,又过了几天,听说我们班的年轻的班主任、一位非常美丽和蔼的黄老师,也变成了右派。那一段她已经不上我们的语文课了,整天躲在她的小房间里以泪洗面,一些顽皮的男同学就趴在她的窗口看她,喊一句:"大右派!"就笑嘻嘻地跑掉了。我心里很是不忍。

我家住在新湖南报宿舍区。一到星期天,我就拿个苍蝇拍到处打苍蝇，完成学校布置的"灭四害"任务。打到办公大楼附近，就去看一阵子大字报。大字报太多了，看也看不完，我就看漫画。有一天看到一幅漫画，是一条盘起来的大毒蛇，旁边写了我母亲的名字。还有一幅漫画，题为《主帅的主帅》，画一干部模样的人在指挥一群喽啰，在他上面还有一位坐着高凳子的人在俯视着，写的是我父亲的名字，我吓了一大跳，简直不敢相信自己的眼睛，匆匆忙忙跑回家，一进门就感觉气氛不对。父母亲房间的门关得紧紧的，里面隐约传出压低了的争吵声。有时来了客人，也是神神秘秘地闪进房间里，嘀嘀咕咕一阵子又轻轻地走了。我不敢问什么，只是涌上一种从未经历过的恐慌。但马上又过去了，然后该玩还是照样玩。大人吵架，不关我们的事。

这已经是1958年春天，运动后期了。那时已经又在宣传"大跃进"和"人民公社"了，有一首歌是这样唱的：

　　哪里吃饭哟不——要——钱？哪里老少哟笑呀——开颜？走遍了天下找不见，人民公社哟，吃饭就是那个不要钱，嘿！吃饭不要钱！

传说农村马上要公社化了，城市里也要办公社，我就非常羡慕农村，盼望我们也搞人民公社。在学校，我热心地投入了班级组织的宣传活动。我画的宣传画贴满了一走廊，有肥猪大如牛、稻子成大树等；还有示意图，表明到共产主义每人每天有多少鸡蛋、多少牛奶、多少水果、多少糖；"楼上楼下，电灯电话"；耕田不用牛，点灯不用油，机械化、电气化、水利化、化学化等；还有钢铁、粮食、煤炭、棉花的增长图，塑料（当时第一次听说这个名字，以前只知道叫"化学"）和橡胶的广泛用途。总之是一派热闹欢腾的气氛。学校的美术老师特别宠我，给我的任务也特别多，每天放学后都要搞到天黑。后来又是大炼钢铁，学校操场成了工地，大家用老糠、粗盐、黄泥加少量煤粉按某种比例和在一起做成"人造煤球"，说是用来炼钢的。天气还非常冷，我们的赤脚和手都冻得通红。老糠放多了，怎么用力也捏不拢，但放少了又会烧不着。有的同学就偷工减料，故意多放黄泥少放老糠，一个个做得圆溜溜的，看是蛮好看，也省力不少，但我很瞧不起这种做法。他们纯粹是为了好玩，我却是真诚地相信共产主义马上就要到来了，应当为此贡献自己的一份力量。当时我很关心报纸上登的"放卫星"的消息，如每天都有粮食亩产多少万斤的报道，我就讲给外婆听。外婆老家是农村的，怎么说她也不相信，说她知道一亩田有多大。我那时觉得年纪老了就是顽固不化，真是为她的不开窍而叹息。

到了1958年夏天，父母的右派已经定了案，我们兄弟姐妹就此成了铁定的"右派崽子"。不过，那时还不像后来的"文革"，这些情况并没有在学校同学中公开，就连老师也未必清楚。记得四年级有一次上语文课，新来的语文老师布置我们写一篇作文《我的妈妈》。我在课堂上红着脸举手，告知说"我的妈妈是右派"。老师愣了一下，说："那你就写《我的爸爸》。"我几乎要哭出来了，说："我爸爸也是右派。"全班同学一时间鸦雀无声。老师沉默良久，最后说："那就写你的哥哥吧，有哥哥吗？"我点点头，坐下了。但语文老师还是很喜欢我。因为好多次老师在黑板上写出一个很难认的字或词来问大家，如"邂逅"，全班都只有我一个人回答得出来。还有一次问"工欲善其事，必先利其器"的意思，大家都不举手，我举手答道：要做好一件事情，先要把工具准备好。老师大为惊异。我与班上的同学关系也很融洽，那个时候还没有像后来贯彻"阶级路线"那样形成"人吃人"的局面。我的弟弟、妹妹们可就没有我这么幸运了，他们上小学时正逢"文革"，在加入少先队（那一段叫"红小兵"）、佩戴红领巾等一系列事情上都受到歧视，给他们带来了严重的心理创伤。

一年以后的1959年夏，我们全家大小九口人正式被扫地出门，从新湖南报社的社长单栋住宅搬到了河西岳麓山的湖南师院两间房间里，母亲下放衡山劳动改造，父亲被贬为一般职工。在此之前，保卫科的人来我家，把父亲放在壁柜里的一支长枪和一把手枪取走了。我从来不知道家里还有这种东西，这时竟然有一种自豪感。但面对空荡荡的、变得陌生了的房间和一地的玻璃碎片，又有些怅然若失。不过当我背着一包行李跟着大人过了河，走到以前只有在过队日才去过一回的岳麓山下时，心情是愉快的。我们的宿舍在半山腰，快到达时，大人们都走累了，曾在三棵巨大的松树下休息。我从没见过这么高、这么大的松树，仰头看得头都晕眩起来。去年我还特意去看过它们，却只剩下一株了，而且四十多年里似乎并没有长大一点，反而变矮小了，在周围新盖的楼房挤压下奄奄一息、濒临枯死。但那时它们是多么雄壮！从那里过一条溪，再上一个坡就是我们家了。我非常喜欢这个新家，虽然除了妈妈下放、姐姐在中学寄宿外，我们仍有三代七口人住在两间不到十平米的房子里，用的是公共的厕所和厨房，但周围可都是山啊！我们的学校就是师院附小，正好位于岳麓书院里面，当时颓败得连围墙都倒塌了。竖立着朱熹老先生所题"忠孝廉节"四个大字的石碑的大殿，是我们下雨天上体育课和打闹的地方，校内和校外根本没有界线。那真是一种精神的解放！我们一下了课就在山上疯跑，到山涧里去捉小虾和螃蟹，捉到就放嘴里生吃了。那时粮食定量开始一减再减，我外婆减到只剩下一个月16斤大米，最后竟然只有9斤，而我们又正是长身体的时候。外婆拖着患水肿病的身子，每天带着我们一群孩子上山捡柴、挖蕨根、采野菜、找野果子和蘑菇，使我们获得了不少山上的知识。但外婆终于没有能够熬过1961年的冬天，她死之前

1962年母亲"摘帽"回家，与孩子们合影

一个星期还在山上劳作。有一段时间学校讲"劳逸结合"，每天只上半天学。又有一阵子搞"大种大养""瓜菜代"，星期六的劳动课就是上山挖菜土。大家饿得路都走不动，哪里还挖得了什么土？那锄头觉得重如千斤，大家只是拄着工具谈吃的。那时我心中的"共产主义"就是有一天吃饭可以不限量，尽肚子吃——那就是共产主义了。所以后来我可以看不起任何人，就是不敢看不起农民；可以倒掉吃剩下的鱼肉，就是不敢倒掉米饭。父亲在家门口开了一小块生荒土种菜，没有肥料，只有一点煤灰和尿。长出的南瓜叶子很茂盛，却从不结南瓜。红薯也是只长叶子不长根。只有冬苋菜和蕹菜长得好。父亲虽然出身于农家，不过从小全家供他读书，并没有做过多少农活，但农民观念是有的。记得第一次和姐姐去十里外的后皂河码头挑煤，父亲为我准备一副扁担、畚箕，说这是对我的一次"锻炼"。姐姐挑60斤，我只挑30斤。那是我11岁的肩膀第一次压上担子，样子肯定难看极了。后半段路是数着电线杆子过来的，每根电线杆歇一气，肩膀都磨破了皮。从此以后，"锻炼"两个字就深深地印在了我脑海里。

那时班上几个成绩好的同学几乎都是右派子女,大概因为师范学院也是知识分子成堆的地方,右派在这里不足为奇,子女就更无所谓了,我们都很受老师器重,也很认真地当着班干部。当然,这些同学数年以后也一个个都下了农村。1962年,母亲摘了右派"帽子",回报社工作,家也就搬回了报社,分了两间宿舍,我进了长沙市三中念初中。初中三年我一直是班上的学习委员,每学期都被评为三好学生,除了成绩优秀外,主要是"思想进步"。那几年全国都在宣传"支援农业",学校也很强调劳动观念,我们每学期都要去周边的工厂和农村搞劳动,有一次还步行到60里外的洞井公社"支农"一个星期,帮农民干活。我的劳动表现是无可挑剔的,回来后所写的作文也被当作范文在班上宣读。初二的时候,开始宣传邢燕子、董加耕扎根农村的优秀事迹,我真的很佩服他们。当时我哥哥已从零陵师范毕业,由于家庭的政治问题没有分配工作,在长沙做临时工,后来报名去了洞庭湖的千山红农场。他临走前和我谈了他的理想,他要像高尔基那样读社会这本大书,成为一名伟大的作家。我非常激动,认为他一定能够成功。他从湖区给我寄来的信也更使我相信这一点,我觉得他写得好极了——他现在就是一名伟大的作家了,只是还没有写完、成书而已。有时他从湖区回来,就滔滔不绝地和我谈他所经历的有趣的事情,我看着他由于充足的粮食而长胖了的脸、由于强烈的阳光而晒黑了的皮肤和由于高强度的劳动而壮实了的体魄,心中无限地羡慕,觉得农村比城市有味得多,我将来如果要去农村,就去千山红——这是一个充满诗意和诱惑的名字!所以初三时学校动员我们"一颗红心,两种准备",即准备升不了学就下农村,我是班上第一个表态的,态度最坚定。我觉得这是很自然的事,全国有80%的人口都是农民,我们家祖辈也是农民,对于成为他们中的一员我一点儿也没觉得不平衡。当然,按照我

初中时与乡下回来的老兄唐复华合影

小时候的理想,我是想过要当科学家的,但那个时候到处都在狠批"成名成家"的思想,那种想法也就变得很遥远而模糊了。何况我由于家庭问题本来就有一种"原罪"感,觉得自己应当到农村去进行一番切实的"思想改造",才能成为对社会有用的人。

1964年中考,按照成绩本来升高中是一点儿问题也没有的,我父亲担心的是能否考取长沙最好的一中。志愿是他帮我填的:第一志愿一中,第二志愿三中,为此还与三中的班主任王老师有过争执。可是到了要发榜的前夕,政策突然变了,凡是家庭有政治问题的一律不予升学。于是全部考试成绩作废,"阶级路线"贯彻到底,我和一大批成绩拔尖的同学失去了升学的机会。多年以后,我才知道那次是由于刘少奇和王光美的"桃园经验"导致我们失学的,而这条"左"的路线还只限于湖南,其他省份并没有如此实行。不过我当时并没有丝毫沮丧,而是顿时升起了一股年轻人的蓬勃之气,几乎可说是跃跃欲试,决心实践自己的"第二种准备",并第一批递上了下农村的志愿书。对于那些没有考上高中又不愿意下农村,宁可进一个街道工厂干一点敲敲打打

五十一年后，回母校看望班主任王服里老师
长沙三中 1964 年全体下放知青送行照，后排左三为作者，左六为刘培沛

的工作的同学,我真的有些看不起。王老师特意来我家看望我和我的父母,连连说:"没有想到,没有想到!"还流了泪,也有表示歉意的意思。

我虽然有些感动,但也觉得大可不必,一切不是都"准备"好了的吗?有点遗憾的是,我本来想去的地方是千山红,但那一年全市的下放地点是江永县,不过听说江永也是一个好地方,我就积极报了名。只有我母亲还想不通,把户口本偷偷藏了起来,但最后还是没有办法,在我的说服下交出来了。父亲则帮我打点行装,找出外婆留下的一口破皮箱,自己动手修理了一番,放进几件平时穿的烂衣服,说到了那里以后再给我寄东西。我自己则带上几本课本,《几何》《代数》《俄语》《物理》《语文》就不带了,带上一本《辩证唯物主义》、一个日记本,准备像哥哥一样一边劳动一边学习。就这样,1964年9月,我和三千多名主动报名的长沙知识青年(绝大部分是应届的初、高中毕业生)一起下放到了千里之外与广西交界的江永县。我们班唯一一个与我一起去江永的是我的好朋友刘培沛,外号叫"刘备"。这大约是"文革"前全国首次大规模的集体知青下放,据说周总理都很关心。

江永位于都庞岭地区。属于喀斯特地貌,风景的确秀丽。但这里的人好像属于另一个人种,个子特别矮,平均只有一米五左右,而且老人一般都比年轻人高半个头。后来知道这是三年困难时期留下的后遗症,现在的年轻人正是当时的小孩子,那几年能保住条命就不错了,根本没有长个儿。我们长沙市三中和四中共六十余名男女知青插队在白水公社的三个大队,分成一些知青小组,每个生产队一组,作为队上的一户。"刘备"在第一知青组。我和喻力、黄树成、董颖秀、姜慧云、曹明宪六个人是第二知青组,住在二队的一栋公房。楼下是厅屋、厨房和杂物间,楼上是一边一大间卧室,男女各一边。黄树成年龄最小（不满十六岁），但家庭出身最好，所以成了我们的小组长。我们每人发了两块床板，拼起来成一张床，两条长凳（用来架床板），一张稻草编的垫子。我把床单铺在上面，再放上我带来的4斤小棉被，心想这就是我们未来的"家"了。长沙市派下来的带队干部是七中的杨校长，那时四十来岁，据说也是犯过错误的，要陪我们生活、劳动一年。他就住在我们这个六人知青小组屋里。开始我还挺高兴的，但后来发现这绝不是什么好事。杨校长管我们的生活有一条原则，叫作"细水长流"。第一年国家拨给我们每人每月35斤大米，再以后就让我们自立，杨校长就叫我们每月节约5斤，只准吃30斤，即每天1斤，早上3两，中午4两，晚上3两。那时我们十六七岁，进行高强度的农业劳动，又没有什么油水，每顿至少需要半斤才勉强能过，那一年直饿得我们两眼发绿，见东西就要吃。家里有钱寄来的就去小卖部买饼干和炒花生吃，我家里没有钱寄，就去偷菜地里的生豆角充饥。有时农民看我们饿得可怜，也送给我们蒸熟了的红薯，那感觉就像是遇到救命恩人了。那是我生平第二次尝到长期饥饿的滋味，直到第二年杨校长调回长沙才结束，那时我们开始吃我们自己从生产队分的稻谷了。

由于是集体插队，我们干的是农民的活，但感觉上仍然像是在学校里一样，每天都要学习毛主席语录，轮流谈心得体会，每周开一次"民主生活会"，互相提意见。还经常要到大队部和公社去听上面来人给知青做报告——有公社干部，还有县里、专区甚至省里的官员。据说上面对我们这批知青非常重视，周总理说过要"省省有江永"。北京的某个电影制片厂还来组织我们拍过一次"纪录片"，其实就是要我们演一回戏，折腾了好几天，队里工分照记。我们虽然觉得拍电影很虚假，实际情况根本不是那样的，但却感到十分荣耀。在1999年江永知青下放35周年纪念的时候，曾和我同在一组的喻力和其他一些老知青回到江永寻梦，对我们原来知青点的旧房子拍了一卷录像，居然在厅堂里拍到了我当年用粉笔写在正面墙上的"团结、紧张、严肃、活泼"八个大字，以及用毛笔抄在白纸上贴在板壁上的大半张"无产阶级革命接班人的五个条件"，字迹都清晰可见（那房子在我们离开后一直没有人住，所以各种痕迹还保存完好）。在农民眼里，我们不过是一批下放锻炼的干部，他们根本不相信我们只有十六七岁，称呼我们都是"老邓""老黄"等等，后来接触多了，才慢慢改称外号，亲切地叫我"猫仔"，叫喻力"鸟仔"，叫黄树成"老鼠"（对女生不好起外号，就把"老"什么换成了"小"什么），但仍然相信我们过不多久就要"上调"去当官。农民心目中并没有什么"政治面貌"的概念，也不关心我们的出身成分，他们只看你做事是不是舍得出力，是不是躲奸，因为出集体工时你偷懒就意味着他要吃亏。我当时怀着一种急于"改造"自己，尽快成为"新型农民"的心情，干起活来十分拼命，但毕竟技术不行，总是落后于农民一截。我的潜在的优势是耐力较好，尤其是走长路挑担子，到后来我居然可以挑 180 斤担子走十里路都不休息。我往往一开始让别人在前面冲，但由于我不休息，所以最先到家的总是我。如果是知青组出外砍柴，每次都是我到家后返身回去接其他人。有次生产队去五十多里外的广西麦岭府用豆子换稻种，去时每人挑 80 斤豆子，回来挑 50 斤稻种，来回一百一十里。全队的强劳力都去了，早上 5 点钟出发，晚上我和队上耐力最好的三仔最先到家。第二天好几个壮劳力都喊脚痛未出工，我却照样出工。这一仗使我获得了农民发自内心的尊重，他们都说看不出我还有这种能耐。后来队上有这类事，队长总是点我去。自此我相信一个人在社会上总要有一门突出的本事，才能立得住脚。

1965 年，"四清"运动开始了，我们知青被当作"四清"的骨干力量，专门清理大队和生产队干部的贪污和"多吃多占"的问题。由于知青有文化，又不讲情面，所以清账和退赔这些事情，上面来的干部都要我们来做。记得当时生产队长王成德因为账目不清要退赔，我们在干部的带领下去他家的猪栏里抓他养的架子猪，他和他女人站在门边暗暗垂泪，我们都很同情他。但因为是"政治任务"，是没有价钱可讲的，我们只有私下里嘀咕说，成德不过是没有什么文化，其实是个好人。后来成德死活不肯再当队长，就把村里历来受排挤的外来户、年近60的李新友任命为队长了。现在想来，"四清"运动就像一场平均主义的闹剧，谁家生活过得好一点，谁家就是遭妒忌的对象，少数游手好闲的二流子却充当了运动的急先锋，得到重用。大队有一位外号叫"马虎"（意思是"脏"）的赤贫户，是个有名的懒汉，却被推举为"贫协"主席，还办了他的展览，把他家的烂棉絮、烂蚊帐和大队干部的新家具、丝绸被子放到一起对比，说是"新的两极分化"。运动最后以"分浮财"结束，就像"土改"斗地主一样。还有一个项目是"清思想"，主要是强调思想上的阶级斗争。听说蒋介石1962年叫喊"反攻大陆"时，村里不少干部都搞了"双保险"，善待"四类分子"（指地、富、反、坏。这里农村落后，没有"右派"），指望将来变天了可以互相庇护。还说他们私藏了枪支准备接应。后来办了一个"阶级斗争新动向"的展览，把大队基干民兵的几支老套筒和"七九式"步枪算作阶级敌人的，还拿到省里去展览过。其实所谓"四类分子"都是些最老实巴交的农民。我们生产队的唯一一个"地主"（其实是地主的儿子）叫"德德"，整天都难得说话，说一句都是细声细气地，只是埋头做事，活做得漂亮，手又巧，手上不停地有东西在织着，不是一只篮子，就是一只鱼笱。听说后来"文革"时道县杀人风刮来，他全家都被杀掉了。

"四清"其实就是"文革"的预演，指导思想和观念都是一脉相承的。1966年夏天"文革"开始了，江永县委派工作组来到知青点，说"文化大革命"是一场"触及灵魂的大革命",动员我们每个人肃清自己心里的资产阶级思想,"放下包袱,轻装上阵"。上面把这场运动称之为"自觉革命"。那时由于我的思想、劳动都表现积极,更由于我的"右派"出身比起其他许多知青来并不算最糟糕的(如有的父亲被镇压,有的父母都在台湾或美国),我刚刚被批准加入了共青团,再加上历来养成的一种思想自虐的习惯,所以我积极地投身于这场"自觉革命"的运动,沉痛地检讨自己的"私字一闪念",向组织上交心、交日记。在我的带动下,好几个知青都在大会上公开对自己作了深刻检讨,有的还说得痛哭流涕,基本上每个人在挖思想根源时都涉及了自己的家庭出身。我们一下子发现,原来我们其实都不纯洁,而且灵魂深处肮脏得很,我们都是必须忏悔的有罪的人,而罪恶的根源都要追溯到家庭出身,思想改造的道路多么漫长啊!忏悔完以后,我们感到自己确实轻松了许多,也纯洁了许多。工作组还组织我们吃"忆苦餐",以加深我们对贫下中农解放前苦难生活的印象,强化我们这些非贫下中农的罪恶感。其实我私下里倒觉得这"忆苦餐"比起1960年我们吃过的伙食来并不差,只是我不说而已。但请来给我们诉苦的贫农大娘却没有这一套顾虑,她说着说着就说走了嘴,说:"最苦的还是1960年……"工作组的干部不得不打断她。这后来成了我们一个经典的笑话。然后就是运动的第二阶段,叫作"互相帮助",也就是挑动我们互相斗争。知青大组的组长与工作组的干部策划于幕后,操纵一些人把火力集中于一两个历来不听话、不买账的知青,写他们的大字报,开他们的批判会,力图使他们就范,要么就把他们孤立起来,搞垮搞臭。但这种做法激起了一些知青的反感,那位姓赵的大组长没想到后来真正被孤立起来的是她自己。"自觉革命"进行了一个多月,结果是不了了之,没有人来做一个最后的总结报告,只是按照领导的意图把各个知青小组的人员又调整了一下，工作组的人就撤走了。据后来的分析，这也许与"中央文革小组"下令撤走进驻北大等高校的工作组有关，只是江永县地处偏僻，消息传来几乎需要整整一个月时间，所以这边的动作比起大城市来慢了半拍。工作组的人走了后，我们都处于思想上的一片茫然的状态，因为经过"自觉革命"，每个人都觉得自己很坏，至少在别人眼中很坏。既然如此，将来的前途就不容乐观。我是打定主意在农村干一辈子的了，像我这么坚定的知青真正说来恐怕没有几个，但就连在我眼中，未来也不再是一片玫瑰色，而是布满了陷阱和险恶的乌云。

正当我们各个知青组弥漫着沉闷的情绪时，1966年8月底，有几个知青收到了家人或朋友从长沙寄来的书信，还有从街头抄来的大字报和油印传单，反映了当时在北京和各大城市"文革"的情况。当我们传看这些传单和书信时，那种内心的激动不亚于当年进步青年传播延安的消息。记得那一天下午，风闻北京寄来了一大捆传单，其中有一封受到过毛主席接见的北京大学张超群同学的来信，在报告了北京"文化大革命""造反"的热烈场景之外，还向我们提出了几个问题，诸如当地县委的条条框框多不多？是否压制不同意见？群众发动起来了没有？这封信如同在干柴堆中点起了一把火，大家的情绪一下子就爆炸了。我们纷纷自发地会集到一队知青组的厅屋里，一边看一边议论：原来"文化革命"是这么回事！原来根本不是什么"自觉革命"，而是要揪出党内一小撮走资本主义道路的当权派！原来"自觉革命"是江永县委的大阴谋，他们为了保自己，采取了"先发制人"的伎俩，挑起群众斗群众！这时的心情，就像拨开乌云见太阳，我们情不自禁地唱起了："抬头望见北斗星，心中想念毛泽东……"一时间觉得毛主席才是我们唯一可以依靠的亲人。"芋头""刘备"等几位在"自觉革命"中挨过整的知青首先把议论的矛头指向了江永县委，几个月来的冤屈和压抑一下子全都找到了发泄的渠道。我那时的感觉，简直就像一场精神的"断奶"，尤其是"芋头"对上级领导的那种激烈的批判态度使我感到心灵的震撼。我觉得自己做"驯服工具"做得太久了，听听毛主席怎么说的："马克思主义的道理，千头万绪，归根结底，就是一句话：'造反有理！'"我终于明白，什么叫"触及灵魂"！这就是触及灵魂！"舍得一身剐，敢把皇帝拉下马！"有私心杂念的靠边站！于是，当天晚上我们就在厅屋里的毛主席像下庄严宣誓："我誓死保卫毛主席、保卫党中央！"并宣布成立"红卫兵"，自制了"红卫兵"袖章，还写出了我们的第一份质问江永县委的大字报，十几个人连夜步行十里路去县城"造反"。当时县里正在开知识青年学习毛主席著作代表大会，我们排着队、唱着歌、喊着口号来到会场门口，被人拦住了。争执之间，县委谢书记出来了，他同意将我们的发言和宣读大字报作为会议的最后一个议程。这时我们中有人发现会议是在县法院"审判庭"开的，就说一个学习毛著的代表大会上怎么能够没有一张毛主席像，要求谢书记取下"审判庭"的牌子换上毛主席像。谢书记说牌子不能取，你们可以把毛主席像盖在牌子上。可是，当我们试图把毛主席像覆盖在"审判庭"的牌子上时，台下的人发出了怒吼，说：你们怎么可以审判毛主席？于是事情就此作罢，而我们那股气焰也就此消掉了一大半。等到我们宣读了大字报后，谢书记不等到会的代表们表达自己的观点，就带头鼓掌要大家欢送我们回去，并说县委会郑重考虑我们的意见的。多年以后，我们回忆起这一幕，还对谢书记巧妙化解突发事件的能力备极赞赏。

但当时我们确实是窝了一肚子火，从县城回来后，我们连夜又就江永县委的态度和做法赶写了一批大字报，彻夜未眠。第二天送往县城去张贴，只见满城都是大字报了，有其他公社知青贴的，也有县城机关干部贴的。以后的几天,我们还自己组织了"白水大队红卫兵宣传队",排练了几个节目去县城街头演出,什么合唱、群舞、对口词、三句半之类,主要是发动群众、营造气氛的意思。前几年知青怀旧升温,许多当年的老知青又把那时的节目拿出来上演。看着那些已经够当爷爷、奶奶的老顽童们在台上蹦来蹦去,心中真有"惨不忍睹"之慨。实际上,我在当时就深深感到了这些节目和口号的空洞无力,除了表明我们自己的一腔热血之外不会起任何作用,从现场围观的那些农民的困惑的眼神中我已断定,他们永远也不会像我们这样狂热地拥护一条仅仅存在于观念中的"革命路线"。在我内心深处有一个剧烈的矛盾在冲突着:是跟上革命形势、做"文化革命"的急先锋呢,还是老老实实地与贫下中农相结合,向农民学习,好好改造世界观?我觉得这两者应当是一致的,但事实是前一条路显然是一条脱离群众的路。毛主席不是说过,看一个青年是不是革命的只有一个标准,就是看他是不是和广大的工农群众结合在一起?当我们不出工,整天跑到江永县城去"造反"时,贫下中农都小心翼翼地和我们保持了距离,并用一种异样的眼光看我们。然而,中央出了"修正主义",我们不可能不闻不问。9月,中央指示说农村的"文化革命"暂时不搞,我们怀疑这条指示的真实性,因为现在除了毛主席的"最高指示",谁的话也不可信了。但张平化"九二四报告"(又称"九二四黑风")使湖南的"文化革命"彻底降了温,江永的知青也重新回到了生产岗位上来,但却带着压抑的心情。二队的知青杨骏苏因为和贫下中农打架,被定性为"阶级报复"而遭县公安局逮捕,关进了县看守所。这一事件对我们心理上更是一个沉重的打击。知青大队的组长赵某这一段却很兴奋,她又祭起了"思想改造"的紧箍咒,在一次知青会上举例说,一盆红薯摆在桌上,谁走上来都是拣一个好吃的、自己满意的,没有人会考虑别人,这充分说明我们脑子里没有树立牢固的"毫不利己，专门利人"的思想。她的讲话博得了包括我在内的许多知青的共鸣。我一想：是啊，我每次吃饭都是只顾自己吃饱，从未考虑过别人，这不是自私自利是什么呢？怪不得上次谢书记给我们知青定性为"小资产阶级群体"啊！我痛下决心：要改造自己一辈子！

但这已经是我最后一次的思想自虐了。12月中旬，县委谢书记专程来到我们白水大队知青中，肃清以张平化为代表的资产阶级反动路线的流毒了。谢书记说，江永县委在前段"文化革命"中执行了一条反动的资产阶级路线，对知识青年的造反行动横加指责和压制，使一些真正的革命者受到了打击，他特地来表示道歉。县委向知青作检讨，这可是破天荒的事，萎靡了两个多月的知青们一下子又振作起来了，开了两个晚上的会，大家向谢书记提了无数的问题，并且要求为杨骏荪平反。杨马上被放了出来。谢书记的"引火烧身"获得了一些知青的谅解和赞赏，但大部分知青却仍然不依不饶，认为他实际上是在以守为攻，作出检讨的姿态，以保护从县委到大队的一大批"走资派"，其中以"芋头"和"刘备"的看法最为尖锐。在江永县城，一度沉寂下来的大字报区又开始热闹起来了。白水大队的知青由于离县城较近，贴出的大字报也最多、最及时。那些天，我几乎成了白水知青写大字报的专门写手，由于我下笔快，思路清晰，言辞锋利，通常都由我去和那些"保皇派"的大字报搏杀。我从来也没有想到过自己还有这方面的才干，更没想到在农村还能找到发挥自己这种才干的机会，简直是如痴如醉，全身心投入。到了1967年元月，我们白水知青成立了"炮打司令部战斗队"，后来改名为"湘江风雷反到底战团"。"湘江风雷"当时是长沙的一个声势最为浩大的群众造反派组织，后来全省各地的造反派只要与之倾向接近的都打"湘江风雷"的招牌。然而，到了二月，湘江风雷被中央定为"反动组织",一大批头目被抓,这就是我们所经历的"二月逆流"。当时我们还没有打出"湘江风雷"的招牌,但也感受到极大的压力。有次在县城贴大字报,我和三个来江永串联的长沙井冈山红卫兵以及三个杉木冲农场的知青被一群"保皇派"围攻、辩论,最后以"包庇反动组织'湘江风雷'"的罪名被捆绑和踢打,送进公安局。然后,他们一哄而散。公安局内无人"执法",看门的等人走散了,为我们松绑,然后就放我们出来了。我对那位叫刘斌的井冈山红卫兵头目崇拜得五体投地,此后很长一段时间,头脑里还不时浮现出他在被反绑住双手时面不改色地和那些人辩论、口若悬河地背诵一套套的中央文件、把对手杀得落花流水的形象。

"二月逆流"期间,上面的精神一个是"抓革命,促生产",一个是"备战"。听说要和苏联打仗了,军队绝对不能乱。又听说越南的仗正打得火热,有不少中国人过去帮助打美国佬。"芋头"有一段消失了,后来又回到队上,说是去了趟越南边境,本来准备参加抗美援越——有不少怀有这种抱负的知青都被堵在那里过不去,最后都被劝说回来了。其他的知青从"顾全大局"出发,回生产队老老实实地忙了一段生产。但有许多知青内心只盼望能够打仗,打大仗,那时就可以表现自己的英雄主义,摆脱这种毫无意义和前途的简单劳动了。

"湘江风雷"平反大概是在5月份。与此同时,全国的造反运动又掀起了一个新高潮,刘少奇已被彻底打倒,白水的公路沿线都塑了好几尊刘少奇跪在路边的泥塑,江永县城主要的"保皇派"组织"红卫兵团"的总部也自动解散了。一时间,所有的人都成了"造反派"。"首都三司"下属的北京医学院"八一八"红卫兵有几位同学串联到了江永,公开打出了"揪军内一小撮走资本主义道路的当权派"的口号。其中一位叫王昆成的小伙子留在了白水,他带来了北京"文化革命"的新鲜气息。我们都为他那一口地道的普通话、一身货真价实的军服和一脸满不在乎的神态所倾倒，他很快成了我们运动的顾问。正在形势对我们有利、运动进行得如火如荼的时刻，我收到母亲的来信，说我13岁的大弟弟因游泳而溺水身亡。悲痛之余，我不得不赶回长沙看望母亲和家人。

在长沙住了一个多月，眼见长沙的"揪军内一小撮"已有"战果"，湖南军区司令龙书金被造反派揪斗了。江青又发出了"造反派要掌握武装"的号召，长沙的造反派抢了马坡岭军火库的枪。于是，"文斗"变成了"武斗"，枪炮取代了棍棒和梭镖。6月6号，长沙"青年近卫军"和"工联"大火并，还打死了人，这就是所谓"六六惨案"。街上时常有流弹飞舞，母亲嘱咐我少出门。时常传来江永县的消息，据说那里的一些"保皇派"正在挑起农民斗知识青年，运动已进入白热化阶段。这些消息每每让我怦然心动、热血沸腾。到了8月初，我在长沙再也待不下去了，渴望投身于火热的斗争中去，和朋友们在一起经历大风大浪的考验。于是我买了车票准备回江永。由于这时各地的武斗也开始升级，母亲非常担心我这时回去会遇到不测，把我的车票藏了起来，但最后还是拗不过我的决心，含着泪送我上了火车。但火车到了零陵，下车后要转汽车时却断了交通，那时道县已组织了"贫下中农最高人民法院"，在各交通要道上设立关卡盘查过往人等，经道县去江永的班车已停开多日了。我找到零陵地区安置办，他们安排了我的食宿，要我等待。这一等就是11天，上不着天，下不着地，心急如焚却毫无办法。等待期间结识了同样要去江永的铜山岭农场的周大麻子一行七八人，他们闲得无聊，想弄几杆枪玩玩，于是我也跟着他们闯进了零陵军分区，找到了军分区的司令员要枪。司令员说造反派已经来过好几次了，枪都被人家拿光了。周大麻子不信，到处去搜，终于搜出一支五四手枪

我与"刘备"(摄于 1966 年)

和两个弹匣,我则捡到了一把用来安在日本三八大盖上的带鞘的刺刀。他们又与军分区商量,让他们派军车送我们回江永。军分区就与驻当地的海军陆战队联系了一部军车,我们终于在第 11 天顶着 8 月的烈日乘坐军用大卡车向江永县城风驰电掣而去。到达江永县时正是下午三点,周大麻子让车停在县武装部门前,我们纷纷跳下车,直往武装部里面闯,见人就说要找武装部长。我当时渴得喉咙里冒出火来,只顾找杯子和开水桶,没有注意周围渐渐已围了许多看热闹的人。忽然眼前一亮,看见了白水的"刘备"和陈利苏。他们两位都不相信自己的眼睛,不知道我为什么会在这里,手里还拿把日本刺刀!我来不及和他们细说,只告诉他们铜山岭农场的人正和武装部交涉发给造反派枪支的事。

"刘备"一下子来劲了,也加入了谈判。比起周大麻子来,"刘备"当然能说会道得多。他引用了一系列的中央文件和社论,证明武装造反派完全合乎中央精神,是大势所趋。他很快便取代周成了与武装部谈判的主要人员。这时白水知青闻讯赶来了十几个人,马河知青也来了五六个,但武装部长就是不松口,说没有上级的正式命令,他不能违例。软磨硬泡到天都快黑了,仍然没有结果。铜山岭的几位知青已经不在了,不知是不耐烦了,还是肚子饿得受不了,去吃饭了。到天完全黑下来时,武装部长终于让步了。他拿钥匙打开了武器库,大家一拥而入,一箱箱往外搬武器,都不知道里面是些什么。到搬出来一清点,有七八条半自动步枪、几条"七九式"、几条汤姆枪、一支"小口径"、六支"五四式",都配有足够的子弹;更吓人的是11挺捷克式轻机枪,两箱机枪子弹,外加一箱手榴弹。大家又兴奋又紧张。但是当我们准备把武器往外搬时,发现我们已被大批的农民堵在门口出不去了。

原来,正在我们与武装部交涉的时候,消息已经传出去了,周围保守派组织的农民们手拿锄头扁担和棍棒把武装部围了个水泄不通。我借着武装部门口昏暗的灯光看见一大群黑压压的人在激动不已地大声喊叫:"滚出来!把枪交出来!"有一两百人,不敢冲进来,只是吼叫。这时,马河的刘必成指挥大家把武装部里面的灯火全部熄灭,将机枪架在二楼的回廊上,上了膛的枪口对准门口。"刘备"和我则到门口去与外面的人交涉,要他们派一个代表进来谈判,地点选在传达室。农民派了两个代表进来了,一进来就占据了电话机。"刘备"则和他们讲中央文件精神,讲我们的意图绝不是对贫下中农来的,苦口婆心地解释了有半个小时。我时刻担心万一农民冲进来怎么办,开枪是绝对不能开的,但也不能眼睁睁地把武器交出去,紧张得头上的汗珠像下雨一样往下滴。农民们已经开始踢门了。正在危急的时刻,电话铃响起来,谈判的农民代表连忙抢过电话:"喂,哪里?铜山岭农场?什么?你们要来一千人……"他脸色一下子白了,扔下听筒就往外跑,边跑边说:

"一千人,一千人!"外面的农民也立刻散去了。其实我们听得很清楚,是铜山岭农场周大麻子他们打来的,说他们有一车人要来武装部接应,农民把"一车人"听成"一千人"了。

看到门口已空无一人,我们大大地松了一口气。铜山岭农场的车并没有来,倒是附近的凤亭农场来了一辆大卡车,把我们连人带武器一起开到了凤亭农场的场部,那时已是晚上10点多钟了。弄了点饭吃过后,大家都在兴奋地分发武器,那几支"五四式"手枪是抢手货,几个头头都在钩心斗角,每人都弄到了一把。我其实对拥有枪并不感兴趣,也没有去争,分到的是一支汤姆枪。据了解武器的人说,汤姆枪装的是开花子弹,打在人身上就爆炸,国际上是禁止的。我当时根本没有想到我会使用它,因此也没有学习使用的方法。第二天一群人到山上去试枪,我只是跟着去看,也没有试自己的枪。现在有枪了,我反倒困惑起来。这枪是对谁的呢?肯定不是对贫下中农的。那么是对县城的老保?也不像,他们还没有坏到该用枪来对付的程度。有了枪却找不到敌人,但没有敌人却引来了敌意,四周围的农民都知道我们抢了武装部的枪,不知已经恐慌到了何种地步!我们在凤亭农场住了两天,天天开会讨论下一步怎么办,如何处理这批枪。讨论来讨论去没有个结果,最后决定暂把枪藏起来,大家先回生产队出工。至于藏到什么地方,有人说他知道山上有一个废弃了的炭窑,那儿很安全。于是我们等天黑以后,偷偷地扛着分到的武器弹药,走山路找到了那处隐蔽的地方,把用油纸包好的枪支弹药一件一件地像摆放炭材一样摆进去,然后封好窑门。只有几支短枪由持枪人随身带着,没有放进去。离开藏枪地点后,我们都感到一身轻松。我们分散回到自己的生产队,就像什么事也没有发生那样。但农民大约都已经风闻到了什么,就连在出工时也对我们敬而远之。过了几天,我们又趁着夜色把枪起出来,让马河的知青坐凤亭农场的拖拉机把枪带到驻湘桂边境的6950部队，在那里伺机而动。这时，道县屠杀"四类分子"的消息已经传到江永来了，知青中人心惶惶，因为"文革"中我们知青的家庭成分都已经暴露无遗，按照农民的算法我们都算"四类分子"。"芋头"有一种不祥的预感，打算尽快离开江永。于是他和另外三位知青带上四支短枪，试图走小路绕过关卡去零陵，到零陵就安全了。可是没想到连小路都有人在把守，他们四人在道县还是被农民联防队抓住了，从身上搜出了枪支，并被打了个半死。消息传来，我们都焦急万分。我和"刘备"去江永县武装部请求派人去营救，县武装部长派了一名连指导员和"刘备"一起去道县，找到了"芋头"他们曾被关押的地点，但没有找到人。后来听说是当地公社一位同情知青的干部把他们偷偷地放跑了。那名连指导员让"刘备"先跟车回来，他留在那里协助处理当地的武斗纠纷，但这位指导员就是那次被武斗双方的子弹误击身亡的。与此几乎同时，8月17日，知青王伯明在江永饭店门口莫名其妙地被农民用鸟铳打死。

这件事以后，留下的白水知青开始逃亡，取道广西麦岭，往全州，再坐火车回长沙。最后只剩下我和"刘备"、蒋胖子、温清江四人没有走。我们自恃群众关系好，觉得当时正是"双抢"农忙时节，只要我们老老实实出工，农民不会把我们怎么样的。我甚至认为这是个原则问题，如果我在此时从江永逃回长沙，似乎就说明了我所选择的毕生道路的彻底失败。生产队的农民也安慰我们，说搞生产总没有错。所以后来县武装部派人来白水察看是否还有知青没有离开，准备劝我们暂时避一避，却没有找到人，因为我们正全身晒得黝黑地在田里扮禾，与农民根本区分不出来。然而，风声越来越紧了。一天上午，一群其他生产队的基干民兵在贫协主席运福的率领下手持七九式步枪和大刀、扁担、梭镖包围了我们的住宅，将我们四人五花大绑，逼问我们交出枪支。

我们异口同声地说我们没有枪,枪支都被"芋头"他们以及马河知青带走了,我们是留下来"抓革命促生产"的。但农民们不相信,四队的一个农民一扁担戳在我的腮帮子上,脸颊一下子就肿起来了,运福连忙制止了那个农民。民兵们在我们的住处搜了个底儿朝天,一无所获,于是把我们带往山上的小路,把我们四个人隔离开来盘问,我还是说我们没有枪。这时一队的何林清从山坳那边转过来说:"前面已经枪毙一个了。"马上又改口说:"是用刀砍的。"大概他觉得说枪毙却没有听见枪响,无法自圆其说吧。但我心里却大致有了底。当他说:"最后一次问你:究竟有没有枪?否则就不要怪我们贫下中农不客气了!"我已经猜到他其实是在恐吓我,我说:"我们确确实实是没有枪。"民兵们没有办法,只好又把我们解回住处。当我和"刘备"他们重新相遇时,各人眼里都闪过一丝不易觉察的笑意。运福亲自给我们松绑,说你们坚持抓革命促生产还是好的,希望今后继续发扬,然后就率领民兵们走了。

晚上我们回想今天的事,四个人都笑得在地上打滚。但形势是严峻的,今天是一个警告,如果再不想办法,说不定真的会把命送掉。我们计议了一晚,决定还是到支持造反派的6950部队去避一避。为了不引起注意,我们打算分两拨走。第二天上午,我们把知青点的东西清点整理了一下,把四只仔鸡宰了,中午美美地吃了一顿。下午蒋胖子和温清江先装作去县城买菜,就从县城开溜。我和"刘备"第三天一大清早出发,在路边茅厕的棚顶上取下未被搜到的、唯一剩下的一支五四手枪揣在怀里,在蒙蒙细雨中戴着斗笠、披着蓑衣,趁着天还未大亮悄悄地走了。沿途遇上一队打着黑色的龙旗、背着鸟铳去什么地方械斗的农民,我们紧张得大气都不敢出,头也不抬地匆匆赶路,幸好他们并没有注意我们这两个行路人。

我与"刘备"（1977年摄于长沙）

到了6950团部，我们才发现好几个地方的知青，主要是马河和白水的，都聚集到了那里，有三四十人，那批武器也带到了那里。部队的首长和士兵对我们都非常之好，我们和他们一起参加他们军垦地上的劳动，他们则带领我们出操、打靶，教给我们各种武器的性能，晚上甚至在我们睡觉的房子门口帮我们站岗放哨。我们都很感动。但那时外面谣言风起，有一种说法是，江永和道县、江华、东安、祁阳的贫下中农组织已结成"五县连环"，最近就要来包围和攻打6950团部，主要矛头是针对知识青年，因为他们知道解放军是不能开枪的。我们顿时感到一种恐慌，觉得6950团部也不是久留之地，必须另想办法。大家反复商量的结果，决定女知青先由解放军用车送到广西全州，让她们坐上火车返回长沙。她们不带武器，问题比较好办。男知青带着武器去找广西的造反派帮忙。离6950团部不远就是广西麦岭，附近有一个平桂有色金属矿务局，是造反派的天下，其中有一万多产业工人都是广西"四二二"的。我们与他们联系上后，他们主动派车来接我们去平桂。平桂矿区是一个很大的矿区，不少职工都是参加过抗美援朝的复员军人。矿上把我们安排住下,互相交流各自省份的"文化革命"情况,结交了一些很有义气的造反派朋友。当他们得知我们想把武器带回长沙、加入长沙的"湘江风雷"时,立刻为我们准备了两部解放牌汽车,配备了两名从朝鲜战场复员的最熟练的汽车兵。我们把枪支弹药用麻袋包起来放在车上,人上车把麻袋当坐垫坐在上面,外面看不出车上有武器。当我们在汽车开动的轰鸣声中向相处了两天的矿区朋友们挥手告别时,真有些依依不舍。

两部汽车一前一后,载着我们二十多个知青向前飞驰。预定路线是经钟山、富川、平乐到阳朔,最后到桂林。那里的造反派势力很大,可以帮我们返回长沙。这一带的地形地貌与桂林阳朔一脉相承,风光绮丽。公路两旁的石山十分险峻,从急驶的车上看,如排山倒海般向后面倒去,我们禁不住豪情满怀,齐声唱起歌来。但是司机提醒我们这是"保皇派"的地面,不可掉以轻心。果然,车行至平乐境内,前面公路的转弯处出现了巨石垒起的路障,车子慢慢地停了下来。这时,从公路两边的山上,密密麻麻的农民漫山遍野地呐喊着冲了下来,手拿棍棒、梭镖甚至石头,大都赤膊,有的腰间只系一块脏布,一直逼近到离车子只有几米远的地方。这时,北医"八一八"的王昆成和马河的程保罗、章汀跳下车,要求对方派人来谈判。对方来了几个公社干部模样的人,问我们是什么人,要到哪里去,想干什么,我们的代表说我们是湖南"湘江风雷",是"中央文革"支持的造反派,要回长沙湘江风雷总部去。他们说车上有什么?我们说有一批武器,是属于"湘江风雷"的。他们说要上车检查,我们不让。他们说不让检查就不许通过。双方就这样僵持着,反复谈判达一个多小时,我们车上的人也就在正午的烈日下生生地晒了一个多小时,身上都冒出了油。焦躁的情绪逐渐在我们心里滋长,两位司机眼看谈判无望,就发动了汽车。公社干部和周围的农民想来制止开车,这时,后一辆汽车上马河的刘必成和胡承扬暴怒地从座位底下把机枪拖出来架在了车顶篷上。周围农民一看架了机枪,"呼啦啦"一阵风似的往山上逃去,就像一大群麻雀忽然一齐飞走了一般。有几块大石头砸在了汽车挡板上,司机只把头略为一偏,三下两下就把车倒过来了。王昆成他们连忙跳上车,车子在公路上高速飞驰。公路两旁埋伏的民兵开始射击:"叭!叭!"我们都紧紧趴在车上,行道树上的叶子都被击落下来,飘在我们身上。右边的后轮胎被击穿了一个,幸好是双轮胎,并无大碍。汽车以疯狂的速度往回开,但再快也快不过电话。车行至富川,不久前还畅通无阻的公路上已拦起了一堆滚木,还有几个农民正在搬木头。司机并不减速,直朝那堆木头冲过去,只听"哗"的一声,滚木被冲得四散,只来得及看到站在路边惊呆了的农民。然而,当车子开到钟山时,远远地我们看见公路当中停了两辆大客车,把公路堵了个严实。我们的心一下子凉透了。汽车极不情愿地停了下来,这时从两边棉花地里,几百名公检法的人手持短枪站起身来朝我们逼近,口里喊着"缴枪!缴枪!"向我们包围过来。我感到这次恐怕是在劫难逃了。王昆成脸色煞白地跳下车,向我们后面这辆车上大喊:"大家下车,都不要带武器!"刘必成却说:"不带武器?那怎么行!"他指挥前一辆车把所有的武器全都搬下来,人员就地卧倒,把四挺轻机枪朝四个方向架起来。我最初脑子里一片空白,近乎本能地听从王昆成的指挥,什么也没有带就跳下了车。下车后看见刘备抱着一条七九式步枪,我又返身上车拿了一个手榴弹别在腰上。事实证明刘必成是对的。对方一看四挺机枪的枪口黑洞洞地对着他们,还有长枪和手榴弹,立刻就停住了脚步,不敢靠近,因为他们手里只有短火。双方僵持了许久,开始互相喊话,对方同意谈判。

谈判地点在钟山县武装部,我们排着队,手中紧紧地握着武器,走到武装部前面的院子里停下来。王昆成和刘必成他们进去谈判,其他的人原地休息。大家喝着滚烫的开水,湿透的衣服粘在身上很不舒服,眼睛却警惕地向四周巡视。周围有好几百农民围观,还有好奇的小孩子。忽然有一阵子,农民们"呼啦"一声向四面退去,小孩跌倒了又爬起来奔逃。我们不知发生了什么事,各自都剑拔弩张。我把手榴弹的盖子揭开,把拉环套在小拇指上,随时准备朝某个方向扔出去,然后就像狗一样逃跑。我的眼睛昏乱,脑子疲乏得要死,失去了作任何判断的能力。但过了会儿,什么事也没有发生,农民们重又聚拢来,而且气氛越来越轻松了。一个小时以后,王昆成他们终于出来了,脸上带着胜利的笑容。他们说,已经与钟山县武装部达成谈判结果,允许我们带上自己的武器,但不能从这里通过,只能打道回去。大家脸上顿时显出了笑容,我们重新排队集合,整理好我们的武器,朝汽车走去。这时武装部的人在后面带领农民群众振臂高呼:"向革命造反派学习!向革命造反派致敬!"我们则回应:"向革命战友学习!向革命战友致敬!"当我们坐上汽车,奔驰在返回的路上时,大家还在对刚才的一幕议论个不休。刘必成说,要是刚才没有带武器下车,那还不知道会发生什么事,说不定会让我们排起队来用机枪扫。我很怀疑他的推测,但也不能不佩服他的见识和果断。

车子回到平桂矿区已是晚上8点钟了,我们匆匆吃过饭,聚在一起商量下一步该怎么办。广西朋友说,由西面去桂林已不可能,现在唯一的办法是朝东面去坪石,再由京广线返回长沙;但武器是不能再带了,这么远的路程,迟早会出事。我们考虑再三,也只好同意了他们的建议。第二天早上天刚刚亮,我们把所有的武器都留下,与广西的战友们热烈地告别,仍然乘坐两部汽车,沿一条连接桂粤两省的战备公路出发了。卸下了武器的知青们就像卸下一个沉重的包袱,恢复了自己的本色,开始指点起路边郁郁葱葱的黄麻和蔬菜来。车子经贺县、连蓝入广东,一直开了9个小时,路上没有遇到任何阻碍,最后到达了广东坪石车站。我们跳下车,与两位艺高胆大的司机握手道别。刘必成用马河知青凑集的钱买了车票和一大堆馒头,我们每人拿了几个馒头,上了从广州开来的16次特快列车。但"文革"期间,火车从来就不正常,由于到处都在武斗,火车一停就是几天,停得久的如在衡阳3天,在株洲5天,到达长沙时已经是第9天了,特快变成了特慢。但好歹总算回来了。我回到家时只有一个黄书包,鞋也弄丢了,只穿了双拖鞋,全身汗臭。见着母亲,喜极而泣。原来她听说我们四个在白水已经被农民活埋了,她当然是不信的,但也不能不担心挂虑。

当时我父母正在积极投入"新湖南报右派集团"的翻案工作,报社的造反派"红色新闻兵"开始是支持他们翻案的,但后来又不支持了,反过来压制他们。我这时对政治已经有了一点概念了,觉得他们确实是冤枉的,但要翻过案来,谈何容易!政治就是这么回事,一切都服从临时的需要,哪里有什么公道可言。但"上山下乡"的理想在我眼里还是神圣的,那是消灭三大差别(工农差别、城乡差别、体力劳动和脑力劳动差别)、实现共产主义或世界大同的必由之路。至于为什么现在会搞成这样,我不明白,也很想弄个清楚。哥哥也从千山红农场回来了,他和我的想法很一致,我们经常谈论这个话题。和我们一起讨论的还有江永杉木冲农场的鲁平,他在"二月逆流"时曾和我一起挨过捆。我们成立了一个小小的组织——"中学毕业生红旗联络站"(简称"中毕红旗"),总部设在十六中一间教室里,"刘备"和几个下放郴县的知青都加入进来了。我们把我们对上山下乡的看法用大字报贴到大街上,主要是批判所谓的"安置办"把知识青年上山下乡变成了安置城镇剩余劳动力的一种权宜之计,知青成了城市的弃儿。但我们观点的影响不大。倒是我们每天刷在街头的大标语使人们对我们有些印象。如中央安置办下发的"十八通知"力图将知青逐出城镇,遣回农村,据说还得到了毛主席的批示,我们便在火车站对面高达二十多米的铁塔上挂下一条巨幅标语:"把骗取'十八通知'的混蛋揪出来示众!"还贴出了多幅宣传画表达我们的观点。但不论是大字报还是标语、宣传画,只能维持几天,即使不被覆盖,一下雨就没有了。当时在观点上对市民影响较大的有两张知青报纸《红一线》和《反迫害》,但基本都停留在"诉苦"的水平,没有什么理论性。鲁平提议说,我们与其私下里这样讨论,不如也办一份报纸来宣传我们的观点。我说办报需要的钱从哪里来?他说,我们募捐!我和我哥哥为这个大胆的设想击节赞赏。说干就干,我们做了一个募捐箱,写了一张十分煽情的募捐词,抬了一张桌子,就摆在中山路人来人往最拥挤的路口边。在1968年以前,长沙市可能是全国下乡知青人数最多的城市,光是江永县就陆续下放了六千多人,许多家庭都有子女下放农村,加上亲戚朋友和熟人关系,影响面就更大了。知青的悲惨遭遇尽人皆知,同情的人很多。我们第一天募捐就募到了二十多元,有人丢5元的大票(当时最大的钞票),有人捐了钱还舍不得离去,站在旁边围观和当义务宣传员。接下来,我们每天都有可观的收获。我每次回家吃过饭又去接替鲁平时,看到他穿着单薄的衣服瑟缩在寒风中,都为我们自己的这种精神而深深地感动。不久我们就募集到了120元,这在当时可是一笔巨款!办一张小报的钱足够了。请长沙市的一位书法家为我们的报纸题写报头"中毕红旗",他没有收我们一分钱。然后我们联系到了一家叫"湘中"的印刷厂,排字工小邹家里也有知青下放,她加班加点地为我们排版,我们则轮流守在旁边给她帮忙(后来听说她为此而遭到了开除)。第一期报纸6000份很快出来了,有我哥哥的长篇社论《上山下乡万岁》,

有我的评论《知青运动的历史使命》《论梁春阳必须上山下乡》（梁当时是"省革筹"主任），有鲁平的诗和论文《知识青年的命运》，还有各地的知青信息等。我们全体人员上阵卖报，除了在电影院门口摆摊外，还大街小巷地去吆喝。报纸不几天就卖光了，收回了140元，于是我们赶着筹备第二期。

但正当我们的第二期报纸印出来还未来得及拿到街上卖时，形势骤然紧张起来了。随着"省无联"被中央定为"反动组织"，"湘江风雷"的头目叶卫东被抓起来了；人气最高的青年理论家杨曦光在潜逃数日后也被捕了；回流城市的知青被限令在某月某日以前必须返回原地，否则就进班房。各下放地的公社干部也派人来长沙接知青返回农村，说明农村的情况已经平静，贫下中农欢迎知识青年打回农村闹革命，以此进行安抚。在软硬兼施之下，绝大部分知青都回到了下放地。报纸是不能卖了，但思想上的结还未解开。我们一直坚信毛主席提出的上山下乡具有伟大的战略眼光，他老人家是在我们知青身上进行共产主义理想的实验。这也是我们当初满怀激情下农村的初衷。但如今看来，"十八通知"确实是毛主席批示的。难道真是我们错了？是我们一厢情愿地猜测了领袖的意图？我和鲁平多次谈论这个问题，但他始终坚持我们没有错，主要是毛主席他老人家不知道我们的观点，只要我们的意见能被他听到，他一定会支持我们的。我不下十遍地问他："假如有一天，毛主席接见了你，听了你的意见后说：'你错了！'你怎么办？"他根本不回答我的问题，一个劲地说："不可能！不可能！"我说，"万一有这一天，你怎么想？"问到最后他没有办法了，长长地出了一口气说："那……我的政治生命就完了……"我们相对无语。数年以后，鲁平在一个阴雨天里卧轨自杀，表面上是由于失恋，其实我知道，他内心早就死了，政治生命就是他的全部生命。

我与杨小凯（杨曦光），1983年摄于武汉大学他的宿舍

我和我哥哥在四处逃匿多天后，见风声平静，便各自返回了千山红和江永。我走的那天是1968年4月7日，正好是我20岁生日，母亲送我去车站，我告诉她这件事，她淡淡地笑了一下，什么也没有说。这次回江永，情形与以前大不相同。国家发给我们每月50斤谷（相当于35斤米）、6元钱，因此大家都不怎么出工，整天不是在家里看书、唱歌、打扑克，就是到别的知青组去玩。"芋头"和陈利苏组织了一个毛泽东主义学习小组，经常把我们聚集起来学习社论和中央文件，学习马列主义经典著作也在计划中，但没有搞起来，倒是不知从哪里获得了一份杨曦光的"反动文章"《中国向何处去》，大家兴趣很浓。我读了这篇文章后如当头棒喝、大梦初醒，倒不是觉得他的分析多么正确，而是深深地为他看待政治事件和历史进程的独特眼光而震惊。他完全是站在一个置身事外的客观的立场上来分析毛泽东、周恩来、刘少奇这些政治人物之间的关系，没有任何预设的前提。在我以前的思维方式中，毛主席是只能信仰，不能怀疑，更不能评点和分析的，他老人

家是一切分析的前提和标准。记得"文革"初期有一种理论说,一切都可以批判,唯有毛泽东思想不能批判,因为,你用什么来批判毛泽东思想呢?那只能是反毛泽东思想。我曾深信这一说法的正确。我从来没有想到过,批判并不是由某种思想产生的,一种思想倒是由批判产生的;任何思想都是暂时的,只有批判是永恒的。

这位19岁的中学生写的文章一下子把我提升到了一个新的思维层次,不过当时我没法把这种感觉说出来,我的理论素质太差了。我特别佩服那些能够引用马列主义理论来讨论问题的人,当时除了"芋头"和他的哥哥巴立外,就是韩少立、韩少问(韩刚)兄妹,再就是大远公社的知青张某。这些人有一段时间川流不息地在白水知青点出现,有时爆发激烈的争论,各自都有一帮追随者。我佩服他们每个人,并且为他们中的一些无谓的争吵感到惋惜。但接下来,一件振奋人心的事把大家的心又团结到了一起。

五月初的一天,我和"刘备"过潇江河去白岭打柴,发现白岭山下原属小农场的一大片土地都荒芜了,人去楼空,只有两排房子空荡荡地立在那里,中间的篮球场都长了草。"刘备"突发奇想,说我们不如把这个小农场开辟为我们自己的家园。我们回去和大家一说,所有在场的知青都激动起来,二十几个人一致同意我们的想法。显然,大家无所事事得太久了,经过"文革"武斗一幕,与农民的关系也疏远了,不少人甚至有在生产队待不下去之势。现在有一件正经事摆在面前,大家自然像找到了一艘挪亚方舟。我和"刘备"则把这看作实现我们的"真正的"上山下乡理想的一次绝好的机会,我们要改天换地,凭自己从农民那里学到的一点本事创造出一个共产主义的乌托邦来。说干就干,我们当天就清点东西,第二天派几个人过河去打扫房间,第三天大家就挑着行李、家具和农具到了小农场。安顿好以后,大家开会到深夜,讨论我们的"共产主义"蓝图。大家一致同意,既然我们自愿到了这里,一切都要自由自在,不受拘束,各人为了一个共同的理想尽自己的力。我们推选"刘备"为场长,"芋头"负责思想理论,陈利苏负责后勤,鲁庸负责抓生产。我们从周围农民那里把小农场原先寄托在他们那里的一头耕牛牵了回来,外带几件农具。大家凭着一股热情,在短时间内就整理出了二十几亩地,造好了红薯垄,并冒着倾盆大雨插下了红薯秧,还烧荒撒上了十几亩芝麻种。休息时,大家就讨论"芋头"和"刘备"设计的未来规划,如"一年自给,两年有余,三年做贡献",什么地方种经济作物,什么地方栽树、种竹,未来的宿舍什么样,都画出了蓝图,并拿到县城去请人晒了图。为了取得合法性,我们还趁江永县委召开全县三级干部的"学五七指示走五七道路动员大会"时,拟了一份"决心书",敲锣打鼓地到会场上去表决心,县委谢书记带头为我们鼓掌叫好,承认了我们的"革命行动"。在干部们看来,这批最不安分的知青突然"改邪归正"了,那片生荒地够他们对付几年的,总比在生产队和农民打架闹事好。事后谢书记让县粮食局和"刘备"签订了合同,等到我们种的红薯出来,答应将用细粮换我们的红薯。我们还将谢书记请到小农场视察,他叮嘱我们要与周边的群众搞好关系。

小农场的知青有几对已经建立了恋爱关系,有的还在暗恋之中,但刚开始大家还是以"共产主义"原则要求自己,这就是"各尽所能,各取所需",并没有明显地分出彼此。鲁庸每天喊工,大家出工还比较自觉,也比较卖力,有的女知青还拿出自己的牙膏、肥皂来"共产",男知青家里寄了钱来就叫上大家一起去县城打"牙祭"。但红薯秧插下去以后,天气热起来了,人们也开始懒散起来。有时只有几个人出工,其他的人要么睡懒觉,要么去其他知青点玩儿。相互之间过去的不和加上新的不和在知青中弥漫开来。"刘备"和鲁庸都有些着急。不过总的来说,大家还是维持了一个比较团结的集体,毕竟这是每个人选择的一个安身之地。每到傍晚,我们一起到潇江河里去洗澡,看夕阳照着我们晒成红铜色的皮肤。吹着凉爽的晚风回来,就在地坪上点起篝火,坐在一起唱歌和谈笑。虽然前途仍然渺茫,但我感到从未有过的自由和惬意,曾对朋友们说:这可能是我们这一生最为快乐的时候了。只是生活一直都没有什么改善,国家拨给知青的粮食早已停发,我们地里的红薯还要等三四个月才能接上来,农场里几次"弹尽粮绝",都是靠向别的知青点临时挪借才渡过难关。还有油、盐、蔬菜,要什么缺什么,更不用说肉类了。在如此艰苦的条件下,有的人经常外出串联,到处蹭饭吃,还有的偷偷地开起小灶来。但到了八月份,共同面临的外来压力使我们又抱成了团。县治安指挥部在县城以"莫须有"的罪名抓了一名桃川农场知青,我们闻讯出动了十几名男知青去营救。指挥部的人在我们到达前已逃得不知去向,我们救出人后,黄树成盛怒之下将县治安指挥部的牌子取下来砸了。时值中午,大家去江永县餐馆吃饭,我跟"芋头"说,此地不是久留之地,必须赶快离开,但他大大咧咧地不听我劝,还在餐馆里和大家高谈阔论。我只好一个人挑着一担买好的菜先走一步了。走到半道不放心,我把担子放到茅草丛里藏好,返身回去看他们的情况,远远地看到他们被一大群治安指挥部的人拦住了。我心想:"不好!",转身跑回来,找出担子一口气挑回小农场,向留在农场的人通报这个凶讯。家里除了蒋胖子和陈文远外,只有几个女知青,我们只好带上红药水和药棉、纱布去县城。找到他们时他们已经被打得惨不忍睹了。一同挨打的还有桃川农场赶来营救的韩刚等一行五六人,其中韩刚伤得最重。

9月,形势越来越严峻,全国性的"清理阶级队伍"正在声势浩大地展开，我们这些出身有问题的人正是清理的对象。终于有一天，小农场被县治安指挥部组织的二三百名荷枪实弹的民兵包围了，说是小农场藏有枪支，奉命搜查。所有的地方都搜遍了，连我们挖的红薯窖都被再深挖三尺，挖出了水来，最终一无所获。于是就把"芋头"和陈利苏抓走了，临走时宣布：白水小农场立即解散，全体人员回生产队接受贫下中农监督改造！第二天"刘备"去探监，也一起被关进了治安指挥部，直到三个月后才被放出来。

这时正是挖红薯的时候，我们一边把东西搬回生产队，一边把红薯从土里挖出来、一担担挑回知青组。收获还不错，但想和县粮食局换细粮是没门儿了。于是我们那一段天天吃红薯：蒸红薯、煮红薯、红薯汤、红薯片、红薯丝、红薯干、炒红薯叶、腌红薯条……一直吃了八个月红薯。只有过春节时生产队每人分了五斤米，才换了一下口。但毕竟可以不饿肚子，而且可以放开肚子吃了。几乎所有的人都吃坏了胃口，只有我长胖了，红光满面地发了"红薯体"。从小农场回来，大家都变"水"了。本来白水知青是江永县有名的"板鸭"，即做任何事情都是一本正经，以正统自居，按原则和大道理办事，从不乱来。但现在似乎再也没有什么能够使我们相信的了，大家都在故意地破坏一切禁忌和规矩。偷菜、偷鸡摸狗已是家常便饭。历来手脚不干净、从知青这里占了不少便宜的房东老头现在碰上了真正的对头，他家里过年的油炸果子和腊肉频频失窃，有次甚至叫队上的民兵来我们的住处搜查，没有得手，却被我们反咬一口，闹了个沸沸扬扬、不亦乐乎。我们自己觉得成了农民们的"祸害"，却不以为耻，反以为荣。但我心里其实非常空虚，不知道将来这样如何收场。我们吃饱了就练举重和摔跤，一到天黑就出去行动，糟蹋农民的菜地，抱着"游戏人生"的态度享受一回本色的生活。

许多知青知道我们这里吃红薯不限量,便经常来这里"打秋风"。有一次张某来了,这是我在知青领袖人物中最佩服的一个。他在很多方面都与众不同,他写得一手好字,唱起歌来嗓音雄浑,能游漂亮的蝶泳,摔跤、拳击样样在行,还看过不少理论书。但他在人多的场合不大说话,只是盯着那些说话的人,从旁观察。这次他和我们三四个朋友一起去上江圩赶圩,回来的路上和我们谈起了人生。他说我们现在还很年轻,正是学习的大好时光,应当多学些知识,多懂得些理论,错过了这个时机将来会后悔。我们都觉得他这些都是肺腑之言,他正在身体力行地这样做,虽然只比我们大两岁,但已经远远地走在我们前面了。所以回来以后,我和几个朋友议论了很久,觉得我们的确应当从现在开始换一种活法。我给自己规定了两条任务,一是读书,学习理论;二是阅读社会这本大书,像高尔基那样深入民间。于是在张某的鼓励下,我开始从知青组里现有的几本马列主义著作读起,用它们来磨砺自己那粗糙笨拙的思维。在此之前,我除了看过报纸上的社论之外,从来没有接触过理论,所以最初一看到那些长句子,眼睛就发花,眼皮就要打架。但我坚持下来了,我用作眉批、作笔记来克服自己看书"飘"的毛病,一本书反复要看五六遍甚至十几遍,直到搞懂为止。个别实在搞不懂的地方,我留下来问张某、问"芋头",但他们也回答不出来,我只好存疑,留着以后慢慢思考,有些后来就自己想通了。1969年夏天,我决心自己去闯一闯世界,和两个朋友一起打算到千山红农场去当"扮禾佬"。临行前去邀张某,他原先答应过一起去的,但临时又不想去了,他说他正在看《资本论》,没有时间。我对他极为失望。

我们一人一个黄书包,混在满身臭汗的乡下民工里坐船到了草尾,步行几十里到了千山红,我哥哥高兴极了。但当时正是酷暑,洞庭湖发大水,稻子全都淹了,一片汪洋,要从水底下把稻子捞出来放到打稻机上，实在很辛苦。哥哥得知场部机砖厂要一名小工，就把我安插进去了。我的朋友们想来想去，决定打道回府，权当来玩了一趟。我在机砖厂干了十来天，厂里清理无证人员，我被清退了，于是真正当起了"扮禾佬"。这一年由于淹水，扮禾的工价涨到了七毛钱一百斤，我与另外两个也是江永来的知青共用一台打稻机，玩命地干起来。我们从晒得滚烫的水中把稻子割下、捞起来，送到人力打稻机上去踩，踏板在水中"啪嗒啪嗒"响，溅起的水花像下雨一样落在我们身上，倒是凉爽，只是腿子累得受不了。最令人发怵的是挑谷。湖区的一丘田至少是二十亩，甚至还有一百亩一丘的，从田中央挑一担水淋淋的谷走到田埂上真是要命。从水中起肩的那一下至少有两百斤，得在深深的泥脚中走上一百多米才能到达田埂，这时却只剩下不到一百五十斤了。我们就像所有的人一样，挑到禾场边先到水渠里再浸透一下才去过磅。旁边一丘田里有父女两个，是老资格的"扮禾佬"。我想我们三个年轻力壮的小伙子总不能输给他们，然而出乎意料的是，他们看起来做事慢条斯理，但不论我们多么努力，他们每天出的谷总比我们三个人多。我仔细观察他们的程序，发现他们有两个诀窍。一是他们善于节省体力，不像我们拼命。他们挑担一般只是百来斤，我们则不上一百五十斤不挑，这样挑上两担就没有力气了，因为在田里挑担不比平地。一脚下去拔都拔不出来。二是他们的工作时间比我们长得多。我们每天早上都要太阳出来了（六点多钟）才出工，这时他们却已经打了两担谷了，我们始终不知道他们到底是什么时候起来干活的。由于太阳毒辣，中午我们要午睡到三点钟才做事，他们吃过午饭只歇一会儿就开工了。我们是光头打赤膊干活，他们却戴草帽穿长袖衣、不怕晒。每当听到那位父亲一边有节奏地踩着打稻机，一边唱着慢悠悠的山歌时，我都有一种感动。这就是中国农民日常的生活方式，他们没有什么远大的理想,也不想为了什么目的而"锻炼"自己,但他们有一种天生的韧性,以及建立在世世代代的经验之上的生活信心。

从湖区回来后,我的确想更深入一步地了解农民。我觉得我以前在农村虽然也和农民打交道,但以知青的身份,始终与农民隔着一层,其实还是在学生群体中生活。当时我大妹已下放到老家耒阳县,希望我也能转到那里好互相有个照顾。于是我就在1970年初转回了老家。老家有大伯、二伯、三位堂兄和一大群亲戚,附近几个村子也都是远亲。我这次是以"某某的崽"的身份在他们中间生活,知根知底,感觉自然大不一样。对我父亲的"右派"问题,乡亲们只认为是受到了官场的排挤,时运不济,就像历代被罢官和遭贬的士子一样。这种朴素的看法反倒切合事情的真相。我那时一边在队上卖力地出工,一边按照自己制订的"五年计划"按部就班地读书,主要是哲学书,也包括当时能够借到手的不少文学作品。那几年,我读完了当时出版的所有马列主义哲学经典著作的单行本,还读了我父亲藏书中的一本贺麟先生译的黑格尔《小逻辑》,一本王造时先生译的黑格尔《历史哲学》,作了一本又一本的笔记。我还经常与我们家唯一没下农村的二妹通信讨论读书心得和哲学问题,有时一封信能写上十几页。后来她主动中止了这种讨论,她更关注的是文学方面。事实证明她是对的,如果她当时钻到哲学中拔不出来的话,也许她就不会走上文学创作的道路了。现在她是很有名气的作家残雪,有大量的作品被翻译为英、法、德、日、意、瑞典等好几种外文。不过那一段哲学训练对她的文学写作无疑也起了很好的作用,她的小说里哲学味很浓。也是在这个时期,我与我大妹的一位同班同学谈起了"恋爱",实际上是一种非常精神性的恋爱,主要是通过通信。但由于我的家庭出身及处境,她的工人阶级的父母坚决反对这件事。我后来主动提出了分手,倒不是因为她父母反对,而是因为她自己在父母面前太逆来顺受。我无法忍受她的无主见和软弱，觉得对我来说是一个沉重的精神负担。

在耒阳的三年我真切地体会到了农民生活的原生态，包括他们的内心世界。我和那些亲戚的孩子们成了最要好的朋友，其中一个名叫春元的20岁的青年与我最谈得来，他的哥哥是大队的民办教师，在村子里就是知识分子了，他自己也经常看《参考消息》，喜欢谈论国家大事。但后来他得了重病，半身瘫痪，他父亲请我帮忙从耒阳搭车把他一直背到长沙的湖南医学院看病。记得那一天我从医院拿到诊断书，看到确诊为癌症时，内心十分震惊，马上想到该如何告诉他父亲，不要让春元知道真相。回到旅社，我把他父亲叫到门口，悄悄告诉他这个坏消息，正在叮嘱他不要告诉春元，没想到他一听到"癌症"两个字，不等我把话说完，返身冲进屋里，一把揪住春元的前襟拼命地摇晃，一边恶狠狠地喊道："你这个孽种啊！我前世欠了你的啊！你为嘛事要得这个病啊！你得的是癌症，你晓不晓得！你长这么大，你晓不晓得我费了几多担谷啊！几多的钱啊！……"春元脸色惨白，呆呆地像一段木头一样任他摇晃。我连忙插进去把他们拉开了。我觉得这位平时看来慈眉善目、只是有一点小气的老头，在那一刻显得异常的凶恶可怕。在回程的路上，我们在郴州停了两天，春元父亲去找他的一个懂点中医的老庚，想通过吃中药把春元的病治好。那一天下大雨，他提着老庚从山上挖来的两大捆湿漉漉带泥的树根回来，往旅馆的铺着白被单的床上重重地一放，说声："走！"我连忙把树根提起来放到地上，说不要把床单弄脏了。他说："怕什么！我们又不在这里住了。"大有"在我之后哪怕洪水滔天"之概。此时已有七年"农龄"的我，对"贫下中农"这个概念早已没有了神圣的光环，但还是万万没有想到会有这种事发生。这促使我对中国农民的内心作近距离的思考，也成了我以后力图

1994年在武汉大学宿舍与老兄唐复华合影

深化由鲁迅开始的"国民性批判"的最生动的素材。春元回去后没多久就过世了。

1973年我和大妹又转点到了浏阳县大围山下的一个偏僻村子，为的是更广泛地接触中国的农村社会。我深信要了解中国，就要了解中国的农村和农民。那时我开始读马克思的《资本论》，深深地为马克思分析一个社会结构的那种方法和步骤所震撼。我由此生出一种冲动，想试一试我自己能不能也用类似的方法来分析一下中国社会的结构。当然这种结构和西方资本主义社会的结构是截然不同的，但深入一个结构去分析其矛盾的方法是一样的。为此我还读了一些中国哲学和历史的书，对老庄哲学有自己的体会。那一年，我帮我哥哥一家也从千山红农场转到了浏阳，插队在我们附近的一个山冲里。这里的劳动强度比千山红小多了，农闲时间竟占全年的一半以上。他们一家住在生产队的一个废弃了的纸坊里,门前有一条长年不断的溪水,出门过桥就是进山的小路,门口还有一个原是用来沤纸的两三米见方的小水池。他把山泉引到池里,在里面养了几尾金色鲤鱼,每天空闲时间就搬张竹躺椅放在池边,一边观鱼,一边看书,有时还在厅屋的墙上作巨幅油画,临摹当时刚发表的《鲁迅在海边》,真是神仙过的日子!后来知青大返城时他竟舍不得走,1979年经过我的动员,并用省图书馆的大量图书开放来诱惑他,他才回来。那时他下放已经17年了。

我是1974年10月"病退"回到长沙的,在农村整整待了10年。回城后,我在西区劳动服务大队当民工,拿计时或计件工资,接触了大量底层的落魄者和社会渣滓,有失学青年、长期失业者、盗墓者、开除公职者、"右派"、历史反革命、四类分子、劳改释放犯、扒手……三教九流,应有尽有。我凭自己优等的劳动力混迹于其间,混得还不错,有时一个月能赚100多元。我为自己买了手表、自行车、的确良的衣服等,还存下了好几百元。1976年底,我通过招工进了长沙市水电安装公司当搬运工。工资虽然少多了,一月只有35元,但工作稳定,劳动强度也不算大,最主要的是劳动时间短。有时整天没有事,有事通常也只是一阵子,搬完东西就可以休息,有大量的时间看书。1977年恢复高考,我当时也想去报名,但据说湖南省招生办有一条土规定,超过25岁的不得报名,而我已经29岁了,也就没有去试。1978年恢复招研究生,我倒是去试了一试,报考了中国社会科学院哲学所的马克思主义哲学史专业。凭我多年自学的功力,我轻松地上了分数线,就连丢了十四年的俄语都得了60分,并去北京参加了复试。在录取前,从北京来长沙"外调"的人到了我的单位,单位给我开出的证明简直就像劳动模范一样;但到我父母的单位调查,父母单位开出的鉴定证明写的却是"顽固坚持右派立场""表现极坏"。最终政审没有过,未

上图：赴武汉大学前与水电安装公司同事合影（1979 年）
右图：摄于 2010 年

能录取。这是我作为"右派子女"所受到的最后一次严重的"政治牵连"。1979年我又报考了武汉大学哲学系的西方哲学史专业研究生,这时父母当了21年的"右派"终于"改正"了,我顺利地来到了资深的西方哲学史专家陈修斋、杨祖陶先生门下,专攻我心仪已久的德国古典哲学。硕士毕业后留校任教。

如今我在武汉大学教书又有20多年了。回顾自己走过的路,我深深地感到一个人的命运虽然受到条件的限制,但从本质上说是自己走出来的。人在命运面前绝不是无所作为的,只要他勇于探索、敢于行动,不管他最初多么幼稚,也不管他会有怎样的失误,他最终能够"扼住命运的咽喉"(贝多芬语)。

(2004年3月4日)

生命的尴尬和动力

近些年来，常有一些亲朋好友劝我，说你已经"功成名就"了，不用那么累死累活地干了，该放松放松、享受享受了。这都是些好心人的善意劝说，他们希望我健康，活得长久一点，我真的很领情。但平心而论，我自己觉得我从来没有为了"功名"而累死累活过，如果是那样，就算是"功成名就"，也是一场黯淡无光的人生，顶没意思了。只不过我们这一代人，从小就被教导"劳动光荣"，人总应该积极努力向上，人生就应该做点事情。几十年来，小时候的教育几乎都被我"呕吐"光了，唯有这一点朴素的思想，仍然根深蒂固地驻扎在心底，成为我一直不能放弃，甚至不能摆脱的生活模式。

记得前年到重庆去讲学，本来带了笔记本电脑，想趁休息时间干一点"私活"，校改一下学生的翻译作业什么的。晚饭后刚刚打开电脑，两位重庆的朋友来了，生拉硬拽地拖我出去"洗脚"，说一定要让我"放松"一下。我从来没有进过这种休闲场所，也实在没有兴趣，只是却不过情面，只好跟着他们去了。在洗脚城，我们三个躺在那里，都不说话，由三个年轻漂亮的姑娘捶这里捶那里，捶完了就开始洗脚，洗完了就开始按摩足底的穴位，按得我痛彻骨髓，感觉好像要把脚板里面的骨头都剔出来一样。但我又不好意思喊痛，一是怕一个大男人被年轻妹子瞧不起，二是觉得也应该尊重人家的劳动，就只好忍着。偷眼看旁边的朋友，他们倒是都在闭着眼睛享受，看样子惬意得很。我顿时有些自嘲，觉得自己恐怕已经被"异化"成了某种不食人间烟火的怪物。整整鼓捣了两个小时以后，程序总算结束，由朋友付的账，多少钱不知道。出来后，我心里十分懊悔，觉得这两个多小时完全在那里活受罪，不但身体上受罪，而且精神上也受罪，无聊得很，也紧张得很，谈不上"放松"。身体上受的罪让我的脚跛了三天，精

水电安装公司的搬运工
(1976 年摄)

神上的无聊则让我回想起当年在水电安装公司当搬运工时的一种感觉。

那是 1976 年秋天，我正在西区劳动服务大队当临时工，挖土修马路。我的一个朋友小姜在水电安装公司当汽车司机，有一天他告诉我，他们公司现在当搬运工的青年闹情绪，要求调换工种，说自己 28 岁了，谈了几个朋友都不成，不换工种别想找到对象，所以单位急于从外面招收一名搬运工来顶替他。我打听了一下，工作其实很轻松，主要是工作时间短，平均每天大约三个小时的搬运，干完了就可以休息。我觉得这正合我意，我缺的就是看书的时间，于是请小姜去帮我联系。不几天，他就陪公司的卢主任来我家了解情况，一见我刚刚下工，浑身晒得黝黑发亮，肌肉鼓鼓，立马就谈妥了。他唯一担心的是我那年也正好 28 岁，还没有谈女朋友，是不是也会闹情绪？我向他保证绝无问题，恰好相反，我希望公司今后能够让我保持这个工种的专利。就这样，我成了一名月薪 35 元的正式工人。

那时，省图书馆的不少禁书都开放了，有小说，有文艺理论，也有哲学书。我办了一个借书证，疯狂地读书。我每天的行头是一辆自

行车，一个黄书包，里面放一本书。我对工作极端卖力，一是因为得到一个正式工作不容易，我十分珍惜；再就是我对于体力活有一种迷恋，有节奏的劳动使我身心愉快；最后当然也是想尽量快点做完，就可以去洗澡，然后坐下来看书了。那几年我读了不少书，罗素的《西方哲学史》、马克思的《博士论文》、黑格尔的《美学》《历史哲学》、赖那克的《阿波罗艺术史》、苏联的一本《马克思主义美学原理》、康德的《实践理性批判》、《新建设》编辑部编的《美学问题讨论集》（六卷）、朱光潜的《西方美学史》等等，大都做了详细的笔记。看书的地方，有时在会议室里，有时在仓库里，有时在搬运工和司机的休息室里，人家都在谈天或打牌，我就在旁边看书。公司领导看我每天勤勤恳恳，安心工作，又好学习，对我十分满意。

可是有一天，我不知为什么，上班忘记带书了。那天恰好没有搬运任务，整个公司大楼里上上下下没有一个人，但是按规定没到下班时间又不能回家，必须等待随时可能下达的任务。我端条凳子坐在公司门口，看了一会儿大街上来来往往的行人，不耐烦了，就去爬楼梯。上了五楼，看会儿风景，再下来，然后又上去，再下来，这样几趟。然后又到公司门口右边一个街口的燎原电影院去看海报，希望碰到一个熟人，聊聊天也是好的，可是没有碰到。又到左边的一个文具店里逛逛，到街对面的小百货店里瞧瞧，心想附近要是有个书店就好了。但我不敢走远，怕突然碰见领导，也怕管事的叫搬运工时我不在，挨批评，于是又折回来坐在公司门口，百无聊赖。一直等到过了10点半，估计真的不会有什么搬运任务了，才跨上自行车，一溜烟朝家里骑去。我一边骑车一边想，今天这可是个深刻的教训，以后再也不敢忘记带书上班了，我一刻也不能没有书。从此我真的十分小心，每次上班前第一件事就是记得把书带上，因为那次的印象太深刻了，那简直就像把五脏六腑都掏空了一样难受。

1979年，我考上了武汉大学的研究生，毕业后留校任教，从此脱离了体力劳动，进入了另外一种劳动方式，就是把阅读、写作和讲课当作自己生活的主要内容以及职业。在这几样工作中，我把教书视为"体力劳动"，因为我必须做这个工作才对得起这份工资；而把阅读和写作当成纯粹的智力劳动。和以前不同的是，这两种劳动之间有了密切的联系，我在课堂上讲的要么是我读到的、要么是我自己写的文章或书。我每天沉浸在对新的发现和开拓的渴望和喜悦中，那是我保持生气勃勃的生活兴趣的原动力。类似水电安装公司那次的尴尬已很少发生，除非偶尔陷入一个明知毫无意义却不得不数着时间过去的境地，像在重庆的那一次。后来我写过一篇文章，专门谈到对于生命的看法，认为一个人在生活不能得到最低保障的时候，当然首要的任务是活下去，努力做到能够养活自己和养家糊口，他必须发挥他的脑力和体力来为这个目标奋斗，他的精神生活只能是物质生活的附庸；但是这一点一经达到，"温饱"已不成问题，他就应该考虑把他的生命结构"颠倒"过来，使他的物质生活为他的精神生活服务。这其实就是我自己的生活模式，我至少主观上尽量做到对物质生活的追求只以精神生活的需要为限。所以，我把阅读和写作视为自己真正的生命，其他的都是为此而做的铺垫，和物质条件准备。而这种生活模式至少是从水电安装公司的时候就已经形成了。我现在明白，当时的那种尴尬其实就是生命的尴尬，是生命之火被封闭在一个不透风的容器内快要因缺氧而窒息的那种难受。因为那时我已经把我的本职工作当成了维持我的精神生活的原料，而把精神生活视为我的真正的生命本身了。

(原载《社会学家茶座》2003年第4期)

我的优雅生活

我这一生,"优雅"二字恐怕是永远谈不上了。不要说前三十年在贫困和饥饿中长大,在血统论的歧视中"脸朝黄土背朝天"地修理地球,好不容易弄了个"病退回城",又去干最艰苦的"土夫子"和搬运工;就说后来这二十多年"时来运转",和大批"逸民"一起借着"重开科举"的大潮而涌入了高等学府,并且居然占据了一席之地,也只不过是争取到了一个充当高校"打工仔"的机会,每天以"工作狂"式的教学和研究挤榨着自己有限的时间。这样的生活方式,我想没有人会羡慕的。在一般人的眼里,我绝不是一个懂得优雅的人,既不热心旅游,也不喜欢娱乐,味觉迟钝,食量狭小,烟酒茶一样都不行,只喝白开水。我常开玩笑说自己是苦命、劳碌命。但如果把"优雅"这个概念的范围扩大一点的话,我自己倒是觉得生活中仍然随处可以找到一种优雅的心境。这种心境比那种外表的优雅更能打动我,常使我欲罢不能。

我最早体验到的优雅是劳动的优雅。刚刚插队的时候,我崇拜的是生产队上一位叫志强的年轻人,他有点儿文化,比我大四岁,高半个头,长得矫健魁梧,是队上头号劳力。每次到十里以外的山上去割青或是砍柴,我都跟定了他,看他如何在满山的灌木刺蓬中用水牛般的赤脚为我踏开一条路,又如何不慌不忙地在我连一半都没有凑齐的时候就砍起了漂漂亮亮的一大担柴,用扦担[1]举起一百来斤的一头稳稳地插入另一头里,然后打着"呵嗬"晃悠晃悠地下山。砍柴是当地最辛苦的一件工作,我们知青砍一担柴通常需要一天,有时还要摸黑到家。这门技术我是直到五年以后才比较熟练了,那时我经常上午砍一担,下午再砍一担,也学着捆得漂漂亮亮的,整整齐齐地排列在屋前晒坪里。

插秧是最没有优雅可言的。脚下是山区泥脚很深的水田,又有蚂蟥,有时还有蛇;上面是毒烈的日头,刮风下雨天则是沉重的斗笠和蓑衣。人整个弯成九十度,如果不用拿秧的手肘靠住膝头,腰就像要断掉了似的酸痛。但手靠膝头怎么能插得快呢,于是就硬挺着不靠。我看那些老农,赤膊的时候简直就看不出腰来,从肩膀直接下来就到了胯部,我想将来我就像他们一样,会把腰都磨掉,磨成一部插秧机器。但后来我也悟出门道来了,就是插秧时不要停止全身运动,不要僵持在那里,每插一兜,身子要有一个起伏,腰部像弹簧一样处于忽松忽紧的状态,就在运动中得到了休息。后来我插秧的速度是队上最快的之一,蚂蟥也不太叮我,它们专门喜欢叮那些半天不挪动一步的人。每插完一垅,我就和几个先上岸的社员聚到一起聊上几句。队长常从他的"红宝书"里撕下一页来,卷上旱烟丝,请我抽一根"喇叭筒"。我就是不会抽烟,也抵挡不了站在田塍上悠闲自在地吞云吐雾的诱惑。

山区每天要做的一件工作就是挑担子。一两百斤的担子压到肩上,再想优雅也优雅不起来了。我和其他知青习惯了挑担子以后,每个人肩膀上都凭空长出了三个硬得像铁蛋似的小肉包,左右各一个,中间的那个最大,是换肩换的。挑担子一个很重要的诀窍就是扁担要好。好扁担弹性大,又结实。人在行走时总有一瞬间是两脚同时着地,全身

---

[1] 一种一米多长两头尖的圆木棍,用来挑柴禾。

呈现三角形的稳定性的,这时承受力最强。如果你有一根好扁担,它只让你在这一瞬间承重,然后由于它的弹性,它让你的担子在其他时间处于"失重"状态,你就可以趁此机会昂首挺胸地迈出一大步,等担子回落,你又稳稳地准备好三角形的架势了。我曾经有过一根极好的扁担,是我在江永县城赶墟时,从县农资公司一大堆不起眼的次品扁担中挑出来的。那扁担不知是什么木,带紫色,极为沉重,掂一掂就知道是沉水的那种。用手一压回力大得惊人;唯一的缺点就是形状弯成了月牙形,搁在肩上翘起像一对牛角,哪里挂得住担子!我猜想这也是它没人要的原因。志强对我说,如果是一百七八十斤的担子,起肩时小心一点,起得肩来它就平了,还是很好用的。我看它不算贵,只要三毛五分钱。就咬牙买下了。后来我经常用它挑重担,压上两百来斤它根本不在乎,还像大鸟的翅膀一样上下翻飞,可带劲啦!由于木纹细腻,浸过汗水之后,它发出玻璃一样光滑透明的紫红光泽。同知青组的树老倌羡慕得要死,总是来借。志强也借过。但有次志强借去挑了一担280斤的牛粪,挑炸了面上的一片皮,没有那么翘了,从此也不敢用它挑太重的担子,但挑个一百五六十斤还是胜任愉快的。那根扁担我离开江永转回老家农村去时送给了树老倌,后来他又给了谁就不知道了,但没有听说挑断过。

回城后,有两年多的时间我在土方队挑土。土方队是临时的民工队,拿计件工资或计时工资。我换过好几个队,只要听说哪里工资更高,我立刻跳槽。最后这个队是一位二十多岁的青年当队长,他在土方队已混了多年,是个老油子了。他手下都是一帮小青年,十六七岁,最小的才十三岁。我算年纪大的,那年二十七八了。长沙玻璃厂为了盖厂房,要移掉一个山包,队长教我们"放神仙土"。先将山包用二齿锄和洋镐挖出一个五六米高、十多米长的垂直墙面来;然后在墙面里侧再切入一个两米进深的竖槽,一直切到底;接下来就在墙面的底部挖一条横槽,不断地挖深。当深到一定程度,整个墙面的底部就等于被掏空了,这面墙连同它的一百多方土由于自身的巨大重量便处于岌岌可危的状态,以至于小山顶上齐崭崭地裂开了一道缝。这时队长带领我们用五六根茶杯口粗、一米来长的铁桩朝裂缝处用大锤直打下去,钉到只剩二十来公分时,再找来两根七八米长的杉木,左右分别用一头卡在两根铁桩之间,利用杠杆原理,十来个年轻人分两组一齐用力扳动杉树另一头,于是就见裂缝撕拉着山上的草皮树根"喳喳"响着扩大开来。随着队长"一、二、三"的号令声,巨大的土方排山倒海地倾倒下来,"轰隆"一声摔在地上,就像一头庞大的怪兽被摔得粉身碎骨。由于土被摔碎,省掉了一寸一寸挖硬土的工夫,主要工作就剩下装车运土了,工程进度极快,钱当然也就挣得多了。这项工作最危险的就是挖横槽,其他土方队经常有挖着挖着,土方突然坍塌而把人压死的事件发生,西区劳动服务大队总部几次三番明令禁止"放神仙土"。但经验丰富的队长告诉我们,其实不用怕,只要挖的时候集中注意力,一看到底下开始掉土渣就赶快跑,不会有事。但每次面对高高的土墙去用洋镐掏它的底部时,每个人都仍然紧张得直冒汗。最后那几镐总是由我带领两三个老成一点的"满哥"(小伙)去干,其他人站得远远地观望。由于我做事稳重,队长很信任我,他不在时通常就由我代理队长的职务。另外,挖竖槽的人选也很有讲究,除了手法要好以外,他还有一个任务就是兼顾全场的安全,队长也把这工作派给了我。我的前任满哥技术不熟练,把槽子挖得七歪八扭的,墙面像狗啃的一样,进度慢、多费工不说,还挖伤了自己的脚。我接手后,凭借下乡十年所练就的掌握各种工具的技巧,在刚好一肩宽的逼仄的槽体内活动自如,挖出的槽子像用尺子比过的一样直贯到底,清完土后露出来的墙面如同镜面一般光滑平整,这样讲究不光是为了美观,也是为了少做无用功。与汗流浃背地拉车运土比起来,这项工作是一项比较轻松的技术活,后来一直非我莫属。

但我也深知责任重大,不敢掉以轻心,在槽子里随时观察着整个工地上的动静。有一次,一块神仙土没有完全放下来,有一小部分挂在墙体上,但就这一小部分也有几十吨重。当拉车的把堆在地上的土差不多清理干净了时,我一眼瞥见悬着的那墩土突然裂开了一道直缝,我立刻大喝一声:"走!!!"就见那墩土先是往地上一坐,然后往前面直扑过来。所有在上土和拉车的小伙子们各显神通,有的丢下锄头就跑,有的被土车拦住,就从车上一跃而过。随即听到一声巨大的爆响,车子的一对轮胎同时爆裂,连车带土整个都被埋了,篮球大小的土块打出去二十多米,谁要是摊上一块,都肯定是非伤即残。大家都惊呆了,我从槽子里跳下来,首先清点人数,十一个,一个没少,心下稍安。再一检查,一个没伤。然后去拖压在土下的工具,哪里拖得动分毫?大家一时间议论纷纷,都为刚才的事情后怕。这时队长来了,听说了整个过程,也惊吓不已,说:"亏得老邓那一声喊,不然就有大麻烦了!"当场宣布今天上午收工,下午再来清理现场。小青年们都欢呼起来,看他们那高兴劲,好像巴不得每天都有这种事发生。

那段时间我的经济条件大有改善,除队长之外,我拿最高工资,一般每个月可拿八九十块,甚至有两三个月拿到一百多块。当时一般工人只有三十来块月工资,大学毕业生也不过五十多块。我们的血汗钱是用命拼来的,当然也要显摆一下。按照那个时代"满哥"们的时尚,我买了一辆闪闪发亮的"凤凰"牌单车,一块"东风"国产手表,夏天穿一件镂空透明的短袖尼龙上衣,下班时和一大群小满哥们响着一片清脆的车铃声从马路上呼啸而过,回到家左邻右舍都用惊羡的眼光

当"土夫子"时的照片(1976年摄于长沙岳麓书院)

看着我。那时我全身晒成古铜色,肌肉鼓鼓,体形健美,自我感觉良好。后来读到《庄子·养生主》,有一段话可以形容我当时挖土的状态,说是庖丁解牛,"奏刀騞然,莫不中音,合于桑林之舞,乃中经首之会",解牛后,"牛不知其死也,如土委地。提刀而立,为之四顾,为之踌躇满志"。那个时代所理解的"优雅",莫过于此了。

我31岁考上武汉大学的研究生,攻读西方哲学。命运的反差如此之大,我的感觉却并没有大的改变。当教师之后,我爬格子、写文章,觉得自己就像在插秧。写好一篇文章或是一部书稿,用挂号信寄出去的时候,感觉就像砍了一担蛮不错的柴,捆扎得整整齐齐地挑下山来。学生的一篇博士论文或硕士论文交到我手里,我三下五除二就指出其中的毛病,提出修改意见,就像放了一墩"神仙土"一样,有"提刀而立,为之四顾,为之踌躇满志"之感。在很长一段时间里,我一听到窗外民工们劳动的吆喝声,还忍不住要探头去看,在心里为他们着急和使劲。见到一丛秀丽的小灌木,就琢磨着能整出一捆结结实实两头齐的柴来。1996年底我在昆明开学术会议,会后大家都去西双版纳旅游,费用全免,唯独我一人没去,想着我和杨祖陶先生合作的《康德〈纯粹理性批判〉指要》即将杀青,会议结束当天我就坐飞机回到了武汉。我对劝我的朋友们说,走马观花的旅游没有什么意思,肯定没有电视上播的那么美。你要真想欣赏大自然的美,就要在那个地方住上一个月,砍上几担柴。这种怪癖,今天是没有人能够理解了。今天人们能理解的"优雅"是和"小资情调"分不开的,首先是要没有饥饿和贫困之虞,其次是要有别人来为自己服务打点,倒茶倒酒、洗脚搓背什么的,再就是要有休闲的时间,无所事事,心情放松。现在那些国内国外的电视连续剧中展示的不就是这些吗?可我已经没有这个福分来享受这份优雅了,不是没有这个条件,而是没有这份心情和时间。也许一代人有一代人所不同的优雅,但也有可能是现在才开始了一个优雅生活的时代?无论如何,我并不羡慕那些流行的优雅,觉得自己过得挺自在的。这就是我所理解的优雅生活。

(原载于《新京报》2006年2月3日)

在哲学的入口处

做了几十年的哲学，对于"什么是哲学"这样的问题，感觉上已经有些麻木了。其实这个问题并没有初看起来那么重要，好像不了解它我们就无法进入到哲学中来似的。我相信，谁也不是先把"什么是哲学"弄明白了才来读哲学书的，谁要是从这个问题入手来叩哲学之门，肯定会被拒之于门外。恰好相反，人们之所以读哲学，是因为另外一些问题的困扰。人们在探讨这些问题的答案中，"为伊消得人憔悴"，然后反过来回顾已走过的历程，才恍然悟到："我关注的就是哲学啊！"两千多年前的苏格拉底就是如此，当时并没有"哲学"这样一门专门的科，他只不过是在追求智慧（爱智慧）而已，因为他搞不懂诸如"什么是美德""什么是正义""什么是虔诚""什么是美"这样一些问题，为之而苦恼。但后来人家把他的"爱智慧"变成了一个专有名词，这就是"哲学"。看苏格拉底的对话，我常想：哲学入门应该像他那样，用聪明的提问把人引入哲学的境界。前些年闹得十分火热的"大专辩论赛"，我也曾有幸被请去当过指导教师，当时我就说，你们这是在吵架，能不能像苏格拉底那样，用提问来揭示矛盾、推进问题？不过，当时我对自己的想法也有些拿不准：都什么时代了，还提苏格拉底？那是一个普遍幼稚的时代，今天却是一个争夺"话语霸权"的时代，自然要适用另一套对话标准。

但是,近读美国人罗伯特·所罗门教授所著、张卜天译的《大问题——简明哲学导论》,将我的这种疑虑一扫而光。我素来对美国人的哲学思维能力不抱奢望,认为他们不太能够理解深奥的欧洲大陆哲学,只知道实用主义和抠字眼。但这本书使我对他们刮目相看。的确,英美思维方式具有发散性、没有严格体系的特点,但这种特点并不注定他们的思想就会流于肤浅。他们不会建立庞大严密的哲学体系,但他们可以把那些体系所表述的思想通过针尖对麦芒式的提问引出来,不但使人们享受到思维的乐趣,而且激发起人们创造的冲动,通过艰苦的思索去寻求那些问题的答案。这不正是苏格拉底精神在今天的复活吗?《大问题》的作者"不像一般哲学导论著作那样按照事件发生的顺序罗列哲学史上的一些观点,而是完全把读者当成一点都不了解哲学的人,按照一些大问题来组织材料的。随着讨论的不断深入,自然而然地把读者引入哲学的殿堂"。也就是说,作者把他的读者当作在哲学上一无所知的"菜鸟",正如苏格拉底所面对的雅典民众一样,这些雅典人虽然很聪明,或自以为很聪明(如"智者"),但对真正的哲学问题却从未思考过。本书的作者也如同苏格拉底一样,并不把自己的观点强加于读者,你甚至都不知道他在某个问题上究竟有没有他"自己的观点"。他几乎对每个所提出的观点都加以质疑,三言两语就把你最初受到诱惑而刚刚建立的一点信念摧毁殆尽,然后又提出一个似乎更为可取的观点来,接着又同样加以摧毁;或者不加摧毁,却让你做出选择:你同意这样吗?

显然,这就是苏格拉底式的提问!这些提问,有些是具有巨大的震撼力的。例如这样的问题:

> 我们发明了一台机器，它是一个有着若干电极和一个生命维持系统的箱子，名叫"快乐箱"。只要你进入这个箱子，就会体会到一种特别快乐的感觉，而且这种感觉将一直持续下去，因为它可以产生足够多的变化使你不会失去新鲜感。现在我们想请你去试试。只要你愿意这么做，你可以随时决定出不出来；但我们可能会对你说，人一旦进到箱中，还没有谁愿意出来过。过了十个小时左右，我们接通了生命维持系统，人们就在那里耗完他们的一生……现在轮到你作决定了：你愿意跨进快乐箱吗？为什么？
>
> （《大问题——简明哲学导论》，[美]罗伯特·所罗门著，张卜天译，广西师范大学出版社，2011年，第40页，下同）

任何人读到这里，恐怕都会一愣，然后陷入沉思。后面提供的回答是睿智的，但并不是现成的，而是提出了更深层次的问题；或者说，他是在用问题回答问题：

> 这个问题的含义显然是清楚的。哪些东西是你所看重的？如果是享受和惬意，你当然应当进入箱子（享受和惬意与"快乐"是一回事吗？）；而如果你认为生活是与他人的关系，实现抱负和做事情，那么你当然不应进去。但话又说回来，如果你爱自己的朋友或情人的原因是他们会使你感到愉快，如果你渴望胜利和成功的原因是因为它们会给你享受，那么为什么不直接进箱子里去？在那里你会找到真正的快乐和享受，没有别人的打扰，不必工作、流汗或担心失败。毕竟，这难道不是你真正想要的吗？（第48页）

是啊！人活在世上，不就是追求享乐吗？不管什么样的享乐，也不管是低级的还是高级的，物质上的还是精神上的，趋乐避苦总是人的本性。现在有一个快乐箱摆在你面前，可以保证你终生快乐，而且不费你吹灰之力，你愿不愿意进去？最妙的是这句话："只要你愿意这么做，你可以随时决定出不出来；但我们可能会对你说，人一旦进到箱中，还没有谁愿意出来过。"就是说，你可以保有你的自由意志，但根据所获得的信息，你的行为是有一定的必然性和注定性的，你愿意把你的意志交给这种必然性吗？这和问你愿意不愿意做动物园或动物保护区里的被保护动物还不一样，因为那并不是自愿的。更恰当的比方是问你愿不愿意吸毒、染上毒瘾，如果有人保证提供永远充足的毒资的话。我们今天有无数的人靠各种方式麻醉自己，吸毒只是最极端的例子。但这其实这正是一个真正的哲学问题：归根结底，你到底要什么？生活的意义何在？你为什么活在世上？正如哲人加缪有言：真正的哲学问题只有一个，那就是"自杀"。

关于"生活的意义"问题，作者也以同样的一连串提问使我们大开眼界。作者罗列了一系列的看法，从《圣经·传道书》中的"生活无意义，上帝才有意义"，到日常的各种回答：生活的意义在于孩子、在于来生，生活是一场游戏、一个故事、一场悲剧或喜剧、一种使命、一种艺术、一次冒险、一场疾病，或者是为了满足欲望、为了帮助别人、为了得荣誉、为了达到"涅槃"，或者是作为学习、作为受苦、作为投资、作为与他人的关系和"爱"，或者，生活根本就有什么意义，就像加缪说的，生活就是"荒诞"（pp.53 — 76）。至于作者赞同哪一种，或者我们应当赞同哪一种，这不是本书所要回答的问题。他在这里只是把我们引入到哲学史上的各个哲学家（或准哲学家）对这个问题的不同观点，从古希腊哲学家到中国的孔子、老子、佛陀，到黑格尔、尼采和美国总统，然后用和我们每个人最贴近的日常生活中的例子来对每个观点加以质疑。当然,每种观点都有它的道理,都是由聪明人提出来的,但没有一种观点有希望能够被所有的人接受,因为每个人的立场、角度、眼光都不一样,他们必须自己选择自己生活的意义。不过,我觉得作者还漏掉了一种说法,这就是把"寻求意义"或"创造意义"视为生活的意义。这一观点超出了传统直观的层次,而上升到了更高的形而上学层次,加缪的"荒诞"、萨特的"虚无"都是为此作铺垫的。这就显出美国人的局限性了,他们的长处是敏锐,而不是深刻;但作为哲学入门的向导,这本书仍然是合适的。

在"实在的本性"这个话题上,我觉得作者关于"目的论"的讨论颇有意思。所有受过现代科学熏陶、具有一定科学知识的人大都不会觉得这个世界上的事物自身会有什么"目的",那是从伽利略、牛顿和康德以来早就被排除掉了的"迷信"。但黑格尔以及黑格尔一系的哈特肖恩和怀特海仍然想在现代科学的基础上恢复目的论的意义,这就是诉诸"历史主义"和"过程论"。这种观点摒弃了历来人们深信不疑的"实体主义",而有点类似于前几年国内有人鼓吹的"关系实在论"。作者把爱因斯坦的"上帝从不掷骰子"也归于此列,并由此把这个问题与人生的目的问题联系起来:

> 的确,正是在这种对宇宙目的论的洞察中,我们关于生活意义的问题以及实在的最终本性问题才合为一个问题。宇宙中有一个目的吗?这种目的是上帝所赋予的吗?如果是,它是什么?如果宇宙没有目的,人类的生活还有目标吗?(第154页)

这种观点先到宇宙中去找一个目的,然后再把自己人生的目的寄托于其上,无疑将引出一个上帝来。而且这种神学目的论与牛顿物理学其实也并不矛盾，因为牛顿本人就借助于上帝的"第一推动力"来解释宇宙的运动，科学与宗教在这种模式中完全可以相安无事。但黑格尔的模式与这里还是有很大区别的，他不是把宇宙和人类对立起来，而是从人类身上看出宇宙本身的目的。作者对这一观点的评价似乎并不怎么高，他说："黑格尔关于精神通过我们所有人自我展开的宏大场面，以及叔本华关于我们内部的意志盲目地通过激情来驱使我们的戏剧性观点——的确更像诗意的想象，而不是哲学家严密的体系。"（第156页）其实，当代自然科学的"人择原理"已经为这种目的论提供了科学上的理据：自然之所以有目的是因为它产生了人，由于有了人，整个自然界才有了目的；或者，自然界就是"为了"发展出人来（"自然向人生成"）才存在的。人与自然界的这种统一或许恰好是解决作者的一个困惑的密钥，这个困惑就是：

> 在我们关于自身的看法中，科学与宗教是否已经因传统而被过分强调了？这是个非常真实的问题。它们真的如此重要吗？道德怎么样？有没有这种可能，如果落实到这一点，我们会把成为一个"好人"看得远比理解这个世界甚或信仰上帝更为重要和"真实"？或者，在某些人看来，灵感、音乐或诗歌创作是比知识、宗教、道德甚至生活本身更重要的？……一旦我们真正开始思考它，就会发现问题的答案存在于一个完全不同甚至是从未料到的地方。（第155页）

正是从自然和人的统一这种"诗意的想象"中，人把自然界看作有诗意的、有道德的、有人情味的，我们才能摆脱或至少是削弱对于自然科学和宗教的完全依赖，而有可能解决我们的生活意义问题。当我们献身于道德或者艺术时，我们正是在完成自然界赋予我们的使命，自然界就是要提供一切条件，包括自然科学所发现的我们这个宇宙已经存在的那些条件，以便从中发展出人来，并从人中按照他的自由意志发展出道德和艺术来。这就是自然本身的目的。我们自己就是自然界，所以我们的自由追求就是自然界的目的。人性、人格、人权、人的自由是无价的，不能因为宗教信仰的不同或科学上的判断而遭到剥夺。

在讨论到"自我"这个主题时，作者提供了黑塞的一个剥洋葱头的比方：

> 黑塞告诉我们，"人是一颗葱头"，它由数百层不同的皮（自我）所组成；……然而，如果你剥掉了葱头的外皮，你知道你还会发现更多的皮；而当你剥到最后一层时，它就一无所有了，没有核、没有心、没有灵魂。存在的只是一层一层的皮，也就是我们在生活中扮演的各种角色或众多的自我，这就是说，所谓的自我根本就不存在。（第214页）

恰好我自己在出版于1995年的《灵之舞》中也有一个与此类似的比方："孩子与水仙花。"一个孩子在花园里捡到一枚水仙花球茎，于是一层层不断地剥它，直到最后一无所有。但是我的结论并不是"自我根本就不存在"，而是恰好相反："其实，生命并不是一个可以捏在手心里的东西。如果说，水仙花的生命只在于它的生长的话，那么，那个孩子对生命的渴求也只有在不断地'剥'中才能实现。在这个过程中，他消耗了同时又创造了生命：他消耗的是抽象的生命，他创造的是对这个生命的体验，是同一个生命，但具体而生动。"这里的"生命"也可以理解为"自我"。这又是另一种境界。对于这两个解释，读者愿意选择哪个？

最后一个重要的问题当然是自由问题。在这方面，作者表现得特别的清醒,例如对时下流行的"消极自由"和"积极自由"的划分,他就没有跟着以赛亚·伯林的论调附和,而是看到"它们总是同时出现;即使只说出其中一个,这一个也总是预设了另一个。"(第 243 页)伯林总是鼓吹"消极自由"比"积极自由"更重要,作者却说:

> 然而,置积极自由的概念于不顾很容易导致一种荒谬的情形,即人们渴望摆脱一切限制的自由,但却对他们要这种自由做什么没有一种正面的想法。(第 244 页)

更重要的是,所谓"摆脱一切束缚"的消极自由还取决于对这个要摆脱束缚的"自我"如何理解,如果你把这个"自我"本身就理解为一种束缚(比如说爱情、欲望、目的、社会关系等),那你不过是摆脱了一种束缚以便完全服从于另一种束缚而已。但如果你不把你的自我理解为任何关系,那么你就只有到荒漠上或孤岛上一个人独处,才能体会到这种自由;而这其实是一种放逐,你失去了回到人类社会中来的自由。以前欧洲人对罪犯就是这样处理的。自由意志和决定论的问题在西方之所以两千年来争论不休,就是因为这个问题太复杂了,不是单凭直观和经验能够解决得了的,必须进入到思辨层次。

其实对这个问题解决得最好的至今还是思辨哲学家黑格尔,他在《法哲学原理》的导论中专门对自由的问题作了细致深入的论述,把自由分为三个层次,即"抽象否定的(消极的)自由""任意的(积极的)自由""具体的自由"。最后这种自由既是消极的,又是积极的,是"以自由为对象的",或者说,是"对意志的意志""对自由的自由"。我们的作者已经看到,"自由"这个概念是相对的,在不同的情况下我们把不同的东西理解为"自由的"(第 241 页以下)。但只有黑格尔才第一次指出,自由本是一个"历史的""发展的"概念,它有不同的层次和等级,而它的运动是由于它内部的矛盾所导致的。自由是一个自相矛盾的概念,它把不自由、必然作为自身的一个环节,而且必定要有这样一个环节才是自由。正是这一点,使黑格尔受到今天几乎一切自由主义者的咒骂,说他用不自由偷换了自由。但仔细想想,恐怕黑格尔还是有道理的,问题只在于我们今天是否还有承担起以自身的不自由去争取自由的能力和勇气。

无论如何,本书确实是一本值得对哲学有兴趣的人认真阅读和思考的入门书,它平易近人而不故作艰深,但并不是不需要动脑筋的。

(原载于《文景》2007 年第 7 期)

知青·人生

一

这次，就我来讲也是头一回，一个是跟大家在一起谈一点心里话，这么多朋友们都来了；再一个是头一回用长沙话给大家作报告，在武汉大学，那经常是用普通话，所以感到特别的亲切。

哲学这个行当，本来也不是我的行当。大家都晓得，我们都是初中高中毕业生，下到江永县修理地球。为什么学哲学，而且搞到这个行当里头来，当然这也有我自己的一番经历。在今天这种场合下，每个人各自都有过一番经历。所以我今天想谈的主要是，就我们共同的经历中间所生发出来的一些感想、一些感慨，我个人对人生的一些看法。这些看法不一定都适合于每一个人。虽然我们大家有共同的经历，每个人的路都是自己走出来的，都经过自己的拼搏。刚才李卷舒也讲了，我们大家都是跟命运拼搏出来的，自强不息。其实每个人都有自己的哲学，我不过是把哲学当个事情，在这里做了一番。所以今天我想谈的主要是知青下放这么多年中间我所形成的对我们命运本身的一些看法，从哲学角度来理解的一些思想、一些观点。

今天想讲的，我想从三个方面来入手。首先我想对我们曾经共同经历过的上山下乡，它的意义，如何评价它，来谈点我自己的看法。第二个方面是想从上山下乡中所产生出的一些哲学观点，特别是对命运和自由意志，来谈点体会。自由意志和命运搏斗，我们都是在争取自己的自由，但是又受到命运的限制，我想从在搏斗中间所产生的一些哲思，谈一点哲学的观点。最后我想谈一点关于道德和信仰方面的问题。在座的起码都年过半百了，喊作"知天命之年"，我们到底是不是知天命？有的朋友们听过这种讲法，虽然到了五十，有的已过五十，但还是不知天命。天命在哪里，我们的意义究竟何在？我们信仰什么东西？这些东西还是模糊的。我想就这些问题来谈一下我的看法。

　　首先我想谈的第一个问题就是对我们上山下乡的评价问题。这个问题也是一个老问题啦。我们，去年刚刚过去的江永知青[1]上山下乡四十周年，四十周年肯定涉及有个评价问题啦。四十年前我们在那里做一件事情，决定了每个人的道路。它的起点从那里开始，我们从学校里出来，踏入社会的第一步，就是走的这条路。而且我们当时可以不走这一条路，我们大部分是自愿报名，基本上可以说大家都是自己愿意去的。这跟后来1968年以后，20世纪70年代以后的知青还是有点不同。我们选择了这条道路，我们现在经过四十年后回过头来，我们对这条道路，进行一番什么样的评价？如何看待？首先我觉得我们江永知青有它的一般性，也有它的特殊性。一般性就是我们江永知青作为知青这个群体，跟那个年代以及在前和在后，那些各种各样的形式下放的知青，包括前面邢燕子、董加耕、侯隽那些人，以及我们

---

[1] "江永知青"指1964—1965年由长沙市应届初、高中毕业生集体下放湖南江永县插队落户或农场的知青，共三千余人，加上这以前下放江永县农、林场的知青，总数达六千余人。

图 13：知青朋友：王朴、作者、"刘备""小老虎"（摄于 1974 年）

后面的 1968 年以后的红卫兵、老三届下放的，我们有共同的地方。一谈起知青我们有一种亲切感，我们随便到哪里，年纪大的年纪轻的，比我们年长年幼的，只要讲是知青，我们就有共同的语言。这是它的一般性。在对待这个一般性上，在知青里面和社会上都有一些评价，一个很重要的评价就是认为知青上山下乡是国家的一项安置政策，就是把知青上山下乡归结为两个字——"安置"。安置办，安置什么呢？安置城镇的剩余劳动力，这是当时的一项国策。以前很多人对知青上山下乡的评价就是这样：这是国家当时为了解决城镇就业问题，而提出的一项国策。当然当时的宣传也很多，又是"上山下乡大有可为"啦，"农村是一个广阔天地"呀，毛主席的语录都讲了很多。"下乡光荣""用自己的双手改造农村，改变农村的面貌"呀，跟共产主义理想，跟后来讲的"五七指示"都有很大的直接关系。我们认为那些东西都是宣传。真正的问题就是城里容不了这么多人了，特别是1968年以后，20世纪70年代，很多"文化革命"的红卫兵又没读什么书，"文化革命"总要结束嘛，结束以后怎么办呢？这么多人，安到哪里呢？没有地方安，国家城市里面的工业又不发达，容不得这么多剩余劳动力，就往乡里赶，增加农民的负担。这是一般的评价。

但是经过这么多年的思考，我觉得这种情况是很表面的。当然不排除有这方面的因素，知青有一个解决城市劳动力过剩这样的因素在里面起作用，特别是20世纪70年代以后。但那时候这种因素还不是很明显，1964年，我们如果不是自愿报名下乡，待在城里，待一个月或者是一年，街道上找到工作总还是可以的啦。街办厂子、区办厂子，还是可以的，不存在劳动力过剩的问题。我们当时还是受宣传的那些东西影响，因而下决心到农村里去开辟一个新的天地的。我觉得，在安置工作后面还是有个意识形态方面的问题，就是当时讲的那套理论，从我们中学的时候就已经接受了的那套理论。一套什么理论呢？就是讲农民种田养活了我们，培养了我们。工人纺纱织布，农民种田，使我们的衣食有了来源，所以我们要感谢工农，感谢工人阶级、农民伯伯。我们是从小就这么被教育起来的。到了中学的时候，面临毕业也是这样宣传，就是说：整个国家80%的人口都是农民，农村现在很落后，比城里要落后。那么我们应该用学到的知识回报，要感恩，要回报农民，回报贫下中农。当时有这样一种大家所公认的意识形态根据。这种意识形态的根据从来没有人怀疑过。包括后来知青造反，批判什么"安置"，以及把知青下放到农村里去受迫害，当我们反省所有这些的时候，我们对这种更根本的东西还没有反省过，就是讲：是不是农民工人养活了我们，我们就必须回到农村里去？用我们和农民一样的劳动，把我们自己变成与工人农民一样的人?但是我们又有点知识,要贡献给农村,这是不是将来发展的道路?一个社会是不是将来就走上这样一种发展道路?最根本的这个问题我们没反省过。

所以我觉得首先应该反省这种问题。反省到什么呢?要反省到、追溯到这种观念的起源。它其实是我们中国,中华民族世世代代几千年的一种根深蒂固的观念,在现代的一种反映。一种什么观念呢?世世代代中华民族是自然经济,农业立国。自然经济之下所形成的这一套政治体制——皇权,它的基本运作方式、基本的结构方式,就是从农村、农家子弟里面来选拔官吏,然后这些官吏又要回到农村,我们讲的为老百姓做好事。这当然是一种儒家传统的理想。"当官不为民做主,不如回家卖红薯。"那么当了官之后,就要把自己所学得的那些经世济民的东西用来服务于老百姓。这在以往的几千年的封建社会中间,是一条正道。这是毫无疑问的。当时我们对这些东西也不会怀疑。再就是你如果做官做得不顺心,如果你落败了,或者是你考科举,没考取,或者是罢官了,那你就回去种田。种田的时候你又可以教点私塾,培养读书人出去,又去做官。这叫作"耕读传家"。从古以来一直到近代曾国藩他们,曾国藩家书呀什么的,都是这一套思维模式,跟农村、跟农民紧密结合在一起,水乳交融不分。从农村的这种自然经济产生出读书人,然后这些读书人又回过来维护整个社会的稳定。维护社会的稳定一个最重要的途径就要老百姓有饭吃,要为民做主。

但是我们现在要反省这个东西、这样一种意识形态,从中国几千年的传统遗传下来的这种意识形态,在现代社会里面,其实是违背社会发展潮流的、违背历史规律的,历史规律不是这样的。你有了一个上层建筑,经济当然是基础,但是你形成了一个上层建筑,那么这个上层建筑呢,它有它自己发展的方向。比如说科技、各方面文化的发展、精神生活、人文,再一个政治体制这些方面,都要往高处走。往高处走的时候,不是说你始终要对农民、要对你的生身父母、工农——他供给你的衣食住行——永远存在一个报恩的问题。这是单向的、单方面的一个道德观念。我觉得这是一个很陈旧的观念。一个社会在它的发展过程中间,它的基础和它的上层建筑是互相依赖的,互相不可分的,不存在哪个养活了哪个。当然我们吃的米,肯定是农民种出来的,哪怕机械化的农场,也要人去开机器。但是一个社会越发展,这个中间距离就越大。它应该形成一个社会张力。高层次的人反过来,作用于这些在生产第一线的,比如说我们湖南的科学家袁隆平,搞出这个杂交水稻。有的人就讲袁隆平养活了上亿的农民。他的一点科学上的发明解决了农村里的温饱问题、吃饭的问题。我们现在吃饭不成问题。农村里现在吃饭都不成问题,为什么?因为有了杂交水稻。杂交水稻哪里来?——科技。科技如何来的?还是知识分子通过大量的科学的、知识的长期的积累,埋在实验室里做实验搞出来的。你看哪个养活哪个?袁隆平也要吃饭,他吃的米也是农民种出来的,但是他创造出的价值,养活了整个社会。他有国际性的意义,不光养活了中国人,还向外国推广。所以不能那样机械地看待一个社会,好像永远是要回到原点,不能"忘本",总是问你吃的碗里的饭是哪里来的。当然我们晓得这是田里种出来的,要有人去种,要有人去作出牺牲。但是另一方面,高层次的文化知识也不能够忽视。特别是一个社会发展到今天,从自然经济发展到我们讲的四个现代化,到今天的商品信息社会,科学技术是生产力。今天我们这种社会还强调那些东西,那显然是一种停滞、倒退、落伍的观念。我们当时下乡就是受这种观念的影响。我觉得这个事情表面上看起来好像是个安置问题,安置剩余劳动力,但是为什么有剩余劳动力?中国人的文化是不是多啦?我们读了点初中、读了点高中为什么就不能上大学？不能继续深造？是不是容不了这些知识呢？其实根本就不是的。中国当时的科技发展，跟今天还不能相比。科学发展了，产业发展了，这些人不是多了，而是还嫌少。当时的城市人口跟整个国民的人口相比还是极少数。为什么就容不得这些人呢？

所以对上山下乡这个问题，应该从这个意识形态层面上进行反省。当时看起来好像是我们自己报名去的，但是实际上有一种形式上的压力。我们自己的选择是因为当时别无选择。我们如果要有选择，我想当科学家呀，我想当艺术家呀，都可以呀。为什么就刚好选择下乡呢？当然报名很光荣，但是那种光荣不足以吸引我啦。我如果想当科学家的话，我就想考大学，我就想深造。所以根本说来，还是整个国家的意识形态的这种模式决定了，我们当时只能下乡，不能不下乡。这是知青一般性的问题，我认为都应该归结到这方面，不是什么劳动力过剩的问题，而是整个国家的这种政策倾向于一种停滞、倒退的社会历史观。毛泽东的社会历史观讲"五七指示"，那种"五七指示"就是说，将来大家都是一样的，没有任何人能够成名成家，能够当什么专家。但是每个人又都可以成为多面手，每个农民都可以成为科学家，都可以成为艺术家、诗人，都可以成为批判家。这是毛泽东"五七指示"的一个理想。但是那样一种否认一切分工的社会，是一种停滞的社会、一种倒退的社会，是不发展的，发展不起来。要发展起来就必须要分工，必须要拉开距离，那就不存在哪个养活了哪个，哪个应该感谢哪个，而是每个人在自己的位置上贡献他自己的力量，发挥自己的才能。有才的就应该出头，就应该升上去。这才是一个正常的社会，才是一个有生机的社会，没有这样一种分工，社会是没有生气的。所以我们当时讲得很好，我们是将来的"革命接班人"，可我们在那里搞了十几年,也没看到接到什么班。我们自己在这里被冷落,而且被排除在社会的边缘,可以说我们这一代知青大部分是边缘人。有的面临着下岗,有的勉强吊着一点工资在那里等着退休,有的已经退休了。所以我们这一代人,基本上大部分处于社会边缘,根本的问题就是我们没有找到机会,没有给予我们这样的机会让我们发挥我们的才能。我认为这是知青普遍的问题。

再一个是所谓的我们自己的感觉,觉得自己受到了迫害,这种观点我认为也是表面的。当然知青里面确实是有许多人受到了迫害,而且我们下乡本身就带有一点,从我们的感觉来看,带有一点迫害性质,后来回过头来一想我们是被迫害的。为什么被迫害呢?因为家庭出身不好,所以下农村,这当然是迫害。但是这还是表面的。我认为这种所谓迫害呢,有迫害但不是本质的,不是主要的。你到农村去,你出身不好,乡里人歧视你,特别晓得你的出身以后,有歧视,也不是主要的。根据我们的亲身体会,刚一下去的时候,那些农民还是蛮尊重我们的,把我们当干部看,认为我们是干部,我们搞几年要回去。所以要说歧视就我们的感觉来说不见得很厉害,我们跟"四类分子"还是不一样的。一般来讲,我认为受的歧视至少不是本质性的。再一个呢,我们知青在农村还是作为一个群体的。我们不是单个下放,所以有的情况下他们要歧视你还是做不到。知青在乡里还是比较团结的。一个队里同是知青还是互相帮助的,而且就迫害的程度和普遍的面来讲,其实跟农村的人受的迫害(农村人也受迫害)没有什么很特别的区别。是不是我们受迫害比农民更多些?好像也不是这样。农村农民受乡干部的迫害,受公社干部的迫害,那也是很广泛的,所以相比之下知青作为在农村的一员,如果是被看作和普通农民一样的,那当然也要受到农民所受到的迫害。所以有的人像小说家刘震云,他出身于农民，就很不服气，他说你们知青受迫害，你晓得我们农民是怎样受迫害的吗？我们农民受的迫害比你们知青要多得多！当然他处于他那种情绪对我们知青很不以为然。但是我们也要反过来想一想，我们其实在农村里面受的迫害，在农村里来说是常态，是家常便饭。农民受的迫害那也是很严重的。不是对知青特别那样，你的地位就是那个地位，那你就要受迫害。

二

刚才我讲的是关于知青上山下乡的一般性特点。一般性我们大家都有共同的经历，而且在中国历史上以及在世界史上，恐怕很少有这种情况，就是这么整整一代人有如此共同的经历。这一代人是空前绝后的。

下面我想讲一下江永知青的特殊性。因为我们是"文革"以前下乡，这是1964年、1965年，这个是特殊的。当然这以前也有，像邢燕子、董加耕，他们是个别的下乡知青，有的是回乡知青，他们是我们的榜样。而我们这一大批（几千人）全部是在"文革"以前下乡的，而且是经过自己的思考和选择自愿报名的。刚才我们讲了，这个自愿选择有它不得已的背景，现在回想起来我们觉得自己是被赶下乡的，完全是没有选择的选择，但毕竟跟后来那些被赶下乡的还不一样，后来的政策是一律下乡，不下乡不行。我们当时还没有这种强迫性。再一个呢，我们的下乡是经过挑选的，跟后来的"一刀切"下乡还不一样。我们是由一只看不见的手，把我们从中学，初中高中生里面挑选出来的。挑选出来的是一些什么人呢，都是出身不好的，大部分是知识分子家庭，至少也是能够读书的，不让我们读书。所以这个挑选性，跟后来的很不一样，后来的你能不能读书反正全部都要去。而我们这一代江永知青是能够读书的，这有它的特殊性，在我们里面多多少少，有一部分是由自己选择，另一方面，经过一只看不见的手，贯彻阶级路线把我们挑选出来，大部分都是成绩非常好的，赶下乡去。所以我们对这个"文革"的反思，应该比后来那些下放知青要更加深刻，更加触及上山下乡的本质。

另外，我们和建设兵团也不一样，我们是插队落户，哪怕是在这个那个农场、林场，也还是有一定的自由度，跟建设兵团里的军事化编制还不一样。我们有一定的自由度，但是也有一定的群体性。所以我们个人思考的余地还是比较大的。在这方面江永知青跟其他的下放知青相比有它的特殊性，表现在意识形态方面的层次比较高。我们意识到我们受到迫害，我们受什么迫害呢？受一种观念的迫害。这个意识形态方面的层次，表现比较明显，稍有些哲理。它就是要把你们这些有知识有文化而且学习成绩比较好的人赶下去，来拉平城镇和农村、知识和缺乏知识之间的差别。所以我们下放，是一个理想的破灭过程。我们下放时都有理想，至少是有一个憧憬——我们在农村将来会怎么样？不然的话你不会报名，你当然可以不报名。为什么我们有的人一定要报名，一定要跟着去？有的人年龄不够还拼命地争取，争取下乡？因为至少还有一种憧憬。虽然那时比较年幼，觉得大家在一起这个气氛比较好，有这个因素，但是大家对自己的前途还是有考虑的。所以在上山下乡以后，经过了这么多年以后，我们是走过了一个理想破灭的过程的。我们那一代知青可以说是一场"知青运动"。后来的知青不能叫"知青运动"，后来的是"运动知青"。我们那时还可以说是"知青运动"。有那么一股子气，在那里鼓励着我们，唱着当时那些激动人心的歌，到农村去。向走在前面的董加耕、邢燕子学习，有这么个理想主义的情怀。这个是不一样的。所以江永知青的这个特殊性，能够促使我们向更高的层次来提升自己，这是一个重要的条件。

我们下放这么多年，每一个人的经历不同，虽然下放是一样的，但每个人在挣扎过程中也有各种不同，所以对这一段的评价也可以不必强求一律。有的人可以认为"青春无悔"。早几年讨论"青春无悔"的问题，我们下放究竟是不是蹉跎岁月，是不是浪费了青春啦？这个问题也讨论了很多。我认为这个不必强求一律。有的人他可以觉得自己青春无悔，那么另外一些人，我相信恐怕有大多数人都觉得是浪费了青春，不值得。当时有很多电影，《蹉跎岁月》《今夜有暴风雪》呀，还有包括报告文学《中国知青梦》，这样一些作品，都反映了一定的现实。总体上来看确实是这样，因为它就是这样的政策嘛，它就是要消灭知识。文科不要办啦，理工科还可以办一办，文科全部要解散。要在种地的过程中与农民同吃同住，过一样的生活，在这个过程中间去接触农民。毛泽东当年的这个号召，他就是这样想的。高层次的那些思考、那些东西，都属于资产阶级和小资产阶级的，我们要革命化那就是工农化。这样一种强行造成的运动，确实浪费了大部分人的青春。我们今天回想起来觉得，而且整个社会都觉得，我们再也不能这样搞啦，再也不能这样干了，以后的知青运动可能不会有了。不管你打着什么样的好听的招牌，也不会这样搞了。这肯定是一个失败的实验，毛泽东所搞的一个失败的实验，一个把已经接受过一定文化知识教养的知识青年，好不容易获得一点现代文化科学知识教养的知识青年，强行抛入愚昧的运动。但是就我本人来说，我认为经过自己的努力，我们可以把我们这一段的经历、它的意义来一个改变。我认为通过自己的努力有机会使这段被浪费了的青春重新产生意义，使它变成自己的财富，是有这个可能的。所以，我当年就考虑——我个人考虑，不必要求别人是

知青时代。后排右二为作者（摄于 1975 年）

这样，每个人有每个人的考虑——我就是认为一个人的一生，应该是一个整体，它的每一部分都不是多余的，都应该有用，都应该对于他成为一个人、成为一个什么人，能够起作用。你说那一段时间我浪费了，一点用都没有，那这个人的一生就非常的破碎了。当然很多人都是这样的，没办法。但是我呢，尽量地还是想要把它重新结构起来，赋予它意义。在下面我还要专门讲这个问题。

我曾经写过一篇文章，叫《走出知青情结》。那是在 1988 年。1988 年我已经在武汉大学工作了，在武汉召开了一个武汉地区知青的二十周年讨论会，他们是 1968 年下放的嘛，把我也拉去了。我其实是湖南江永知青，我的知青资历比他们都老，因为武汉知青下放，长达十年以上的没有，一般的都是两三年，然后就招工。武汉的工业、企业也比较发达,招工的人也比较多。当时我的发言,就讲了这么一个思想。他们讨论的问题就是"青春是否无悔?"青春是不是无悔?我们下放了那么多年,对这一段时间如何评价?我认为呢,看各人的不同。比如说,如果你想当科学家,那么这一段当然就浪费了,你后来尽管经过自己的努力,补课补上了,但是这一段毕竟是你的损失,你生命中的一个损失。它与你达到你的目的完全无关,而且是一种妨碍,顶多能够"磨炼意志"。但是在某些情况下,你也可以青春无悔。比如说我搞哲学,哲学跟人生的体验是密切结合在一起的。我之所以后来走上哲学道路,也是在这方面有我自己的考虑。我自己觉得只有哲学才能在这样的情况之下,把我的这个破碎的人生重新构成一个整体。我在农村不管是干什么,修理地球、挑担子、插秧等这些农活,在后来都是有用的,都对形成我的哲学思想起了作用。因为哲学跟生活体验是不可分的。所以我最近二十多年研究哲学,觉得我的思维方式跟其他的人还是有所不同,跟老一辈学者,以及比我们更加年轻一辈的学者们,这个思维方式都不一样。不一样的特点就在于,我的哲学思想都有我的生活体验。不管我是研究西方哲学,古希腊哲学,德国古典哲学,康德、黑格尔,都是用我的体验在研究,与国内外所有人的观点都不一样,跟那些权威学者的观点也不一样。我之所以研究哲学,因为哲学有这么大的包容性、概括性。而且我认为在这样一种受到歧视、受到迫害、被赶下乡,在毁灭知识、毁灭文化,降低整个国家文化层次的运动中,在这样的意识形态中,我们要表达我们的反抗,只有这种方式。你不要我们读书,那好,我自己来读。我自己可以读。其实每个人都是可以自学的。而且就哲学来说,其实每个人无形中都是一个哲学家。虽然他不研究哲学,但每个人都有自己的哲学,都有自己哲学的思考,这个东西你无法剥夺。这是在这种逆境中能够对命运进行反抗的唯一的方式。当然还有别的方式,比如说我可以研究外语、苦学外语;我可以研究物理学、高层物理或者是原子物理、空间物理;我也可以研究数学,数学也不需要什么东西,只要有个脑子。但是你毕竟觉得其他东西对于你的研究都是一种损失。你在田里面插秧的时候,对于研究数学是一个损失,对于学外语和物理学是一个损失,至少是时间上的损失。只有哲学,我在插秧的时候,我也有我的收获体验,然后这些体验就会升华。

所以我觉得,每个人在自己的人生中都有他自己的思考,这个思考并不因为我们被放到什么样的一个环境中间而终止,而且这种思考是高层次的。不是说我受到了迫害,斤斤计较,我的生存道路坎坷,到后来就埋怨,我就归罪于这个,归罪于那个。哲学得超越这种东西,它不受某一个群体的限制,就是说我们是知青,命运让我们是知青,但是我的思考不仅仅是知青的思考。我的思考是人的思考,它可以是全人类的思考,可以是全世界的思考。所以我作为知青,应该把自己的思想提升到一个超越的层次,应该为中华民族乃至于为全人类,来进行思考。当然做到这一点很不容易,它有很多阶梯。首先要从最基本的经典著作入手,从人类已经进行过的思考入手。而且就我来说,开始根本就没这种抱负,就是觉得不应该就这样沉沦下去,应该通过自己的学习把自己提升,不要浪费生命。后来慢慢觉得,从我们知青群体这样一个基地,这个出发点出发,我可以说一点新的东西出来,在哲学领域里面可以有自己的某些创造性的发现,这是后来的事情。所以我强调"走出知青情结",就是说,不要陷入知青群体的小圈子里面。我们现在最边缘化,这一点更加显得突出了。现在我们每个月可以聚一次会,大家在一起可以唱唱歌,谈谈天,回忆回忆过去啦,这当然都是人之常情。但是我觉得,就每个人本身的思考来说,应该超出这个圈子,应该把自己的思想提升到一些一般的、更高层次的、精神生活方面的话题和问题。也许你不是研究这个领域的,又不是专家,只是一个普通工人,或者是一个普通干部,或者说已经下岗了。但是作为一个人的一生,生活的质量不仅仅是表现在能够有吃有穿,有一定的工资,有好的住房呀,不一定表现在这方面,应该有你的精神生活。这个精神生活应该是跨越知青群体,甚至于跨越国界的,是全人类的,应该有这样一种形而上的精神生活,把自己提升到对个人的生命价值和人性的思考。

　　当然这是我个人的一种选择,我们大家也可以在里面考虑一下,各人有各人的选择,现在是一个多元化时代,每个人都有他自由的生活方式。但是我认为,我们的这一共同经历应当产生出更高的成果,应当开出更灿烂的花朵来,不能让它白费了。我们下放,我们受了那么多的苦,是不是白费了?不会白费。我们应该用它来提高我们的素质,提高我们的境界,而不是陷入后悔、悲叹、叹息呀这样一种心境,应该造就我们自己。我们现在人生已经过了一大半了,但是造就自己的这一过程是没有终止的。只要还活着,就可以造就自己。造就自己主要是养成自己成为独立的个人。你认为你是个什么人,有的人说不出来。"我跟别人好像没有什么两样。好像人都是一样的。"但是你总应该有你自己的个性,有你自己的独立的人格。而且我们这一代人,我觉得一个最大的成果应该就是每个人造就自己独立的人格。后来的以及以前的几代人,好像在这方面的条件还不如我们。以前的不用说啦,我们老一辈,我们的先辈老先生们,他们的思想一直受控制,一直没有独立的思想,说一句话都是小心翼翼的,我们可以有一定的自由思想余地,我们的后辈,比我们年幼的,他们现在又受到另外一种社会思潮的裹挟,流行的东西、时髦的东西,他们受到那种东西裹挟,也很少有真正的自己独立的东西（当然也有一些）。我们这一代人呢，应该成为独立的个人。我觉得这是知青，特别是江永知识青年的一个重要的特点，应该成为独立的个人。每个人都是独特的，像鲁迅曾经讲到改造国民性："首在立人，人立而后凡事举。"首先要把人立起来。人怎么立起来？每个人要有一种愿望，就是要"成人"，要成就一个独立的个人。人不是动物，也不可能人人都一样，人要有自己的选择，有自己的个性。那么这种人如何能够立起来呢？鲁迅的体会就是，如果有一个人，从小康堕入困顿——鲁迅他自己就是这样——然后家道败落，经济方面有危机，被人家瞧不起，然后从内心里面产生强烈的世态炎凉之感，这是鲁迅的一个体会。我们知青就是这样，从在城市里面这种生活，比较文明的生活，堕入到农村乡下那种层次比较低的原始的那种生活，在这个过程中间，我们对人生的体会更加深刻，这是一个规律。你从农村出来，生活芝麻开花节节高，越来越好，你就体会不到人生的真谛，你往上走是体会不到的。这个社会的本质只有当你往下降的时候，才可能体会得真实。这是我们作为知青这一代人共同体会到的。所以我们应该对社会、对人生有更深刻的体会，在这方面，江永知青应该是有他的特殊性的，比所有其他人更加真实。这是我想说的第一个问题，我们对知青上山下乡如何评价的问题。

那么下面我要讲的第二个问题就是命运和自由意志。

我记得当年在江永流行的很多歌曲里面，最流行的歌曲之一就是《拉兹之歌》。《拉兹之歌》之所以能够震撼我们心灵，就是那一句话："命运呀，我的命运！为什么这样残酷地捉弄我？"我们受到命运的捉弄。下放以后不久，我们就感觉到命运的捉弄。原来的理想、原来的许诺——"我们下放以后前途光明""天地广阔"，怎么怎么的，都烟消云散了。

我们前途渺茫,不知道大家究竟会怎么样。所以这样一个流浪者的歌曲,喊出了我们这一代人的心声。但其实到后来一想呢,我觉得太消极了。这个被命运捉弄的感觉,太消极了。我觉得一个人是应该有自由意志的。自由意志会受到捉弄,比如说我们自愿报名下乡,我们满腔热血,我们对农村怀着美好憧憬,后来发觉自己受了欺骗、受到了捉弄,那么你的自由意志受到了命运的捉弄以后怎么办?是放弃自由意志呢,还是听天由命?有人说:"我们现实一点,我们到农村就是这样,没有什么别的想头啦。所以你还是要现实一点,得过且过,要适应社会。"当然我们原来的理想都丧失了,原来那是假的嘛。那么,是丧失一切理想呢,还是发挥我们的自由意志,行使自由意志,再一次想尽一切办法来驾驭我们的命运,就像贝多芬所讲的,"要扼住命运的咽喉"?这是两种不同的生活态度。我觉得作为年轻人,至少在我们那个时代应该采取这样的态度,应该重新寻求我们生命的意义。生命的意义已经失去了,我们原来把这个宝押在下乡这样一种行为上面,我们下乡以后就会怎么怎么样,这种意义已经失去了,毫无意义。我们每天修理地球,我们一生就这样,我们看到农村那些老大爷老大娘,我们将来的前途就是这样。我们将来就像他(她)们一样?到地里面去扯猪草?那么生命究竟有什么意义?

  这个问题也是我长期思考的问题。后来在武汉大学的时候,学生曾经问过我,他说:"老师你说,生命到底有没有意义?"当时我回答说:"生命本来是没有意义的,生命没有意义。"他说:"生命既然没有意义,那么我们活在世界上干什么呢?"我说:"你既然活在世界上,没有去自杀,而且还在提出生命有没有意义这个问题,这本身说明了你的生命已经具有了意义,有了你自己赋予它的意义。如果你提出了这个问题,那么你的生命就有了意义啦。"生命本来是没有意义的,我们在乡下、在农村看到那么多的人一辈子，那么多人当年都是那么年轻，我们四十周年回去看了，现在都老啦，好像在人世已经不久啦。我们就想这些人一辈子在这里，他们有什么意义呢？人生一世，草木一秋。就像一根草一样，春天生出来，秋天枯死了。它有什么意义呢？人跟所有的动物植物一样，没有意义的。我们知青同样地也到了这个年龄了，我们到底有什么意义？大学生、研究生他们也有这样的困惑，他们来问我，我就回答说："生命的意义就在于去寻求生命的意义。"生命没有意义，但是你如果去寻求，你的生命就有意义啦。因为人类之所以跟动物不同，之所以在动物界之上，就是在于动物不寻求它的意义，动物是本能，而人类要寻求他生命的意义。当他问到"我的生命有什么意义"的时候，他就是一个人啦，他就成人啦。那么这个寻求，当然可能有不同的结果，有的人寻求到了生命的意义，我这一辈子的意义就在于我要干什么，我要干些事情，我要把这件事情干成，这就是我。有一些人寻求到了，他们觉得生命有了意义，另外一些人寻求不到。有些人寻求生命的意义，寻求了一辈子，最后他们没有寻求到任何一件事情，在痛苦中死去，但是我认为只要去寻求，你的生命就有了意义，哪怕你没有寻求到。你在寻求嘛，寻求得到和寻求不到，这有一些外在的机遇，不完全是由你决定的。你想要寻求一个意义你就寻求到了呀。我当年想学哲学，并不是想将来要考研究生，要把哲学当作一个职业，没有这样考虑过。我寻求哲学，就是为了自己要在哲学里面去寻求，要做一个寻求者。一个人是一个寻求者，寻求自己的可能性。他寻求不到，但他是一个寻求者，这就有了意义呀。人总是要寻求的。如果不寻求，那么你就面临一个问题，你活着还有什么意思？你干脆自杀算啦。有的哲学家就说，真正的哲学问题只有一个，就是自杀。你自不自杀？你不自杀，觉得还要活在这个世界上，那么这个问题就要困扰着你。所以一个活着的人，一个有生命的人，特别是年轻时代有那么强烈生命力的人，他的使命就在于寻求。只要他寻求他的生命，就有了意义。他寻求了一辈子，没有寻求到，但是他有寻求的经历。他在寻求的道路上拼命地往前走，人类社会就是这样过来的。人类之所以产生，从猴子变来，跟动物界不同，就在于无数的人在寻求。无数的人加入这个寻求的洪流之中，才造成了人类历史，才造成了人类社会。所以不要过分地在意于你寻求到了没有。寻求到了就是成功，就是成功者，好像只有成功者才有他的生活意义，不是的。凡是寻求者都有他的意义。在寻求过程中间他能够赋予他自己的生命以自己的意义。

所以每个人生活的意义只有他自己去寻求，别人给你的那些意义都是假的。我对那个学生说，你不要相信所有其他人给你的意义，别人告诉你，人生要怎么样，怎么样才有意义，不要听。你还什么意义都没有，你还得自己去寻求。你只有自己去寻求，寻求到了那些体会，那些体验才是你自己的。别人给你的、预定的、都是假的。我们一开始就被预定了，我们下乡之前就被预定了人生的意义，要像董加耕、邢燕子，所有的革命先烈英雄人物，但这些人物都是人家给你的，不是你自己的，那些意义都是外在的。所以其实每个人都是被抛入到命运之中的。我们都觉得自己好像被抛弃了，被抛弃到农村了，好像这个命运一下子降到我们头上来了，这不公平，其实不是的。其实所有的人都是被抛入的，有的人没有觉得他被抛入，一个人养尊处优，从小到大，读了小学、中学、大学，然后功成名就，其实他的命运也是被抛入的，他没有觉得；你的命运不好，其实也是被抛入的。那么问题就在于人类在命运之中被抛入，这个命运的意义，却不是外在东西抛给他的，而是他自己所赋予的。每个人的命运的意义是他自己赋予的。我一旦被抛入到命运中，我对这命运就有一种自己的看法，有一种自己的态度。这种态度、这种看法使我赋予命运独特的意义——我个人的。我被抛入到上山下乡的状态，那么我能够由我自己的努力来赋予上山下乡一种我自己的意义。所以从这个角度来看呢，人的命运不是一种完全外在的东西。当然我们说"谋事在人，成事在天"，命运总是不可抗拒的，我们通常就是这么讲。这是从它的消极面来讲，命运是不可抗拒的。但是从积极面来讲，你的自由意志要表现出来，在什么地方表现出来呢？就从你对待命运的态度上面表现出来。你被抛入命运了，命运强加于你了，那么你如何对待它？这就表现你的自由意志。如果没有这样一种外在强加于你的命运，你的自由意志又如何能表现出来呢？如果一个人从小娇生惯养，养尊处优，他如何能表达他的自由意志呢？表达不出来的。人生每一步，其实都是冒险。他每一步决策都是冒险，由于这一步走出去了，他将来会怎么样？谁也不知道。这就是命运，受命运支配。但是你想一想，如果一个人他的一生，一点冒险都没有，一切都是安排好了的，他这个人的一生还有什么意义呢？别人安排他进小学中学，进大学，他运气特别好，然后安排他进了研究所，最后他功成名就，这个人一生都是别人安排好的，有什么意义？只有通过自己奋斗出来才有意义，才是一个人呀。如果都是别人安排的，那不是一个机器吗？

所以从这个角度来看，我们应该从积极的方面来看命运，把它当作我们自由意志的一个环节，一个不可缺少的环节。你要表现你的自由意志，你要成为一个人，要有你自己独立的人格，你就必须有一个作用的对象。我们物理学里面讲作用力等于反作用力嘛。你没有一个让你作用的东西来阻碍你，你的作用又怎么能表现出来呢？所以命运是自由意志本身不可缺少的一个环节，它之所以能够表现出来的一个必要环节。但是我们通常都把这个关系搞反了，就是我们把自由意志看成命运本身的一个可以随意捉弄、随意支配的环节。好像我们大家的自由意志都是假的，我们都受骗了，命运捉弄了我们。我们共同的命运把大量的知识青年的自由意志都要弄了一番，我们通常就是这样看的，这个看法当然也有它的道理。确实是这样的。但这个看法呢，我觉得是表面的。对于每个人的人生来说，还应该有更深层次的积极意义上的一种理解。就是说我们要反过来，把命运当作我们自由意志的一个环节。我是知识青年是不错，那么我这个命运是我的，我就要用它来做一点事情。我用我的命运来做一点事情，做我自己的事情。虽然我当初是受到了欺骗，但现在我要支配它。

所以我对命运曾经有过一种解释，我把命运称之为"生命之运动"。真正来说我理解的命运就是生命的运动，就是生命自己，它的运动、它的轨迹、它的过程。人的生命和动物应该有所不同，不同在什么地方呢，不同在于人的生命是能够自我超越、自我创造的，它可以创造出一个自己来。一个人在没有经过自己创造出来的时候他还不是一个真正的人，每个人都是自己创造出来的。这是人跟动物不同的地方，动物不存在创造，它是由本能决定的。当然人也有本能，但是他可以自我超越，可以超越到更高的境界，他可以把自己的本能、把自己的肉体、把自己的命运都当成自我创造的一些材料。我用我的这样一些既定的条件，来创造我自己。要创造我自己，首先就要认识我自己。西方的哲学家最喜欢讲的一句名言就是"认识你自己"。从古希腊苏格拉底就强调：人首要的使命就是要认识你自己。认识你自己，当然是很痛苦的。一个人要认识自己会带来痛苦，很多人因为这个痛苦，所以就终止了认识自己、终止了这种思考。这种思索当然会带来痛苦，但是也能够使人坚强。一个人认识了自己、把握了自己，他就能够坚强起来。而且他能够提高人生的境界和质量。认识自己（当然要完全认识自己是不可能的），在一个人的一生中，是一个漫长的过程，甚至于是一个理想的目标。但是如果你在认识自己的道路上面行走，那么虽然会有痛苦，但是你可以摆脱一些低层次的痛苦。你痛苦的层次很高，虽然很痛苦但它能够使人坚强。

当然我这样说，很多朋友也许会觉得，是不是我这种说法太晚了？我们现在已经年过半百，有的已经六十几了，这么大的年纪啦，还来思考这样一些在我们年轻时代应该思考的问题，是不是太晚了？我觉得不晚。我觉得这是一个哲学问题，每个人其实都有他自己的哲学。只是有的人不太自觉。有的人想到哲学问题，他不以为这是哲学问题，他只是以为这是胡思乱想。其实他这种胡思乱想呢，有它根本的价值，你这个人一生，最后回过头来，一想起来就是这种感觉在支撑着你。所以我觉得一个人只要有一分钟的生命，他思考这些问题就不晚。他能够把无意义的东西赋予意义，比如说，我们下乡，这本来是无意义的东西，他可以通过自己的思考，赋予它意义。我们当年下乡，它成就了我，使我变成了今天这么一个人，使我在今天思想深刻，判断准确，层次比较高。我们现在碰到一些青年，他们对社会的判断，我们觉得很好笑，他们根本就不理解底层嘛，我们都从底层过来的，我们知道。这种境界问题、阅历、社会经验，通过上山下乡我们获得了，这是一笔财富。所以在大学里面经常有些学生，比较年轻的，他们跟我交谈，他们深切地感觉到我们的这样一种阅历不可多得。因为他们就没有下过乡，从学校到学校，再怎么会动脑筋，他们也没有这样一种生活的功底。这是我们这一代人特殊的特有的财富。

在这里我想举一个例子，我母亲的例子。我母亲今年八十多岁了。她没有什么文化，以前在省委读过文化补习班、识字班，不过也能够写信、写点日记。但是到了晚年，所有的政治风波、政治风云都过去

母与子（摄于2009年）

了以后，她在心情非常平静的情况下，就开始写一些东西，回忆。她的记忆力特别好，她开始回忆过去，把她小时候，以及后来寻求革命，从农村里面出来参加革命，追求，这么一个过程写了一本书：《永州旧事》，最近由东方出版社出版了。春节期间我们收到东方出版社寄来的几本样书，她非常高兴，她八十二岁了，从来没有写过可以发表的东西，也从来不认为自己是能够写东西的人，她随随便便写了一点东西，人家都觉得好，都觉得非常的感人、非常真实、非常的引人入胜。我给她写的序，序里面就是这么一个意思，我说，一个人其实他的生活意义是他自己决定的。像我母亲八十多岁了，在她的生命最后的这一段时间里面，她改变了整个生命的意义。她的整个生命应该说是惨兮兮的，也没有过个好日子。从小就是被迫出走，参加过革命以后，从1957年打成右派以后一直就是吃尽了苦头，平反以后也没有得到什么好处，可以说她整个一生都是悲惨兮兮的。我们几个兄弟姊妹一个个下农村，全都失学，从她心里来说应该是、一生都是非常暗淡的。但她把握了晚年，把一个惨兮兮的人生变成了一个灿烂的人生。她那本书，她的同事、她的熟人，纷纷都向她要。而且在前年的《中国作家》杂志上面发表了一部分，发表了两万多字，还得了一个"好百年杯全国散文大奖赛"的奖，一个大奖。她现在又出了一本书。我举的这个例子就是说，我母亲八十多岁了，她还是能够改变自己的人生。

我们现在人寿命很长了，活八十多岁是没大问题的。没有什么困难就可以活到八十岁的，只要你没有什么太严重的病。那么剩下这二三十年，干什么？我们退休以后干什么？当然不一定要每个人都去写书。但是我觉得这种态度是应该有的。要重新赋予我们生命的意义，要干自己的事。现在儿女也大了，家里操心的事也不用我们去操心啦，而且随着退休，别人的事情我们也不用干了，很多人就觉得没有办法打发了，就去打麻将啦，喝酒，自暴自弃，我觉得这是很可惜的。其实还是有很多事情可干的，我们这一代人如果把剩余的生命浪费在这些事情上面，是非常可惜的，应该干点事情。具体干什么事情每个人都有自己的选择、有自己的兴趣、有自己的爱好，应该发展自己。不一定要达到什么样的层次，达到什么样的水平，要轰动呀，社会承认呀，那个都是次要的，是外在的，最主要的是要把自己经历过的东西，不管它是痛苦还是快乐，是失意还是得意，是羞愧还是自豪，都把它当作自己的一部分。把它凝聚起来，做一个东西，做成一件东西。每一部分都有自己的价值，我们人生的每一部分都应该有自己的价值，都对自己成人有它的贡献。

那么从这一方面，我们可以在我们后面的这一些时间里面，使自己的人生成就为自由的人生。虽然我们人活在世界上不自由，我们受命运的拨弄、受命运的限制，但是我们可以通过我们自己的努力，赋予它我们自己的意义,这就是一个自由的人生。自由的意思并不是摆脱命运,并不是超脱命运。而是用命运来做成我们自己的事情。这就是一个人自由的人生。这自由其实就是与命运搏斗。要与命运搏斗,这个才是自由。如果命运安排太好了,你没有必要去搏斗,你这个人生是被安排好了的人生,那就不是自由的人生。真正自由的人生是你自己造就出来的,使你有一种成就感,这样的人生,是必须通过搏斗而获得、争取的,这才是真正的自由。

下面我还想讲一个问题,就是道德和信仰的问题。刚才讲自由,自由就涉及道德的问题了。我们当前这个时代是一个文化转型的时代。我们现在都能感受得到,我们现在一切都在改变,而且有的改变得非常之快,甚至于很多时候我们感觉到跟不上社会发展的节奏,我们觉得自己落伍啦。这些年轻人我们不知道他们在干什么,我们不知道他们在想什么。这是一个转型的时代,整个社会都在转型。我们已经习惯的几千年以来的那个道德标准,正在受到严重的挑战。那些中国人的生活方式、思维模式,正在受到严重的挑战。那么在这样一种社会危机中,有的干脆就不讲道德。既然道德受到严重的挑战,在很多情况下传统道德观念就显得非常之伪善、虚假。没有人真正按照传统道德来做事情,口头上都这样讲,但没有人真正按照它去做。那么是不是干脆就不讲道德了?那一套东西都过时了,现在时兴的是钱,追求金钱,追求享受,这是一部分人;另一部分人还是要讲道德,但是对于目前这种道德衰落的状态忧心忡忡,不知所从。传统道德已经受到冲击,已经没有几个人听了。特别是你跟几个年轻人讲,年轻人不听你的。其他人也是这样,道德在口头上,实际上没有人去做。那么怎么办?

我考虑的是,有没有一种新型的道德,用一种新型的道德来取代传统的道德。我这些年来考虑的一个很重要的问题，就是这个。那么如果有一种新型的道德，它的标准是什么？我们原来的传统的道德标准很简单，就是儒家，儒家道德是什么呢？就是一种关系，礼、义、廉、耻，都是一种关系。这种关系已经定了，你超越了这种关系，那就是不道德的，你遵守了这种关系，那么你是道德的。你一旦成为道德的，那么就成了君子，那就成了圣人，那就是圣人和君子。新型的道德不讲这些，时代已经变了，一个人想做君子、想做圣人，在现代往往要被人耻笑。当然恪守传统道德的人也还是有不少，但是往往显得太陈旧。他们的观念太陈旧，不适应我们当前这个社会，而且很容易流入伪善。因为实际上你做不到的，你在这个社会中间，你想做圣人你想做君子，做得到吗？做不到，你又要说，又要用这个来要求别人，那就是伪善。那么新型道德是一个什么道德呢？首先新型的道德应该有一种新的标准。我通过研究西方哲学，我建立起来一种信心，就是说新的标准它不再是传统的圣人之德，不是做君子。它必须让位于一种新的"小人之德"。小人也有德呀，我们一讲起君子和小人，小人好像要不得啦，没有道德啦，但是实际上应该建立起一种小人之德。小人不等于没有道德，有了道德不等于就是圣人，有道德的人还可能是小人。但是小人也可能有自己的道德。

所以我的这个想法，从西方哲学、西方的伦理思想里面吸收一些东西，来重建一种新型的道德，就是一种小人之德。什么是小人之德？小人之德它有它自己的标准。它这个标准不是礼法规范，礼、义、廉、耻，仁、义、礼、智、信，不是传统的"三纲五常"这样一些东西。小人之德它的标准应该是每个普通人的自由意志，它体现为普遍的权利和义务。中国古代道德通常是"君子言义不言利"，只讲义务不讲权利。但是新型的道德应该讲权利。义务应该是建立在权利之上的，应该尊重每一个人的权利,尊重每一个人的权利就是尊重每一个人的自由。新型道德应该建立在自由之上,是自由的道德,不是那个先定的不自由的道德。以往的道德都是不自由的道德,一讲自由就是自由主义,就是自由化。自由化就是等于不道德啦,你为所欲为,那还有什么道德呢?但这自由的概念我们要换一换,我们通常理解的自由好像就是人欲横流、为所欲为。这种自由的理解是太狭隘了。自由不能够仅仅从这样一个任意性、自己为所欲为、想干什么就干什么这个角度去理解。自由有它更深沉的含义。

我这些年研究康德的伦理学,得到这样一些启发,康德认为,真正的自由应该是道德的,这就是道德自律。什么是道德自律?道德自律跟一般的自由意志不是相冲突的,而是统一的。一般讲的自由意志是:我想干什么就干什么,我们觉得这就是自由意志。当然这个想干什么就干什么的自由意志其实是不自由的,其实不是真正的自由。为什么呢,因为你想干什么就干什么,你这一瞬间想干什么就干什么,你下一瞬间就要为你刚才所干的事情承担责任,你就要承担后果。你想损人利己,那么马上你就要承担损人利己的后果。在开始的时候你觉得你自己是自由的,在下一瞬间你就觉得你自己不自由了,因为你造成了后果呀,你要受到你后果的限制。所以真正的自由按照康德的说法,应该是从头至尾都是自由的。它不但不受到自己后果的束缚,而且受到自由后果的促进,这才是真正自由的。一个人自由,你不能今天是自由的,明天又要后悔。所谓后悔就是说你自己把当初的自由意志取消了。比如我今天喝酒喝多了,我放开喝,"一醉方休"。第二天早上头痛,我就想"哎,昨天我不该喝这么多的酒"。这个"不该喝这么多的酒"就把你当初喝酒的自由意志取消了。所以一个人的自由要从时间的联系上面来看,能够一贯下来的自由才是自由。自由不是不受任何限制。

而是受到它自己的限制。就是说,你贯彻自由的时候要想到:我能不能贯彻到底呀?能不能今天自由,明天自由,后天自由,永远是自由的?我到死都不后悔。这就是自律。自律产生的自由,能自己给自己建立一个一贯的法则。孔子也讲过:"有一言能终身行之者乎?"有一句话你能不能终身行之呢?孔子的回答是:"己所不欲,勿施于人。"当然孔子不是讲的自由,他讲的是道德。但是我们从自由的角度也可以理解。有一种自由能终身行之者乎?"己所不欲,勿施于人",你可以把它当成自由的行为,那才是道德自律。但孔子没有讲到自由意志,孔子不讨论自由意志这个问题。但他这句话里面,隐含着人的自由意志、自律的问题。

所以自由这个含义,我们不要把它理解得太简单,好像就是一个人不受束缚、不受限制,那就是自由了。固然是这样,一开始是这样,但是这是一个非常低的、最低级层次的理解。当然一般人就是这样理解的,自由就是不受限制。受到限制,受到命运的捉弄,那当然是不自由了。但是在这个低层次的理解上面呢,你还要考虑你是这一瞬间不受限制呢,还是终身可以行之,而不受限制。你终身不受限制所做的事情那才是你真正的自由。所以康德的伦理学,它强调了道德自律。就是说你的这个行为要使它成为一条可以终身行之的普遍规律,这才是道德律。每一个人做什么事情都要考虑到它能不能成为普遍规律,成为普遍规律才能够是真正的自由。比如说你做坏事,如果大家都做坏事,互相之间就互相残害了,那是不能终身行之的。一个人说我的生活原则就是"人为财死,鸟为食亡",就是"损人利己",就是"宁教我负天下人,不教天下人负我",他也可以作为一条原则,但这个原则是行之不远的。他必将受到这个原则后果的惩罚,必将惨败。至少他必须掺杂一些别的原则,把他的真正原则隐藏起来,这就不一致了。

我们通常一般对生活有点阅历的人都不是这样说，不是这样表达自己的自由意志。即使他心里是这么想的，但是他表面上还是说"要与人为善""为人民服务"，说这些冠冕堂皇的话。为什么不能够说出来呢？因为每个人都知道这种话一旦公开说出来，他就会受到强烈的阻碍，他就做不下去。如果一个人像曹操一样，宣称自己的生活原则是"宁教我负天下人，不教天下人负我"，如果他这样宣称，那么这个人会成为众矢之的，大家都不能容他，他甚至活不下去的。所以他必须把它掩盖起来，这就导致了一种伪善。导致自己人格不一致。心里想是这样，表面上做是那样。只有人格真正一致的人才是自由的人，心里想的跟嘴上说的一致。怎么想就怎么做。否则的话，这个人一辈子提心吊胆，生怕别人发现自己的内心的思想，这个人是不自由的。所以真正的自由就是道德。

　　但是康德讲的这个道德，它不是外在的，他是由自己的自由意志所选择、所思考，由自己的理性所判断的。什么样的行为才能是一贯的呢？这个需要理性思考。需要把别人也当作有理性的人，通过自己的理性把别人也当作有理性的人去思考。"我在这个社会中，我这样做，别人会怎样想"，通过通常的理性思考，然后选择，我就这样做，"我为道德这样做"。这样一种经过自我选择的自由，这样的道德才是真正的道德。所以康德的伦理学，包括近代的很多西方伦理学其实都是这样的，就是把道德建立在自由意志的基础之上。这是中国人几千年来从来没有做过的一件事情。

　　怎么样把道德建立在自由意志的基础之上，而不是建立在先定的三皇五帝、文武周公、孔子孟子，他们所定的那样一些戒律的基础之上？这是中国人从来没有想过的。曾经有人讲，孔夫子也有道德自律的思想。孔夫子有一句话叫作："吾十有五而志于学，三十而立，四十而不惑,五十而知天命,六十而耳顺,七十而从心所欲,不逾矩也。"七十从心所欲,不逾矩,不就是自由意志吗?他从心所欲,就是自由意志,又不逾矩,那不就是道德自律吗?但是我经常指出来说:这个"不逾矩"里的规矩是不是他的自由意志建立的?他之所以可以从心所欲不逾矩,是因为他经过七十年的训练以后,他已经想不到超越这个规范之外,还能够干什么了,所以他是习惯性的受虐。这个规矩不是他自由意志建立起来的,而是从三皇五帝、文武周公一路传下来的。这个规矩是传下来的,是先定的,是天道。所以,如果这个规矩是建立在自由意志基础之上,我们可以承认说孔子的这个话是道德自律。但是他不是建立在自由意志之上的。他这个规矩是先人定的,是圣人定的,他要无条件服从。"君子有三畏,畏天命,畏大人,畏圣人之言。"就算畏惧也要服从,服从这个圣人所定下的规矩,周公所定下的规矩。这样还是一种被迫的服从,虽然经过七十年的训练以后,他不觉得,已经麻木了,按照那样去做,以为是自己的一种自由的要求了,其实还不是的。所以把道德建立在自由意志基础之上,这是中国传统文化中没有的,是从西方借过来的。

我建议大家有空的时候还是看一看西方的东西,包括小说、文学作品、诗,如果有兴趣的话呢,还可以看一点哲学、伦理学。这些市面上都有,现在这些翻译过来的书多得很。稍微看一点,看一本两本,你就觉得有收获。因为它是从整个西方文化氛围中生长出来的。西方的伦理道德从古希腊开始一直到今天,它里面都有自由意志的根基在起作用。而这恰好是我们中国文化所缺乏的。只有我们中国哲学,通常不去深入讨论自由意志的问题,中国人喜欢讨论的是心性的问题,人心和天理天道。这些东西都是定好了的东西,不能够容得你什么自由意志去改变它。所以我讲这心性的道德应该建立在自由意志基础之上。

那么再一个问题是信仰问题,这个信仰和道德是紧密联系在一起的。我们今天几乎没有什么信仰了。我们觉得"文革"当年好像还有信仰,我们信仰共产主义,信仰毛主席,信仰最高领袖,这是我们的信仰。但是严格说起来这不叫信仰。真正的信仰,不是信仰某个具体的东西。当然共产主义还没有来,但是我们还是把共产主义设想成为一个具体的东西。"楼上楼下,电灯电话"呀,"点灯不用油,耕田不用牛"呀,这个就是20世纪50年代我们所设想的共产主义啦。每天有多少鸡蛋,多少牛奶呀,多少水果呀,就是共产主义啦。如果是这样的话我们今天已经达到了,我们已经是共产主义了。所以真正的信仰,不在于具体的事情,也不在于具体的人。你信仰毛泽东,毛泽东于1976年去世了,你还信仰谁?我们的信仰,中国人的信仰往往就是局限于具体的现实的事物和人身上,所以其实并没有真正的信仰。我们很多人现在感觉到中国人缺乏宗教精神,缺乏宗教精神其实就是缺乏信仰。缺乏对彼岸事情的信仰,对彼岸、死后、上帝、灵魂、精神生活,缺乏对这些东西的信仰。中国的信仰通常在老百姓心目中比较多的就是迷信了,但烧香、拜佛、算命看相啦,这个不叫信仰,这个我们自己也知道。我们也讲,"心诚则灵""信则有,不信则无",其实这不是信仰。他是在现实生活中非常功利的、非常实用的一种相信。"你说的这个东西我相信",意思是说,我觉得很有用,我觉得可以接受,那就是我们的相信。你找一个人算命,你觉得这个人信不过,换一个人,觉得这个人可信,然后他给你算命,然后你就可以得到现实的好处啦。知道自己的命运之后你就可以避开一些灾难,你就可以确定自己努力的方向,有现实的好处,再一个就是解释了你命中注定的东西,你没有得到一件东西,于是人家告诉你"这是你命中注定得不到的",给你一种安慰。这种迷信应该说不是真正的信仰。

我们说今天的信仰失落了。那么我们到底失落了什么呢？其实失落的无非就是对某种理论，或者是某个人的那种奉献，失落了这样一种精神。我们失落了对于某个人的奉献，其实这是好事呀。这种信仰失落是好事呀，因为那种奉献实际上是非人的。大家都经历过的，我们在"文革"期间，出于那种信仰，我们扭曲了人的人性了。我们现在没有那种东西应该是一种人性的解放。但是我们为什么又觉得今天失落了信仰，导致了道德的滑坡，导致了人变成了非人，导致了金钱主宰一切呢？为什么会这样？这说明当我们失落了那种信仰以后呢，我们堕入到没有任何信仰的状态。我们发现这种状态也是非人的。你把所有的信仰奉献到某个具体的事实和偶像，那个是非人的，你没有信仰也是非人的。那么我们怎么办呢？我觉得我们应该建立一种新的信仰。这个新信仰当然有不同的层次。

在现实生活中间我们经常看到的几种信仰，一个是佛教。佛教是从印度来的，它本来也是信仰。很多人信佛，很多人不信，很多人半信半疑，很多人信一点。真正信佛出家的，去当和尚当尼姑的，当然还是极少数。中国人通常缺乏一种真正的信仰，缺乏一种彻底的信仰，所以有很多人自认为看了一些佛经以后呢，最好的选择就是当居士，当"在家和尚"。信佛在某种意义上可以提高自己的境界，他可以超越现实生活中的很多利害烦恼。这是一种信仰方式、一种解脱方式。

第二种是信基督教。我们那里，大学里面有很多学生也信基督教。他们经常去教堂，经常去看、去听，做礼拜的时候去听，觉得很有意思。有一天有个学生来说："老师，我已经信基督教了。"我就问他："你为什么要信基督教？"他说："生活中间有很多东西太痛苦了，主要是寻求一种解脱。"我说："你要寻求一种解脱，你为什么不入佛教呢？佛教就是解脱人的。"他想了一下说:"其实入佛教也可以。"中国人为了解脱而信这个教信那个教的其实也不少,这可以说是一个东方人的特征。东方人的一个特点,特别是东亚,中国大陆、台湾地区、朝鲜、韩国、日本,普遍的现象就是为了解脱才信这个信那个。有时候把所有的东西搅到一起。据说日本和韩国的教徒,比他们人数的总和还多,那意味着他们每个人信好几个教,又信基督教,又信佛教,又信当地的这个那个神。台湾的那个妈祖庙我去参观过,里面除了妈祖像外,既有观世音菩萨,又有玉皇大帝,也有弥勒佛,也有基督教圣母,又有清朝的两个在当地做过好事的通判,还有一根古希腊的圆柱。一个庙里面搞那么多东西,多多益善,哪里有什么真信仰?

中国人为了解脱,信这个信那个是很普遍的。我就对这个学生说:"你如果要信基督教的话,那么基督教除了有解脱的功能以外,还有一个功能,基督教最重要的功能不是解脱,而是承担。"解脱痛苦、解脱苦难,这是所有宗教的特点,但是基督教有一个特点是其他宗教都没有的,就是承担。基督教徒要承担世俗的苦难。他不是要你出家,而是要你在世俗生活中间怎么样做一个好人,怎么修炼自己的灵魂。这应该说是基督教高出其他宗教的地方。当然也不一定所有的基督教徒都会这样,都想到这一层,有很多,可以说大多数的人,可能都没有想到这一层,他们就是为了解脱,为了给自己希望。所谓的"希望神学",为了给自己带来希望,这是普遍的。但是基督教精神里面有一个东西是其他宗教没有的,就是说,世俗的苦难是对你的考验。每一个人不要抱怨。每一个人都有原罪。你不要以为自己可以做成一个圣人,可以做一个好人,你再好,你的内心、骨子里面都有一种犯罪的倾向。所以每个人必须忏悔,再好的人也必须忏悔。因为他有自由意志,他有自由意志就有作恶的可能,就有犯罪的可能。你必须为这种可能而忏悔。这样讲基督教每个人都有原罪，这个观点很难理解，为什么我有罪？我什么都没有做，小孩子从小一生下来，你就说他有原罪？他怎么会有罪呢？其实是这样一个意思：每个人都有自由意志，他就有可能犯罪。自由意志不受任何东西束缚，自由意志它可以作恶也可以行善，它是两可。这就有恶的根源在里面，所以人有原罪。有原罪不是对人的贬低，而是对人的尊重。人有了原罪，人就高贵了，因为他有自由意志。他跟动物不一样，动物不可能犯罪。自然界自然物都不可能犯罪，因它是由自然规律所决定的。但人他可以犯罪，人他可以不受自然规律决定。他可以采取自由自决的行为，来决定自己，应该怎么做。所以人有原罪，就意味着人有自由意志。你要把人的这个原罪取消，你就把人的自由意志取消了。人的自由意志取消了就成为动物了。就成了石头，成了物了。

中国文化整个来说就是取消人的自由意志的文化。像《红楼梦》里面，最后贾宝玉的归宿是什么呢？是变回他的石头。《红楼梦》的别名就叫《石头记》嘛。本来就是一个石头，到人世间走了一趟以后，最后，他最好的归宿就是变回他的石头。还其本性，恢复本性，本性就是石头，就没有自由意志啦。有了自由意志就会带来痛苦，就会带来情感上面的烦恼。你就要采取你的决断，做些事情。就要负责呀，有自由意志就需要负责呀。你如果是个动物的话就不需要负责，你是个精神病人也可以不需要负责。所以人的自由意志把人提高了，人高贵起来了。《圣经》里面讲亚当和夏娃，摘了知识之树的果子吃了，上帝就说："你们看啦，他们和我们平起平坐啦！"亚当和夏娃吃了树上的果子，这个行为是自由意志的行为，是上帝没有决定的。上帝禁止她吃这个果子，她自己决定要吃这个果子，违背了上帝的决定，这才体现了她的自由意志，这就是原罪。有了原罪以后，人表明他再不是上帝单纯造出来的一个东西,他是一个人,他能够自决,他能够决定自己的行为。于是,他就与上帝拉平啦。当然人的能力不如上帝,但人的自由意志跟上帝拉平了。上帝必须把他当作一个自由的对象来看待,而不再是一个动物,不再是一个高等动物。人跟动物的区别就在这里。所以基督教精神里面有这样一个原罪意识和自由意志在里面。当然这个自由意志在基督教里面几千年中也被压下去了,它的这种隐藏的含义是在近代宗教从中世纪的那个至高无上的地位跌落下来,成为人们正常的私人的一种生活方式的时候,才显露出来的,这是基督教中本质的东西。近代以来,西方自由精神大发扬,经过文艺复兴和启蒙运动以后,人们才从基督教里面读出了这样一层含义:"人是生来自由的。"《圣经》就已经表达了人是自由的这样一层含义。

我认为基督教对于人类灵魂的拯救不在于仅仅是安慰。就是说,你死后,只要你这个人没有做坏事,你死后上帝会报答你的,"你的财富在天上",就像我们所讲的"你今世作孽,来世不得好死",这当然也有一种安慰作用,佛教里讲的轮回,里面也有一种安慰作用。但基督教除了安慰作用以外,他还有一种提升作用。就是说你既然有原罪,那么你在世上受苦是正常的,你在世上不受苦倒是罕见的。你应该承担自己的命运,你应该有一种使命感。我承担我自己的命运,我完成上帝交给我的角色,那么死后,我在上帝面前问心无愧,我可以向上帝交账。这种精神是基督教所独有的。他能够让基督教徒承担自己的命运。尽管我的生活痛苦,我仍然在这人世上有信心坚强地活下去,这是基督教的所谓彼岸精神。基督教的彼岸精神跟佛教的彼岸精神还不一样,佛教也讲彼岸,佛教的彼岸无非就是轮回。死了以后,变牛变马,或者转世投胎,再投生为人等。这种彼岸不是真正的彼岸,真正的彼岸就是基督教的这个彼岸精神,就是在上帝那里,你的灵魂受到最后的审判,这可以说是基督教独有的。

当然我是不相信这个东西的,包括基督教的上帝、彼岸、最后的审判。而且我觉得我们中国人要相信这个东西都很难。很多中国的基督教徒,我觉得他们这种信仰,都要打上问号。特别是有些农村的,因为农村的基督教徒无非就是他的父母是基督教徒,那么他也就是基督教徒了。但是你问他教义什么东西他不懂。那牧师去传教,他也不懂。他只张着嘴巴听着,不知道讲的什么东西。有的个别人耳濡目染,他可能有所领悟,那就很不错了。但是大部分中国人的水平都不高,都没有悟到这样一个层次。我觉得这不是偶然现象,这是中国文化本身的一个特点。中国文化不适合于接受基督教,当然他的那些道理讲出来也许可以吸引一些人。但你真的要他信,这个还不一样。你觉得他讲的道理很有意思,很有哲理,但你要信一个彼岸的上帝,那除非你把这个上帝世俗化了。就像太平天国,太平天国也是"拜上帝教"。当然那个上帝是非常世俗化的,洪秀全是天父,杨秀清是天兄。天父、天兄都是天上的,都是天使、天兵天将,无非是世俗化的这么一种宗教。这跟基督教毫不相关。

在中国文化这个土壤里面,我觉得真正的基督教信仰很难产生。就我个人也是这样,我仔细地去想一想,我怎么能去信基督教呢?我觉得要我像基督教徒那样每天向上帝祷告,我们在"文化大革命"中,天天向毛主席祷告,"三忠于""四无限"啦,"早请示晚汇报"呀,这搞得还不多呀。这不算是真正的宗教信仰。中国人要真正地找到那样的信仰,一个是不可能,再有我觉得我自己也做不到。

那么是不是就没有信仰了呢?我觉得还可能是有的。目前,我正在拿我自己来做一个试验,我能不能做一个不信神的、但是有信仰的人?我为自己找到了一个信仰对象,就是人类的精神生活。人类精神的理想，真、善、美，正义，自由。这些东西它既是此岸的，也是彼岸的。在此岸中有表现，真、善、美，正义，人的自由，这些东西都是跟我们现实生活紧密结合在一起的。但是你要达到完全真、善、美，那只是一个理想，是达不到的，那是一个彼岸的理想。我们一代一代的人类都在朝这个目标接近。但是永远也达不到。我们知道真理、知识、科学是无穷无尽的，艺术、美的追求这也是无穷无尽的。一个艺术家对美的追求只是一个理想，但他愿意为这个理想献出一生，对真理的追求、对正义的追求也可以让人献出一生。为这些人类精神生活的价值、理想，都可以献身，都可以作为我们的终极关怀。我这一辈子回过头来看，我为什么东西献出了一生，我对自己会有个评价。作为终极关怀，就是你死前，对自己的一生有个什么评价。这个评价在你没有死的时候就要考虑，到临死再去考虑就晚了。你整个一生都要考虑。我死的时候对自己一生，将会有什么样的评价。

当然我的这样一种信仰，也可以说是理想主义的。我们每个人都在现实生活中受到各种限制和压抑。我很能理解，我也很同情。但是我觉得人总还是要有一种理想。当然不能太理想化。虽然我们既然不能信上帝，如来佛也离我们很远，但是我们可以为人类的精神生活方面，作一些思考，作为我们为之而奋斗、而努力的方向。你达到什么样的成果、达到什么样的层次，这是另外一回事情。每个人都有自己的特殊性。但是他为共同目标去努力，这是人类历史几千年、几万年以来都在做的一件事情。我是一个人，就应该意识到，人的本性就是追求这个东西。实际上我们平时，因为现实的压力把它遮蔽了，我们把我们自己的本质遮蔽了。人的本质应该有精神生活，动物性的生活是为精神生活服务的，是精神生活的养料，当然我不吃饭我就不能思考，但我吃了饭以后我就要思考。吃饭的目的就是为了思考，为了提高自己的精神境界。

所以对于这样一种人类的终极价值，我们应该抱着一种敬畏的态度、追求的态度。中国文化经常要么就是孔孟、儒家的那一套，做圣人那条路；要么就是从那条道路陷落下来成痞子，什么都不相信，什么东西都要否定，亵渎神圣，亵渎崇高，觉得崇高的东西都是笑话。中国文化在这两极中间振荡。要么就当圣人要么就当痞子。我觉得今天我们应该有另外一条道路，不一定要么当圣人要么当痞子，而应该有一种新的个人追求。我讲的"小人之德"，不是为了神圣，也不是为了做君子，而是完成自己，成就自我，寻找自我，寻求自己的本性。这当然不是强加的，它是自然而然地在我们的生活中间形成起来的。在中国几千年历史中，其实都应该产生这种东西，但是因为我们的传统没有它适宜生长的土壤，所以它总是两极分化。而在今天应该有这种土壤，你不需要当圣人，但你也不一定要做痞子，你可以做一个有人格的人，成为一个"个人"，应该有自己的自由意志。这个自由意志并不排除世俗的态度，并不是说我通过自由意志建立起我的道德，就远离那些世俗的东西，我不食人间烟火了。不是。你成为一个有道德的人，你仍然跟他人处在一个确定的权利、利害关系之中。不是说我"君子言义不言利"，我把利益全部抛开，我大公无私，我舍己为人，没有一丝一毫的人欲，这个都已经过时了。我们每个人都有自己的人欲，都有自己的利益。但是并不是一讲利益就人欲横流了，就没有规矩、没有规范了。应该建立起新的规范。一个多元化的社会，只有在有共同的行为规范的基础之上，才能建立得起来。我们今天讲多元化，你干什么都可以，每个人有每个人的行为方式，每个人有每个人的生活准则、这是多元化。但这个多元化只有共同遵守同一个人际关系准则，同一个道德准则，事实上才能够建立起来。

这样一种道德，以及由此所形成起来的这样的信仰，我觉得实际上是我们每个人内心深处隐藏着的东西。它有个吸引力，就是说如果你读过一定的书，如果你对人类文明的几千年以来的精神财富有兴趣，有过一些接触，你就会被它所吸引。其实它代表着人性的本质。所以我觉得我们现在到了这个年龄阶段，我们开始有了这种条件，生活的压力对我们来说不像当年那么样的严峻了，这个时候我希望大家能够考虑一下这些问题，看点书呀，在交谈的时候有点新的内容、有些深层次的内容，然后思考一下，我们对自己人生如何评价的问题、对于上山下乡的评价问题、对于知青的评价问题，这都是值得思考的。都值得把它当作哲学的问题，以哲学的观点来思考这样一些问题。

好，我今天就讲到这里。谢谢。

大家可以发表些见解呀。提些问题都可以。

（本文为作者2005年2月17日下午在长沙市华悦酒店参加知青座谈会时的讲演，收入本书时删去了提问部分）

对知青下放50周年的历史与哲学反思

今年是我们江永知青1964年大批下放的50周年纪念,在此前后也有部分知青下放江永,今天我也和大家一起纪念这个日子,一起来反思这场中国历史上,也是人类历史上史无前例的上山下乡运动。就我们个人来说,这也是我们人生旅途中最重要的一站,我们在这里转向了一条我们从来没有预料到的充满坎坷的道路,决定了我们一生的命运、世界观和价值观。在这个特殊的日子里,我们所启动的是我们一生中最重要的反思,它关系到我们对自己一生的评价。在50年后的今天,与当时相关的诸多恩怨都已经淡化,我们才有条件来对这场运动作一番远距离的冷静的审视,这种审视也才有可能是客观的、贴近真相的。

一

首先我们要进行一种历史的反思。刚才讲了,这是一场史无前例的上山下乡运动,为什么史无前例?是由于当时的领导人的突发奇想,更是因为当时的政府是一个历史上从来没有过的"全能政府"。现在一般认为,20世纪60年代的大规模上山下乡主要原因是由于"大跃进"

2014年9月16日知青论坛，右二为作者

的失败、工业凋敝、经济崩溃、城市就业困难，为了社会的稳定，必须将大批待业青年和刚刚毕业的中学生赶到广阔的农村，让农业生产消化掉剩余劳动力。这些当然不算错，有大批文献和事实作依据，但是非常表面，还应该作进一步深入的思考。

第一个要考虑的问题是，在历史上，有哪一个政府解决失业和劳动力过剩的问题是采取这样一种方式的？古今中外，只此一家。在中国几千年的历史上，这根本就不是一个问题，或者说，这本质上不是政府的问题，而是老百姓自己的问题。小民百姓从来都不是靠政府"安排工作"，而是自谋生路，各显神通，鱼有鱼路，虾有虾路，而且一般说来，城里总比乡下的机会多。读书人呢，有科举的路，科举不第，也还可以当幕僚、教私塾，帮人写对联、写信和写状纸，算命看相行医，当乡绅和"喊礼"，也可以经商做生意。像"孔乙己"那样穷困潦倒的毕竟不多。

到了现代社会，城市发达，科学昌明，专业分工明确，开始有了

"失业"问题。这或者是由于专业设置不当,或者是由于经济不景气,而当局解决这类问题,通常是通过调整专业培训和发展第三产业、减少税收、扶持中小企业的办法,或者是政府投资兴办公共工程的办法,却从来没有哪一个国家的政府是通过把有文化的剩余劳动力赶到农村去的办法来解决这个问题的,这相当于一个国家的自杀,断绝了未来发展的前途。

中国当时的情况是刚从三年困难时期走出来,百废待举,第三产业极端匮乏,人民生活极端不便,各行各业需要大批有文化的人才。那个时候在城里,人们的生活水平极端低下,工资极低,只求有口饭吃。有的家庭靠母亲在街道工厂糊个纸盒什么的,就能够供家里几个孩子念书,虽然非常困难,也能勉强度日。"文革"后期赶人下乡的口号是:"我们也有两只手,不在城里吃闲饭。"但我从来没有看见谁在城里吃闲饭,只要赖在城里,总能找到工作。

所以我认为,当年中国城市并不存在真正的劳动力过剩和失业的问题,相反,只要放开让大家去各自谋生,只会有劳动力不足,特别是有文化的劳动力不足的问题。然而,为什么的确又有大批中学毕业生无法安排工作呢?这是由两方面的原因造成的,一方面是政府不愿意放开让百姓自谋生路,而要把就业权牢牢控制在自己手中,保证国有企业的垄断地位,压制街道工厂和市场的自然发展。20世纪60年代的街办工厂和小集体单位自负盈亏,搞物质刺激,被视为如同农村的"三自一包"那样的非社会主义企业,是绝对不容许其做大的。这就使得街道企业和小集体吸收劳动力的容量大大受限。

另一方面,由于要贯彻"阶级路线",那些家庭"有问题"的学生的确面临如何处置的问题,必须把一部分学生打入"另册"。这两方面都是极左意识形态的实践效应。"文革"后期,特别是1968年以后,这一套办法也成为解决红卫兵造反派这些社会不安定因素的现成手段。

再加上，政府通过户口制度，对老百姓，特别是有文化的人掌握着绝对的人身控制权，因而能够对成百万的知识青年任意驱使，能够轻而易举地干成这件在任何一个现代社会中都几乎不可能的事情，这是对极左意识形态控制整个社会、为所欲为的制度上的保证。

第二个要考虑的问题是，我们这些极左意识形态的受害者，为什么在当时对这种不合常理的倒行逆施不但没有清醒的意识，反而有很大一部分人真心拥护，自觉自愿地以极大的热情把自己的青春投入这一"划时代的""伟大事业"，还觉得自己特别光荣、特别真诚？即使是那些对于上山下乡抱有反感、恐惧、无奈和痛恨的知青，也觉得自己没有正当的理由抵制这种强加于自己的命运，反倒觉得自己有种想当"逃兵"的不光彩？这就涉及我们从小所受到的那种格式化的教育和洗脑，是必须彻底反思的。

近年来，已经有不少人反思了1949年以来我们所经历过的那种极左的意识形态，有的追溯到苏联模式，所谓"十月革命一声炮响"；有的追溯到马克思的阶级斗争学说；还有的追溯到了18世纪的法国大革命。所有这些当然都是必须清理的，但是我还没有看到一个人把这种极左思潮追溯到中国传统文化和中国历史的惯性。

中国几千年来都是农业国家，这是中国皇权专制体制的深厚基础。每个农民出自本能地想当皇帝，或者是梦想着有一个好皇帝从上面赐给他阳光和雨露。因为农民讲平等，不过是要由一个他们所佩服的、为他们说话的领袖带领他们"闹翻身"，把他们上面的人打翻在地再踏上一只脚，"王侯将相宁有种乎？""夺过鞭子揍敌人"。整个过程都需要仇恨，没有任何调和的余地，这就是"革命"这个概念的真正含义。

因此,我们从小所受的教育中,有几个因素是最关键的。一个是"革命",革命有天经地义的合理性,从小就要干革命,革命人永远是年轻,人生的意义就在于献身于革命事业;其次是仇恨,就是"阶级仇,民族恨",因为革命必须有革命的对象,"谁是我们的敌人,谁是我们的朋友,这个问题是革命的首要问题。"凡是"苦大仇深"的就是革命的依靠对象;第三就是大众崇拜、底层崇拜,或者"劳工神圣"。我们吃着农民种出的粮食,穿着工人生产出的衣服,不为他们服务、不和他们同吃同住同劳动,就是"对不起衣食父母",就是"忘本"。

所以,上山下乡的意义,一个在于这是一桩"革命事业",是为世界革命做贡献的壮举,是"反修""防修""抵制资产阶级思想腐蚀"的有效的措施;再一个就是"返本",回到工农群众中去,成为他们中的一员。"看一个青年是不是革命的,拿什么做标准呢?拿什么去辨别他呢?就是看他是不是和工农大众结合在一块。"这些话语在我们当时看来,占据着天经地义的道德制高点。其实这是一种典型的民粹主义教育,它绝不能通往现代民主,而只能通往大众崇拜和个人崇拜(两极相通)。我们最崇拜的是那个站在天安门上喊"人民万岁"的人。

所以,上山下乡是在一个由底层农民革命夺取政权之后,由于"革命尚未成功"而始终保持底层那种"泥腿子"的革命精神,蔑视精神文明和文化教养的特殊时代,所诞生出来的一个极左意识形态的畸形怪胎。它的那些打着道德旗号的宣传口号由于符合中国传统底层文化的"正义"性和仇恨心理,特别是符合《水浒传》中的那种痞子文化传统,而具有极大的欺骗作用。

二

因此,我们今天来反思上山下乡,有一个最好的历史条件,就是改革开放以来的中国历史已经为这种民粹主义实践作了定论,证明了半个世纪以前的这场巨大的社会实验是一场"浩劫"(不仅仅是"文革"),而与此相应的意识形态教育则是一种利用传统文化惯性所进行的系统的洗脑和欺骗。

作为个人来说,我特别不能同意对待上山下乡的这样两种偏向。一种是把上山下乡仅仅看作我们知青的"受迫害",因而停留在对上山下乡政策的单纯控诉和诉苦的态度上,这种态度并没有超出我们所受的传统教育,也是经不起传统意识形态的反驳的。农村出身的作家刘震云曾经质问:你们知青下乡是"受迫害",那广大农民世代在乡下生活又算什么呢?你们可以回城、算工龄,农民又能回到哪里去呢?对于这样的质疑,我们将无言以对。

我们的确受到了迫害,但我们所受的迫害并不在于吃了多少苦头,而在于我们被驱赶到了一个远离城市和文化中心的地方,让我们正在继续的学业受到中断和荒废,这是对个人人权的粗暴践踏。当然,在早年知青回城潮时,用"反迫害"作为旗帜是可以的,但在今天,我们应该有更深层次的反思,这不单纯是一个知青群体的问题。

另一种倾向则是把上山下乡尽量美化,觉得那是我们青春时代的一种美好回忆,甚至渴望回到那种没有心计、互相坦诚、天真纯洁的时光,那是我们的"激情燃烧的年代"。于是在我们这个年纪上,一些人有一种强烈的怀旧情绪,并且将这种情绪毫无反思地表现出来,甚至到舞台上去公演,唱红歌、跳红卫兵舞,都成了炫耀我们那个时代青春激情的一种公开的方式。我简直觉得这是一种逆历史潮流而动的行为。

我不否认,每个人的青春都有它值得纪念的地方,然而,并不是每个人的青春都值得历史记住。或者说,人的青春只有附着于历史的

老知青聚会，中间为作者（摄于 2015 年 9 月）

反思之下才是有意义的。如果我们能够反思我们当年"由自己所招致的不成熟状态"（康德语），我们的回忆就具有人类经验的价值。否则我们就只好自己私下里纪念一番，自我陶醉于几个朋友的回忆中，而不足为外人道。而在我们身后，这些美好的回忆都将烟消云散，不留痕迹。我们等于不曾活过。

所以，只有经过这样的反思，我们所经历过的一切才会不仅仅对我们这一代人而言，而且对下一代和子孙后代而言，都具有历史意义。现在有些年轻人对我们这一代十分瞧不起，虽然也唱红歌，但远没有我们当年的虔诚，而是故意用摇滚的、调侃的态度在唱，他们与歌词的内容保持着一段历史的距离，表达着一种批判的态度。我们不要慨叹所谓的"代沟"，这不过是历史的进步而已。这种看不惯只不过表明我们被遗留在历史的滩头，我们搁浅了。

也许有人会说，你老是说历史历史，历史和我有什么相干？但是这样说的人，我要反问一句：你的儿女和你有什么相干？你的孙子辈和你有什么相干？我们都是六七十岁的人了，要给后代带个好样，要把我们一生的经验、我们做人的感悟和觉醒留给后代，不要让人指着后背说：你看，这就是被毁掉的一代。50年前的知青下放经历，足以让年轻一代人肃然起敬，只看我们自己如何对待。

十几年前我写过一篇文章——《走出知青情结》，意思是让我们走出单纯的怀旧和自恋，放眼我们在中国当代历史中所处的境遇，反思人性从朦胧到觉醒的艰难历程，这样来为中国人的国民性提供某种深化的契机。只有这样，我们所受的苦才不会白受，我们青春的激情才不会虚掷，我们这一代人的痛苦经历才不会毫无痕迹地烟消云散，而会在中国当代启蒙思想史上留下重重的一笔。

三

最后，我想说，在这知青下乡50周年的纪念活动中，我们每个人都有资格进行一种人生哲学的回顾和反思。我们的生命已经过去了一大半，我们的朋友中有的已经提前离开了我们，他们所面对的死亡不久也会降临到我们的头上，我们对自己的这一生究竟如何评价？在面对死神或上帝的时候，我们能够问心无愧吗？我们绝大部分都不是什么"成功人士"，而是一般的普通老百姓，但我们的结局都是一样的，在死亡面前，我们都有一颗平等的灵魂。

我知道，有的知青朋友们到了这个年龄，已经心灰意冷，再也不想事情，不想自寻烦恼。他们拥有了人生阅历这份精神财富，却不知道它有什么用。他们开始遗忘，消极地对待人生，相当于等死。但是，我还是希望每个经历过的人都始终能够有一种积极的态度,抓住我们剩下不多的生命来充实自己、提升自己。我们好不容易到人世间来走了一遭,如果草率从事,匆匆忙忙,还没有来得及看清生活的真相,就撒手而去,那就太划不来了。

我体会人生越到后来,越有嚼头,当你有了丰富的人生阅历,你再回过头来看自己走过的道路,你会看得更透,你对自己就把握得更深。年轻时候我读哲学,一位朋友的父亲对我说,哲学是要到 45 岁以后才读的。虽然我并没有听他的劝告,但我觉得他说的也有一定道理,但是要反过来理解:哲学到了老年以后才会有切身的体会,才知道它的用处何在。

不论对哲学有没有兴趣,其实每个人都有自己的哲学,只是他没有意识到而已。哪怕你信奉"人不为己天诛地灭",那也是你的哲学。我们平时忙于生活,无暇顾及思考生活,但其实我们是有机会接触到哲学的。在我们的人生中,第一个接触哲学的机会是我们在乡下感到绝望、前途一片渺茫、百无聊赖的时候,我们常常想到的是怎么打发这些暗淡无光的日子。我本人就是在那个时候进入到哲学中来寻求光明的,一旦找到,就不离不弃地走到了今天。

第二个机会就是当前了。在我们这个年纪上,生活的重担已经逐渐卸下,我们的眼光更多的不是展望未来,而且回顾过去,我知道有许多朋友们会感到人生的破碎,一地鸡毛,不堪收拾。当然也有得意的,觉得自己混到今天这样也算是不错了。但毕竟现在有更多独处的时光,从 50 年前的那个日子开始,生活像一条红线一般把自己的记忆一直牵引到了今天。如何将这条红线理出个头绪来,而不至于变成一团乱麻,这就是哲学的功用。

幸好,哲学不是某个人的专利,而是人的本性。当你在孤独的时候,当你在感到自己不久于人世、需要进行一番思想清理的时候,你会知道,只有哲学能够帮你走出迷惑,将破碎的人生整合成一个完整的人生。最后的这个完整的形象,就是你一生的形象。

(这是作者2014年9月16日在长沙"纪念下放50周年知青论坛"上的讲演稿)

我的大学

又到一年高考时，楼下的水泥路面上停满了轿车，都是来接送到附近考场考生的，熙熙攘攘的人群都在附中的铁栅栏外翘首以待，让人想起半个世纪以前一部香港片的片名：《可怜天下父母心》。我的女儿早已经过了这道"鬼门关"，现正在一所名牌大学就读，即将毕业。但每当我看到一年一度这种熟悉的热闹场景，内心总不是滋味，感到这番折腾完全是在捉弄人，就像动物园里的"耍猴"。不同的是其他看客也是猴，有的已被耍过了，有的还待耍，这与三十年前我自己走进考场的感觉完全是天壤之别。

我没有读过大学，连高中也没有读过。当年像我这样的"黑五类"，年纪很轻就只配下农村去修理地球。1977年恢复本科高考，我因为超龄（过了二十五岁），没有报上名（据说有的省份没有这一限制），继续在水电安装公司当我的搬运工。1978年我报考了中国社会科学院哲学所的研究生，成绩上了线，但因父母"右派"问题，没过政审关。1979年再次报考武汉大学哲学系的研究生，有幸被录取，师从陈修斋、杨祖陶两位哲学界前辈。我因此而有过两次进考场的经验。记得那个时候的考试，不论是考大学还是考研究生，对于像我这样"被耽误了的"一代以及更年轻的一代人来说，整个都像是一场狂欢节，你有本事、你有技能、你有才华,拿出来呀!"这儿就是罗陀斯,就在这里跳吧!"考上了自然春风满面,没有考上,也没有什么了不起,要么进一个普通单位,要么明年再考一下试试。反正大家都没有什么准备,机会完全是天上掉下来的馅饼,捞不着也没有遗憾。不像今天,每个人都是铆足了劲,在全家拼尽全力的财政资助和精神鼓励下,坚持十几年如一日地寒窗苦读,志在必得。就是为了这两三天。孩子们不仅牺牲了童年,而且牺牲了少年时光,从小就被绑到高考这辆战车上,一朝倾覆,整个人生都失去了意义。

想到这些,我甚至有些庆幸自己没有成长在这个倒霉的时代,这个极其不利于幼者的时代。这个时代已经拿我们这些饱经风霜世故的"老麻雀"没有什么办法了,便用它的全部体制的力量来折磨柔弱的孩子们。当然,和我们那时所受到的政治上的压抑、物质上的匮乏、身体上的饥饿、体力上的劳累相比,今天的孩子们是"幸福"的。他们无须做家务,不必挨饿受冻,也不要下农村和受政治上的歧视,只要求他们一心埋头读书,考个好成绩。恢复高考的前几年,我一开始是羡慕他们的。但是,到我的女儿上小学的时候,我已经逐渐感觉到这套体制对儿童天性的摧残。我尽一切能力与这种可怕的力量相对抗。我拒绝班主任老师一再要求孩子上各种"培优班"的劝告,每到星期六和星期天就带孩子到屋后的珞珈山上去玩,拍蝴蝶、逮蜻蜓、上树抓蝉,掏洞找蟋蟀,这都是我小时候的拿手好戏。采蘑菇、摘乌泡子和刺泡、捡掉在地上的野柿子,则是我外婆教我们的。那时我们姊妹几乎可以组成一个八度音阶,于三年困难时期在外婆的带领下在岳麓山上鱼贯而行,沿途过滤了一切可以吃的野生东西,从树上的野果到沟池里的虾蟹。如果现在举办一次群众性的"野外生存训练"的话,我想我还是可以拿名次的。

但当时最关注于心的还是好玩儿。我至今记得有一次，为了逮一只巨大的"老虎蜻蜓"（有虎纹斑的大型蜻蜓），我在盛夏正午的烈日下暴晒了近一个小时，与那只狡猾的蜻蜓周旋。每次当我快要逮住它的尾巴时，它就忽地一下飞走，不知去向了，但一分钟后它又飞回来，还停在原处，似乎故意要气一气我。于是我又慢慢地接近它，以几乎看不出来的动作把手移向它的尾部。当它感到危险临近时，它通常都转动一下头部，我就知道这次恐怕又要扑空了。果然，它非常准确地在我即将采取行动前的一秒钟逃之夭夭。这样大约有十几个来回，它终于一去不返，只留下我一人站在花园里怅然若失。不过，除了这种智商太高的猎物外，我一般很少失手。去年我和老兄相聚时，他还回想起我小时候抓蜻蜓的模样，说我每个手指缝里都夹着一两只蜻蜓的翅膀，兴高采烈地跑回家来，用细线吊着尾巴让它们满屋子飞。他很惊异我怎么凭双手就能够抓到天上飞的这种昆虫。但他不知道，下雨之前的一段时间是抓蜻蜓最好的时候，它们那时都飞不动，停在树枝上像是睡着了一样，你只要挨个去收拾它们就行了。当然，天晴的时候，要想抓住它们还是需要一点耐心和细心的。现在想来，在这方面我所经受的锻炼，并不亚于今天的孩子练习钢琴和小提琴。但其中的情趣，则远不是今天那些被父母用自行车送到音乐学院上课的孩子们所能够体会到的。

空手抓蝴蝶则需要另一番技巧。当我带着女儿在大学校园的花坛边逛悠的时候，大批的凤蝶和玉色蝴蝶都在花间翩翩起舞，有时就停在花朵上吸花蜜，人走近了也不飞开。这时你如果猛然一扑或者一抓，注定是一无所获，你动作再快，也快不过蝴蝶的轻灵。只有一个办法可以完整地逮住它们，这就是接近它们采蜜的花朵后，屏住呼吸，用双手小心翼翼地从花朵的底部花萼处慢慢往上捧起来，到花朵连同花

父女俩在花园(摄于1989年)
父女俩
奶奶、爸爸、女儿(1988年摄于武汉大学珞珈山)

上的蝴蝶几乎都在你的一捧之中时,再突然往上轻轻地一收口,这时不论它们朝哪个方向飞,都逃不出你的掌握了。因为蝴蝶在采蜜时,被花朵挡着,是看不见下面的东西的,它只关注四周和上面。

抓蟋蟀则容易得多,只要你预先带一个玻璃瓶子。蟋蟀通常在土坎上筑窝,有两个相隔不远的圆圆的洞口,一个进,一个出。有时洞口上还挂一个小小的用细土粒黏结而成的帘子,蟋蟀就躲在帘子后面浅唱低吟,好不自在!这时你用瓶子口罩住其中的一个洞口,用手指从另一个洞口探进去,蟋蟀就一下子蹦到你的瓶子里了——它只知道朝有光亮的地方逃跑。蟋蟀分雌雄,俗称"三尾"和"二尾",三尾的雌蟋蟀多出的一"尾"是产卵器,它们不会唱歌。一般我们只要二尾的雄蟋蟀,为的是听它们的歌声和看它们厮杀打斗。我只要一听蟋蟀振翅歌唱的音调就能判断出这只蟋蟀是幼年还是壮年,是正在新婚蜜月期还是尚在求偶,这都是我小时候和那些玩伴一起学的。

金龟子有好几种,有花色的,也有绿色和棕色的。据说凡是那些闪耀有金色的翅壳的,里面都含有微量的黄金。这种昆虫最喜欢聚集在那些流出树浆的伤口上吸食营养,当你惊动了它们,它们就一哄而散。但它们一般都很笨,只要你足够小心,往往可以把它们一网打尽。有一次我和女儿一口气抓了二十多只金龟子,女儿回来将它们摆在桌上,一个一个都编了号,这个是送给这个小朋友的,那个是送给另一个小朋友的。晚上睡觉前用一个盆子盖住,免得跑了。第二天一早起来,揭开盆子一看,女儿哭了起来:所有的金龟子都六脚朝天,死在桌子上了。奶奶走来看了看,说:不要紧,它们是憋着气了,等透了空气,它们还会活过来。几分钟后,金龟子果然都复活了。我在每个金龟子脖子上都拴上一根细线,让女儿攒着一大把金龟子去学校,分发给同学。

我小时候抓到好看的或者稀有的蜻蜓或蝴蝶,常常把它们夹在书本里面做"标本"。但在我的女儿看来,这样做未免太残酷了,她通常是趁它们还能够飞,就将它们放生。她放生的小生物多了,凡是抓来关在瓶子里的,包括蚂蚱、蟋蟀、螳螂、蜥蜴,还有罕见的竹节虫,最后通通放生。有次我带她外出旅游,在火车上,从窗外飞进来一只从未见过的古怪的昆虫,有蚂蚱大小,头上长着角。全车厢大人小孩没有一人敢去捉它——谁知道它有没有毒?只有我女儿凑过去,一伸手就捏住了它的翅膀,其实是一只很温顺的昆虫。她也将它放了生。与大自然的这种亲近感,就是我和我的女儿从小所受到最为宝贵的教育,不过我是无意识的,在女儿则是我有意为之的。

那个时候我几乎从来都没有想到过将来是否要考大学,父母也从来没有提到过这种事。我只偶尔想过将来要当科学家,最好是天文学家。上小学的时候迷上了科幻,母亲常从单位图书馆借回来科普杂志《知识就是力量》,好像是由苏联画报翻译过来的,上面差不多每期都有一篇科幻小说,看得我如醉如痴。上初中时又迷上了画画,梦想将来当画家。然而,具体怎么当,是否要准备考试,却不在考虑之列,因为那还遥远得很。一直到初三,我还是懵懵懂懂,没有觉得我会考不上高中,也没有觉得万一考不上有什么大不了的事。记得当时邻居家一位和我同届的女孩成天背课文,对弟妹们的吵吵闹闹不胜其烦,说:"莫吵了!人家考不上高中要下农村,你们负责呀!"我当时听了不以为然。下农村就下农村,人到哪里不是都要做事?

1964年我初中毕业,就因为"贯彻阶级路线"而失学了,报名下放到湖南江永县都庞岭地区插队落户。虽然上山下乡运动与政治上的歧视有关,但我当时的确有种冲动,想要自己独立地去闯世界,去读自然和社会这本"大书"。我们这代人,很多都受过高尔基《我的大学》的影响,认为真正要获得人生的知识,必须到社会这个大课堂去历练一番。

再加上当时的宣传是"农村是一个广阔的天地,在那里是可以大有作为的",我们不少人都跃跃欲试。当然后来我们发现其实根本不会有什么"作为",如果你不甘心像那些没有文化劳累一生的老农那样默默无闻地老死在田间,你就只有沦为当地百姓的一大"公害"。到了下乡后期,农民把那些成群结伙的知青视为如同"日本鬼子"一般,避之唯恐不及。不过,平心而论,虽然我们失去得太多,但我们从乡村生活和农民那里所获得的东西,倒的确是我们这代人最可宝贵的财富,这是今天那些没有这段经历的年轻人暗地里羡慕的。在乡间,我学到了各种农活,学会了怎么使用工具和双手跟大自然打交道,已经不再是为了好玩儿,而是在田野和山林之间讨生活,挣自己的口粮。但生活的艰辛和严肃并没有泯灭我心中对神秘的自然界的兴趣,反而使我从农民那里体会到了一种劳动的优雅、一种生命力的雄壮和奔放。当然,这是要在完全适应了农业劳动时才能上升到的境界,在这一漫长的"脱胎换骨"的过程中,数年间我只是以自己营养不良的孱弱的身体在苦苦挣扎,如果没有一个理想主义的目标做支撑,恐怕早就崩溃和退缩了。

与农民的日常交往和共同劳动使我懂得了农民和乡村。农民远不是我从书上读到的那样一种固定模式,他们是各式各样的,有的小气,有的大方;有的狭隘,有的豁达;有的虚伪,有的坦诚;有的机灵,有的愚笨;有的暴躁,有的忍让;有的强霸,有的软弱;有的狠毒,有的和善……我读他们,就是在读人性。我了解他们,就是了解中国。但我同时也在读自己:在他们中间,我是什么以及可能是什么?我在了解了他们的时候,我也就了解了我自己的可能性,因为我对他们有一种同情的理解。每一种人的类型,即使是那种"反面"的人物,不论他是多么阴险、自私、蛮横、吝啬以及懦弱无能,下流无耻,都是环境的产物,都是一篇巴尔扎克小说中的典型,他让读者化身于其中,将最不可思议的性格也演绎得合情合理。我越是读他们,越是从内心中升起一种悲悯情怀,类似于鲁迅的"哀其不幸、怒其不争"。我对造成他们这种性格的处境怀有极大的兴趣,并为此读了大量的书,小说和理论,包括历史、哲学和政治经济学,试图对我所见到的一切加以清晰的分析和比较。我在当知青的十年间(1964—1974)换了三个下放点,两个在湘南,一个在湘北,并且跑遍了山区、湖区和丘陵区,曾试图像当年毛泽东那样写出一篇《湖南农民运动考察报告》之类的东西来。而其间所经历的"文革",则是我的社会大课堂中的一门主修课。

"文革"期间,我和其他湖南知青一样,分别在农村和城市两个不同社会场景之间穿梭来往,见到过各种场合和世面,也亲身经历了如同小说中那样惊险离奇的故事场景。社会上各色人等在这场"史无前例"的运动中表演得淋漓尽致。我一下子觉得自己成熟了,甚至自以为具有了老谋深算的政客眼光。这是一个全民"去幼稚化"的运动,一切神圣和崇高都按部就班地遭到了亵渎,我的心中留下的是一片虚无的空白。但总有一个声音不依不饶地在内心呼唤着:向前!向前!向未知的领域冲!这个世界上一定还有一些美的人和美的事、有值得我为之献身的事业,问题在于我得自己去寻找。我不满足于读中国大地上的这本大书了,我要读更多,读我从来没有读过的,我要读全人类!我用我自己的人性知识和生活体验去读一切我所能借到手的外国书,先是小说,后是哲学,那里面有一种完全不同的生活。我感觉到自己被提升起来了,开始觉得生活尽管一片空虚,但仍然"其中有象",只要能够既投身于其内,又置身于其外,对一切人性的表演,包括我自己的表演作壁上观,加以审视和思索,还是很有意思的。

回城后,我干过五年的土工和搬运工,那同样是社会最底层的工作。同事伙计们当中有一些人是劳改释放犯、诈骗犯、强奸犯、小偷、

"土匪"们。前排(从左至右):萌萌、梁归智、肖帆、陈家琪、黄忠晶;后排:黄克剑、张志扬、程亚林、易中天、邓晓芒、皮道坚、李曙光(摄于1983年,武汉东湖)

盗墓者、"历史反革命""右派""投机倒把分子""阶级异己分子"、无业游民,当然也有回城知青。听听这些名目,就知道当时整个社会有多少人被划入了"不可接触者"的范畴!但他们同时也是社会经验最丰富的一群,在聆听他们的言谈时,整个社会对我似乎都变得"透明"了。我和这些人为伍,把自己和他们作身份认同,以至于1979年当我踏进武汉大学校门的时候,与我同命运的几位研究生如程亚林、易中天、陈家琪、陈宣良等,聚在一起时曾自命为"土匪"。这些人后来都是一些有个性、有见解的学者,他们的学识不是光凭书本上看来的,而是从自己的生活体验中悟出来的。

现在想来,毛泽东当年取消大学文科,在某种意义上是有一定的道理的。根本上说,文科(文史哲)知识不是单凭课堂上和教科书上可以学得到的。没有自身的生活体验，一切书本知识都是苍白的、重复的、无创见的。从"文革"和知青中成长起来的这一代人，在人文科学领域中是一支前十七年所不可能培养出来的生力军。可以设想，如果没有"文革"，思想文化领域一切都按照前十七年的模式运行，还会不会有 20 世纪 80 年代的思想解放运动？会不会有 90 年代从"思想"到"学术"的深化？会不会有伴随着对"文革"的控诉和反思而来的对人道主义和人性论的深入讨论和研究？会不会有今天如此广阔的国际学术视野？即便有，也将大大推迟，而且不可能具备由"文革"中暴露出来的国民性所提供的绝好题材和充足底气。然而，"文革"的积累也就是到我们这一代人便中断了，尽管后面还带有一个长长的彗尾。如 20 世纪 80 年代的大学生和研究生中还有一些爱好思想的青年认同我们的人文理想，到 90 年代就越来越少了。微妙的是，大学生中这种逐渐由深到浅的泡沫上浮趋势与 90 年代的教育体制改革进程几乎同步，大学已经越"改革"越不适合于做学问、想问题了，而成了一个赤裸裸的名利场、权力场。

大学教育走向浅薄和浮夸的另一个原因是生源问题，由现在从小学到中学一条龙的"大学预备班"培养出来的高中毕业生，与在此之前来自相对放任自流的中小学教育的考生已经不可同日而语，甚至还不如"文革"中和"文革"前那些花大量时间去"学工"和"支农"的学生，他们至少还接触过自然和社会，在严酷的"阶级斗争教育"之余还保有自己的课余爱好。他们的前途和命运不取决于书本上的知识是否记得牢固，而取决于别的诸多偶然因素，最主要的当然是家庭出身和父母的政治状况。这些因素不是他们的个人努力所能够改变的，因此他们的过剩精力就有极大的余地用到那些他们喜欢的事情上，哪怕什么也不干，就是胡思乱想，也比整天埋头于课本和准备考试要强。

而现在的中小学在文科教育方面基本上已经完蛋了,这只要看看那些教学辅导材料上的作文"范文"就可以下断语。我的女儿就是由于做不来那些"范文"而熄灭了原来对语文课的浓厚兴趣,而在进高中时断然选择了理科的。现在中学里选择文科的大多数都是学习成绩上不去的"差生",在学校里往往被理科生瞧不起。武汉大学的哲学课堂上有些旁听生表现出极强的领悟力,一打听,往往是学理科出身的,我由此感到的不是欣喜,而是担忧和悲哀。

大学在"文革"中被政治运动冲得五痨七伤、缺胳膊少腿,它已经不像一个衙门,而更像一个临时客栈。拨乱反正后所做的第一件事就是把大学的衙门恢复起来,将"官本位"的职能"健全化"和"细化"。大学从前的理想是由"工农兵"来"上管改",现在"工农兵"换成了官僚。教师的地位"提高"了,他们从被"改造"的对象变成了"创收"的工具,以及为官僚的学术头衔"加冕"的祭师。但他们的行为必须服从官僚体制运作的程式,这套程式与现代科技思维和数码革命的新浪潮具有天然的亲和性。将长期困扰各级衙门的浩繁文牍交给电脑去处理,让计算机代替人在最短时间内去完成一项又一项毫无意义的工作,这真是一个绝妙的主意!它既节约了办公人员的时间,又容忍甚至助长了这些人员的弱智化。现代大学大大提高了扼杀人的主动性和创造性的效率,将教师和学生都变成了电脑键盘上的一个个按键。大学体制现在比任何时候都"健全"了,它的一切缺损和漏洞都被修补完毕,脸上已由殡仪馆的化妆师化好了妆,只等入殓了。

毫不奇怪,在现行体制下,即使办文科,也必定会办成"准理工科"。我们的大学培养不出具有历史眼光的历史学家、具有文学感觉和文学修养的文艺评论家,更不用说具有深邃思想的哲学家了;而我们的孩子从小就被逼着往这样的大学里面钻,剥夺了他们接触社会和自然界的一切时间和机会,这两方面双管齐下,使得中国当代人文科学处于一种十分可怜甚至绝望的境地。如果可能的话,我甚至希望再一次取消大学文科,至少取消十年,只留下研究生院,从那些具有"实践经验"的人中招收文史哲的研究生,不论学历和年龄。考试科目分古代汉语(当堂命题做一首古诗词)、专业(当堂评点一篇范文,并写出读后感)和外语(非涉外专业只作参考,不计总分)。至于理工科,本来就只是想要培养工具和螺丝钉的,可以不动,但也不必奢望有什么"创新思维",只需给一大批人找到饭碗就行了。

当然,我也知道我的这种奢望是不大可能实现的,我只是在谈我自己的经验。我不是大学科班出身,但我并不以此自卑,反而以此自豪。我设想,如果当初真的按照"正常途径"让我凭自己的成绩考上了高中、大学,如果我学的还是文史哲的话,我是否还有今天自己的观点和眼光?我看多半不会。我从小是一个循规蹈矩的"好"学生,如果在这种"正常"的教育下,我也许会像今天那些经过"正规"训练的"左派"理论家那样,成为一个平庸而惹人生厌的说教者(用王朔的话说:"长得跟'教育'一样!")。或者,我也许会刻意"创新",也就是用现在翻译过来的大量闻所未闻的西方理论词句来"武装自己的头脑"、炸毁别人的神经,但却不会有自己的生活体验和对社会、对人生观察。我庆幸自己没有受到过那种"正规"教育,我读的是社会和自然界的"大学"。而当我走进正规大学校门时,我其实基本上已经"学成"了,需要的只是一些必要的技术上的训练和补充。我相信我们这一代人所走的学术道路绝大部分都是这样,但也就到此为止了,今后不会再有我们这样的学者了。

(原载于《书屋》2007年第8期)

七十受聘感怀

今天是我七十年人生旅途中的重大的日子,承蒙湖北大学错爱,我以古稀之年受聘为湖北大学资深教授。接过聘书,内心的激动无以言表,只能由衷地说一声:感谢!感谢领导们的青睐,感谢同袍们的深情厚谊,感谢在座各位的大力支持!

在这值得纪念的时刻,我想起了两千年前,孔子在他的晚年回顾自己一生时所说的话:"吾十有五而志于学,三十而立,四十而不惑,五十而知天命,六十而耳顺,七十而从心所欲,不逾矩也。"[1] 我乃一介凡夫,当然远不能和孔圣人相比,恰好相反,我的一生是:吾十有五而失学,三十而未立,四十而解惑,五十而知人命,六十而耳难顺,七十而从心所欲,常逾矩。

我16岁下乡当知青;26—31岁回城当土工和搬运工,31岁考上武汉大学研究生,34岁成家;39岁写成《灵之舞》,42岁写成《思辨的张力》;48—50岁发表《人之镜》《灵魂之旅》,52岁发表《新批判主义》;59—61岁与儒生们展开大规模论战,并调入华中科技大学;

---

[1] "耳顺"有多种解释:分别真假,判明是非;听得进不同意见;正确对待各种言论;知其微旨,什么话都一听就懂等。

70岁之前完成康德、黑格尔的几个《句读》,并打破常规,被聘为湖北大学哲学院资深教授,这些是从来没有过的事情。

七十以后准备干什么?我还有一系列庞大的写作计划,估计这一辈子是写不完了。我的写作原则是,第一,不是为当代人写作,而是为后人写作,只写那种留得下来的东西;第二,只写别人写不了的东西,别人能写的让别人写去。我认为,作为一个学者、思想者,只要还有一口气,就要努力发出我们时代思想的最强音。这就是我的人生观。

今年元月4号是已故著名作家史铁生的生日,北京青年报邀请我去为史铁生作品的爱好者作了一场名为"史铁生的哲学"的报告,其中涉及生命和死亡的问题。史铁生想生死问题想得很透,有些想法和我的想法不谋而合。我在讲演中又借题发挥了一下,实际上讲的是我自己的思想。主要意思如下:

人生从肉体上说不过是一堆原子分子,它们每天都在更换,我们从生下来到今天已经更换了不知道多少轮了,早已不是原来的那个"我"了,或者说,其实"我"早就死去了,"我"每天都在死着。那为什么还有"我"?是因为这堆原子分子的结构方式延续下来并且日益复杂化了,这才是一个人的真正的"生命"。

这种结构方式有层次高低的不同,最低层次的就是基因。基因其实就是一种结构信息,中国人过去称之为"血脉",以为是由血液而传下来的,所谓传宗接代就靠这个。其实是人身上的原子分子的结构方式。中国人很早就把人的真正的生命系于种族的繁衍,我死了不要紧,我把我的血脉传下去了,我就还活着,我的儿子就是我的替身。只要种族链条在,人就是不死的,或者虽死犹生。这有一定的道理。在历史上,这种不朽观造就了世世代代的仁人志士舍生忘死,为了种族的利益而自我牺牲，留下了无数的楷模和佳话。

但这毕竟是基于动物性的血缘传承关系，并没有超出动物的繁衍模式。如果仅限于此，那就免不了动物式的生存竞争，在竞争中有可能整个种族遭到淘汰。真正的不朽必须超出这种动物式的基因结构而上升到更高的结构，这种更高的结构方式是什么呢？就是我们的思想。其实，从前一种血缘的传承关系中已经开始萌发出了某种思想的结构，例如儒家的三不朽，立德、立功、立言，一整套的伦理学说，这些都不是原始人类的种族观念所能够相比的。

但由于儒家不谈个人的死亡问题，所以他们讲的不朽仍然只限于现实的种族关系的内容，与具体的利害关系结合得太紧，缺乏从精神上超出种族关系之上的人类普世的层次。西方从古希腊开始则发展出一种更纯粹的结构方式，这就是哲学，或者"爱智慧"。柏拉图说，学习哲学就是学习死亡。一个有思想的人，如果能够把这种思想的结构方式表达出来、流传下来，他就是不死的。

但无论如何，柏拉图和亚里士多德、康德和黑格尔、马克思，还有孔孟老庄，他们所创造的结构方式一直流传到今天，并且还在和我们对话，帮助我们建立起更高的结构方式，所以是不朽的。

在没有达到这种结构方式之前，我们对待生命只能像孔子那样，避而不谈死亡的问题，或者只能慨叹"无可奈何花落去"，沉沦于虚无。我们每天都在死去，我们的记忆在消失，感觉在消失，要是有人记录下来回放给我，我都不认识自己了。正如林黛玉所悲叹的："侬今葬花人笑痴，他年葬侬知是谁？""一朝春尽红颜老，花落人亡两不知！"最终会归于生命的虚无主义。

但是我们不能每天都沉浸于悼念中，每天都沉浸于对过去的惋惜中，因为我们每天都有新的记忆和感觉到来，有新的思想和发现，要准备迎接它们的到来，这就是生命。然而，生命匆匆如过客，生命最后全部都要消失，难道我们就不曾活过？每个人都不会甘心这样，都想要永恒。怎么办？

有一个办法，就是把它们随时都记录下来，用语言文字，用画笔，用音乐。这些都是"结构"。那些消失了的记忆和感觉都在这些结构里面，后人读它们时就会被唤醒。所以我说，读一部长篇小说，相当于多活了一辈子。我是我，同时又是他、她、他们，我把我的感觉写下来，我就又成了他们。史铁生所干的就是这件事，他虽然从21岁就在轮椅上度日，不到60岁去世，但他活在他的作品中，他创造了自己永恒的生命。

当然，人不可能把每一点感觉和想法都变成结构，只能拣最重要的、最有代表性的、最感人至深的。有时候，你能够把一个感觉记录下来，就堪称不朽了。你也不可能同时是画家、音乐家和作家，你要选择自己最适合的。没有办法，人是有限的，人不是上帝，这不是值得悲哀的。但人居然就能做到在某一点上不朽，这已经值得骄傲了。

除了那些想要自杀的人之外，我们每个人都在为自己活得更久一些、更多一些而奋斗，实际上也在梦想不朽。但我们在生活中往往不能贯彻我们的想法，因为我们的想法很模糊。在这点上我也许比很多人强，因为我想到了底。

谢谢大家！

（此文为作者2018年4月4日在湖北大学召开的资深教授聘任仪式上的讲演稿。）

史铁生的哲学

各位朋友,非常高兴今天有这个机会和北京的史铁生作品爱好者以及关注者在一起,谈论我们大家共同关心的问题,就是关于史铁生的作品,关于他的思想,关于他的哲学。

我对史铁生的作品的关注由来已久,90年代的时候曾经出过一本书——《灵魂之旅》,把90年代文坛的一些代表人物,可以说大部分都扫了一遍,评论了十几位作家,其中史铁生这一部分是最长的,那一章写了有三万多字。至今在网上流传的就是其中的那一部分,叫作《可能世界的笔记》,主要谈了他的一部代表作《务虚笔记》。我读《务虚笔记》非常投入,读完以后简直感到精疲力竭,之所以这样关注、这样感动,与我跟史铁生有共同的经历以及共同的思考有关。

我在农村曾经有过十年的插队经历,后来回城做搬运工。实际上我是从1968年、1969年在农村当知青的时候开始认真读书和自学的,因为我们是"文革"前1964年下放的,在农村当知青的时候,在某个时间点上,我觉得自己该认真读一读书了,于是广泛涉猎了当时只要拿得到的各种哲学和文学的,也包括历史、经济、政治等各方面的书,一个人在那里看,在那里思考。我想我在农村当知青的时候读书和史

做关于史铁生的哲学的演讲（2018年1月4日）

铁生后来在地坛读书，有一个很大的不同就是，史铁生是身有残疾，面临生死抉择；而我是在"广阔天地"里面，不存在生死抉择。我是一边劳动一边用业余时间提高自己，丰富自己。但是有一点是共同的，史铁生在他的作品里面也讲到了，残疾只是一个象征，其实每个人在一定意义上都是残疾的，所谓残疾就是人的有限性，总有些事情是你力所不能及的，那就相当于你的残疾。只不过史铁生遇到的困难、障碍更大，而我们那个时候看起来还是比较自由的，天不管地不收。但是也面临某种生死抉择，那个不是身体上的，而是精神上的。你如果不在精神上向彼岸世界眺望，那么你就是没死，哪怕你还活着，也是行尸走肉。

我曾经讲过,我两次被忽悠,第一次是1964年上山下乡,满怀激情；第二次是"文革"，也是满怀激情。我不能第三次再被忽悠，所以拼命地去看书。我和史铁生的学历同样的，都是初中毕业，史铁生是初二、初三就赶上"文革"了，等于比我还少读一年书，但是实际上是在同样的水平上起步的。

今天谈史铁生的哲学,这个题目是我主动提出来的,他们说你谈谈史铁生,我说我就谈史铁生的哲学。后来决定了以后,我才收到《史铁生全集》,北京出版集团出的,出得非常漂亮。拿到以后主要的作品我可以说都读了一遍。又有一些新的感受,在1996年写《灵魂之旅》的感受之上,又补充了一些东西。我那本书是1998年出的第一版,后来残雪的日文翻译者近滕直子来我家做客看到了,她就拿到日本去翻译成了日文,出了日文版。2005年湖北人民出版社出了第二版,收在《文学与文化三论》里面,上海文艺出版社2009年又出了一个第三版。前年是作家出版社和高高国际出版公司出的第四版《灵魂之旅》,大家有兴趣可以看一看。

下面我们就来谈一谈史铁生的哲学,我提了这么几个问题,当然这几个问题都是相关的,并不是说每一个观点和另外一个观点是不同的,它们都是相通的。

首先是命运观。史铁生的命运观,大家很容易理解。一个人惨遭那样的疾患,面临生死抉择,命运这个概念马上就跳出来了。史铁生二十一岁那一年,用他的话说是"活到最狂妄的年纪上,忽地就残废了双腿"。他当时就知道,无论他还能活多久,他这一辈子只能在轮椅上度过了。怎么办?他狂躁过、绝望过、伤心过、自暴自弃过,但是当所有这一切都过去了以后,他开始思考,他还这么年轻,二十一岁,他不得不思考。在他的年纪,他更愿意到世界上去闯荡一番,去猎奇、冒险、成就梦想,但是现在他只能沉思默想了,他是被逼无奈的。

他想到了命运的问题,他有一段话:

> 所谓命运，就是说，这一出"人间戏剧"需要各种各样的角色，你只是其中之一，不可以随意调换。……要让一出戏剧吸引人，必要有矛盾、有人物间的冲突。……上帝深谙此理，所以"人间戏剧"精彩纷呈。

这个时候他想到了，上帝安排给我的命运注定如此，上帝这样安排自有他的道理，我们有限的人怎么猜得透？不要埋怨、不要抱怨。因为有我，还有很多其他形形色色不同的命运，所以人间才精彩纷呈。这个当然是斯多葛派的命运观，这是在西方很有名的、古希腊的一个哲学学派。他们认为，上帝让每一个人在世界大剧场里扮演自己的角色，所谓"愿意的人命运领着走，不愿意的人命运拖着走"，你反正得走，命运已经规定好了，你总得走。当然这个观点融入到了基督教的思想里。古罗马时代就流行着一句谚语："人间是一个大剧场，每个人在里面扮演不同的角色。"后来基督教讲"天职"，不管你是当总统，还是当扫地的清洁工，都是你的天职，上天安排的，没有等级之分。既然你承担了这样一个职位，你就得把自己的工作做好。以我们今天的眼光来看这个观点很消极。但是也不一定，一个人病到了史铁生那样的程度，宿命论可能就是他唯一的心灵救助。通常中国人也讲，这是命，你得认命，你不可改变。既然不可改变，你抱怨什么呢？你抱怨也无济于事，你只得忍受。

史铁生说，其实每时每刻我们都是幸运的，因为任何灾难的面前都可能再加一个"更"字，你会觉得自己有可能更不幸运。他把命运、灾难相对化了，你觉得难忍受，有人比你更难忍受。有人劝他拜佛，他不愿意，他认为怀着功利的目的拜佛是玷污了佛法，不应该认为命运欠你什么。他读《圣经·约伯记》，悟到"不断的苦难才是不断地需要信心的原因"。约伯无缘无故受到了各种折磨,灾祸降临到身上,其实是上帝和魔鬼打赌,魔鬼说你把灾祸降临给他,他就不信任你了,上帝说你可以试试,于是魔鬼给约伯带来种种灾祸,但是他仍然坚信。不断的苦难就需要不断的信心,不可贿赂谁,也不要埋怨谁。由此他走向了一种真信仰,真正的信仰不是因为这个信仰给我们带来了什么好处,哪怕它没有给我带来任何好处,哪怕它给我带来的只是灾难,我还信,我仍然信。不要通过牺牲一点什么东西去献给神佛,换取一些什么东西,命运不受你的贿,但有希望与你同在,这才是信仰的真谛。信仰的真谛就是希望,就是仰望,希望来世。甚至不一定是来世,而是希望一个暂时看不到的,或者也许永远看不到的结果。但是神在哪里?史铁生说神只存在于你眺望他的那一刻,在你体会了残缺,去投奔完美,但不一定能找到答案的那条路上。神只存在于这样一条路上。他说"那也应该是文学的地址,诗神之所在,一切写作行为都应该仰望的方向"。一个是路,一个是方向,一个是眺望,这几个词都是非常关键的。信仰就存在于这几个词里:道路、仰望、眺望、希望。

  写作就是文学的思想之所在,你眺望什么,不是眺望今天有多少物质的回报,而是眺望文学的圣地。那么写作由此就成为他的命运,他自从坐上轮椅的那一刻,他的命运就只能是写作。走上这条路颇为不易,这是一条务虚之路,这就是为什么叫《务虚笔记》,当然也可以叫"超越之路",务虚就是超越。我们日常太务实了,现在需要有一段时间让我们来想想务虚的问题,超越一切,包括物质利益,包括身体上的健康或者是痛苦。《务虚笔记》里面讲了"童年之门",那就是命运开始的时候,就像贝多芬的《命运交响曲》,一开始是命运在敲门。童年之门就是这样的门。童年有很多的门,他把童年设想为一座美丽的房子,房子里面有很多个房间,你走进了一个门就会与其他的门永远绝缘。而另外一个人走进另外一个门，他的命运跟你也可能就完全不同。

当然这都是现实的命运，这个都好理解，日常生活中人们都讲到，我当初如果不那样的话那就会怎么样，那现在就完全不同了，那一瞬间决定了我的命运，一般都这样说。但是史铁生这个时候考虑童年之门，是立足于一个务虚的层次上看的，一旦你务虚，你就会觉悟到所有的门都是同一个"我"的门，虽然我没有进到那个门，但是进了那个门的人也是我。他说："我在哪儿？一个人确切地存在于何处？除去你的所作所为，还存在于你的所思所欲之中。"别人的命运也许不是你的命运，但是别人在他的命运中的所思所欲同样是你的所思所欲。所以在这样的一个务虚的层次上，你描写他人就是在描写自己。他人不管是善也好，恶也好，你在描写他，就是在描写自己，你不要把自己撇得太干净，好像我写的恶人就是我的批判对象。你的批判对象其实也包括你自己，而这就是人们需要忏悔的理由。发现他人之丑恶，等于发现了自己之丑恶的可能性。

我们在作品里看到一个丑恶的人、一个坏人，其实那就是作家的可能性。作家如果没有这种可能，如果没有对坏人的体会，他怎么写得出坏人来？这就是在一个非常务虚的层次上谈问题了，事实上我当然不是坏人，但是我可能是坏人。西方基督教所谓的"原罪"也是在这个意义上谈的，中国人很难理解。原罪，一个小孩子生下来干干净净的，为什么有罪？基督教解释说他没有罪，但是他可能有罪，他有潜在的可能性。因为人是自由的，他可能变成天使，也可能变成魔鬼。一个小孩子生下来那么可爱，但是一步步走来，过三五十年再来看他，可能就完全不同了。站在可能世界层面上看问题、谈问题，我们就可以消解宿命论。宿命论就是命运不可抗拒，你只能被动接受，我刚才讲了，这看起来非常消极。但是如果你立足一种可能世界，你就会反思到人的自由意志具有的决定作用和责任能力。决定作用就是，你可以选择，你不是完全没有选择的，哪怕命运决定了你，你也是可以选择的。还有责任能力，哪怕这是你的命，你也得为你的行为负责，不能推诿于外界和别人，说既然我命中注定这样，我就可以不负责了，不是我要这样的，是命中注定要我这样的。不对，因为你是自由的，自由意志有它的决定作用，当你意识到这一点，你就会对于已经被命运决定了的现实世界赋予自己特有的意义，这取决于你怎么看它，怎么对待你自己的命运。

比如说史铁生的残疾，使他看清人的命运的悲剧性和残酷性，甚至于荒诞性。这个没有道理可讲，为什么我就突然残废了，那么多人就没有残废，唯独是我？我为什么就这么倒霉？没有道理，想不通。然后他站在务虚的层次上，悟到了其实残疾是人类的普遍命运，还有比我更惨的；或者说哪怕是比我更好的、更强的，他也有他的局限性，也有他的限度，都只是残疾的程度不同而已。但是所有这些人不管你相对来说如何受到命运的支配，当你眺望神的时候，你可以"扼住命运的咽喉"——这是贝多芬的一句名言，你可以掌握命运。命运虽然决定了你，但是你一旦起来发挥自己的自由意志，你就可以利用它来干你自己的事情，你就可以拿你既定的命运干一件自己想干的事，这就是文学、艺术、音乐等等。

在这样一些行为之中，在这样一番事业之中，命运成为你自己作品的材料。你必须有命运，必须有材料，不是说我写作，我的音乐、我的艺术凭空就能够产生出来，达到自己的高度。而是面对命运，我怎么对待它，在战胜和支配命运时才会产生出作品，产生出写作。而命运在你的写作中就成为你的作品的材料，命运在这种意义上倒成了你的创作不可缺少的了。这就是史铁生所发现的一种崭新的命运观：命运就是你自己的生命之运动。

这个崭新的命运观已经有很多人在说，像存在主义讲，人是"被抛入"他的自由之中的。所谓被抛入，那就是命运；但却是被抛入到自由之中，你不是被抛入到一个事物之中，而是看你怎么样抉择，看你怎么样发挥你的自由意志。命运提供了你的自由意志的作用对象，这个抛入就非同一般，自由才是你的命运，或者说，你生来注定是自由的。这样一解释，你的命运其实是由你自己所造成的，你整个的命运最初看起来是不以你意志为转移的，但是你可以把它变成你自己所造成的。

这种命运观在中国前所未有。中国传统的命运观只不过是士大夫们的某种使命感，最著名的，像司马迁说的："文王拘而演《周易》；仲尼厄而作《春秋》；屈原放逐，乃赋《离骚》；左丘失明，厥有《国语》；孙子膑脚，《兵法》修列；不韦迁蜀，世传《吕览》；韩非囚秦，《说难》《孤愤》；《诗》三百篇，大抵圣贤发愤之所为作也。"为什么如此，是因为"此人皆意有所郁结，不得通其道"，"终不可用，退论书策，以舒其愤，思垂空文以自见。"都是由于失宠于当道，怀才不遇，惨遭厄运，靠写作"以舒其愤"；但经历了磨难以后，却可以大有作为。还有孟子的那段名言："天将降大任于斯人也，必先苦其心志，劳其筋骨，饿其体肤，空乏其身，行拂乱其所为，所以动心忍性，增益其所不能。"这些都是历史的经验，带有直接的功利性。司马迁自己就是受了宫刑，结果写出了《史记》，这是多么大的成就！但这仍然还是功利的角度，这些成就都是有利于国家兴亡、世代传承的一种政治文明，然而仅仅从这个角度来谈，就还没有上升到人生哲学的层次。

而在史铁生那里，人的命运是荒诞的、偶然的，没有什么道理可讲，也不是什么历史使命。史铁生当年残废了,坐上了轮椅,从来没有说从此就意识到自己担负着天降之大任,更没有想到借此磨难可以成为伟人。你甚至不能问:我怎么这么倒霉,为什么恰好就是我?因此也谈不上什么"郁结""发愤"这些概念,而首先是认命,我就是这个命。但是认命以后是生死的问题,你是生是死,取决于你的生命力是否强悍。作为一个活生生的人虽然残废了,但是你的生命力有没有那么强韧,你的自由意志是否觉醒?我人还活着,我的自由意志是否还活跃?如果没有这样一种力量的话,孔子也好,屈原也好,都不是没有别的路可走的。孔子命运不好,但是他作《春秋》,为什么一定要作?屈原被放逐了为什么一肚子的《离骚》?庄子就告诉人们,只要一个人心态放宽,残疾人照样可以活得很好。《庄子》中举了大量的残疾人的例子,说"畸人者,畸于人而侔于天",在人看来是畸形的、残疾的,但是他"侔于天",是天然的。在大自然的眼光中,自然的东西没有畸形的,只是在人看起来是畸形的。又比如说屈原,行吟泽畔,悲痛欲绝,举世皆浊我独清,众人皆醉我独醒,怎么办?没人理解他。当时遇到一个渔父,"老""庄"的信徒,劝他"与世推移""不凝滞于物",要顺其自然,安安心心过你的日子就行了。但是屈原没有听他的,屈原总觉得自己是国家栋梁,放不下这个架子,最后只好投水自尽,恨恨而死。屈原以后中国的士大夫们放下了这个架子,你曾经是国家栋梁,或者你想要成为国家栋梁,但是做不到。怎么办?于是援引"老""庄",建立了"儒道互补"的人格结构。中国士大夫这点已经确立了,达则兼济天下,穷则独善其身。从此再也看不到像屈原那样极端的诗人。

中国人的生命力在"老""庄"的哲学里应该说受到了一定的保护和封存,他在大自然里,在自然界里面可以得其所哉,自得其乐,可以排除世俗的烦恼,官场的失意、情场的失恋、商场的失手,都可以经过

"老""庄"哲学得到解脱,不至于不活了。但是这种生命力由于弃绝反思,并没有发挥其应有的能量。现在让你隐居山林也好,远离世俗社会也好,固然是自由,但是缺乏反思。什么是反思?就是说你自由了,你拿这自由来干什么?"老""庄"很重要的一个特点就是——不干什么,我们经常看到在山里隐居的人,据说现在隐居终南山的隐士已经达到5000多,他们什么事也没干,把隐居当自己的事业。而这样不干什么的水平实际上是儿童的水平,返璞归真,归到儿童的纯真,这样的自由自在放在那是没用的,封存起来了。尽管把人的自由封存起来,保护起来,但是无法调用,就像庄子所讲的那株不堪器用的大树。

我经常想这样一个问题,道家的信徒隐居起来,他们大可以干很多事情啊,比如研究文史哲,研究数学,研究自然科学,从事文学艺术生产,得产生多少创造性的成果、学术成果、科技成果和艺术成果!对人类的精神事业得有多大的贡献!但是他们不干。当然有些人为了长生去炼丹,也许有一天会促进化学的发展,但是他们不是为了这个。他们没有一种纯粹为了兴趣而超越此岸的彼岸追求。例如在数学领域,那叫"屠龙之术",所以中国没有产生欧几里得那样的几何学。他们的自由只是儿童的自由,维持在儿童的水平。最后也只能"知其不可奈何而安之若命",也就是屈从于命运,很少有积极的成果。

史铁生则不同,他一直在那里眺望,眺望到了命运的源头,命运从何而来。既然是上帝给他规定的命运,既然他不可解释,既然是那么样地没有道理,那他只有信仰,只有对彼岸精神世界的希望,这是他眺望的目标。他从这里可以找到此岸的生命力勃发的强劲动力。彼岸世界就是可能世界,彼岸世界既不能证实,也不能证伪,但可以作为人追求的目标。他在可能世界中进行精神的创造和写作,活出了人样,人就该这样,不被命运所打倒,不被命运所战胜。像海明威的《老人与海》

里面讲的,人生下来不是为了被打败的。

接下来是生死观。刚才已经涉及这个问题了。

史铁生的命运观是凭借着基督教信仰的模式建立起来的。刚才讲了"眺望",眺望彼岸,彼岸世界不可证实和证伪,于是就只好信仰。他依靠这种模式超出了中国传统的天命模式,中国天命的模式就是司马迁、孟子的那一套模式,"天将降大任于斯人也"的模式。他不再有这种使命感,而是在基督教模式上吸收了尼采生命哲学的因素,以及存在主义因素。尼采也可以说是现代存在主义的先驱。命运在史铁生这里成了生命之运动,也就是说他只要还有一口气,就要在写作之夜奋力拼搏,改写自己的命运。这种拼搏不是为了在君王、国家面前证明自己,像屈原那样;也不是什么"经国之大业、不朽之盛事",而是在更高的精神中,在文学中、哲学中去发挥他强韧的生命力。

再高的精神境界在史铁生这里也有最低的基点,这就是生与死的抉择。这使得史铁生的境界实际上成为他的终极关怀。按照他的自述,在他最苦闷的时候有三个问题困惑着他,"第一个是要不要去死?第二个是为什么活?第三个是我干嘛要写作?"这三个问题其实只是一个问题,就是要不要自杀。一个人双腿瘫痪,觉得自己一无所能,只能拖累人家,那么还要不要活下去,要不要自杀?这就把人逼到了绝境,逼到了墙角,再也没有退路了。你必须面对这个问题。法国存在主义哲学家加缪曾经说过,真正的哲学问题只有一个,就是要不要自杀的问题。自杀体现了人的自由意志,除此以外你还能干什,你只能自己来结束自己的生命,这是对命运的一种抗争:我不活了。我活下来本来就是命运决定的,你给我这样的命运我不活了,我结束自己的命运。斯多葛派有很多著名的代表人物就是自杀的,像著名的芝诺,70多岁上吊而死。还有90多岁自杀的，活得不耐烦了就去死。他们把自杀看作人的特权，动物不自杀，神也不能自杀，只有人能自杀。自杀是自由意志的表现，能够自杀体现了人的尊严。我们今天也讲，人要有尊严地死，自杀就是一种有尊严的死。如果史铁生从这个角度来看，那今天就没有史铁生的作品了。但是他找到了一个不自杀的理由，或者活下去的理由，同样是自由意志的选择，就是写作。写作是不自杀最好的理由，你不自杀得有一个理由，你为什么不自杀，你成天只能拖累人家，还活什么活？但现在有一个理由，那就是我要写作。否则的话，如果没有这个理由，他即使活着，也相当于死了，自由意志还是会让他选择自杀。史铁生说："人，不能光是活着。"

余华有一篇著名的小说《活着》，还拍了电影，在座的很多人应该都看过。我当时看了也非常感动，觉得是对中国人这种非人的活法的批判。但是后来我看到他在小说的新版序言里有这样的话，说："人是为活着本身活着的，而不是为了活着以外的任何事物所活着。"人活着就是为了活着，他小说里面的福贵，最后什么都失去了，所有的亲人都死了，没有任何活着的理由了，但他自己还活着，而且活得很自在，每天唱着小曲，跟他的老牛为伴。余华竟然认为这就活出了人生的真谛，我有篇短文批评他。[1] 史铁生也不点名地批评了这种看法，他不点名，大概因为他跟余华是好朋友。但是他说，他读到这篇作品，"怎么也不能同意"，因为"生命大于活着"。生命不仅仅是活着，活着只是你还没死，而生命除了活着外还包括爱情和自由。这令我想起裴多菲的诗"生命诚可贵，爱情价更高。若为自由故，二者皆可抛"。史铁生说：

---

[1] 参看本书下一篇，"活，还是不活——评余华的《活着》"。

>写作，就是为了生命的重量不被轻轻抹去。让过去和未来沉沉地存在着，肩上和心里感到它的重量，甚至压迫，甚至刺痛。……什么才能使我们成为人？什么才能使我们的生命得以扩展？什么才能使我们独特？唯有欲望和梦想！

死则和无联系在一起，死就是什么也没有了，连"没有"都没有了，这是史铁生特有的句式，死就是连没有都没有了。他有一封写给王朔的信，里面讲到"论无的不可能性"。他在其他好几个地方也讲了，无就是什么也没有了，无是不可能的。他说："令我迷惑和激动的不单是死亡与结束，更是生存与开始。"绝对的虚无片刻也不能存在。当然这个也是存在主义的观点。像萨特的《存在与虚无》一开始就讲了这个观点：无是没有的；只是由于有了存在，所以才有了无。你说到无，总要说无什么；你说没有，你总要说没有什么，所以无是寄生于存在之上的，它本身没有存在，它本身是不存在的。基督教里面也讲到，善和恶，善是存在，恶只是存在的"缺乏"，恶不是一个什么东西，只有善是一个东西，恶只是善的缺乏。存在主义和基督教里面有一种隐含的一脉相承的观点。史铁生也有这个观点，我估计他看了不少存在主义的书。他说："有才是绝对的。依我想，没有绝对的虚无，只有绝对的存在，……存在就是运动，运动就有方向，方向就是欲望。……人有欲望，所以人才可以凭空地梦想、创造。"这里头有逻辑，也听得出来，存在就是运动，运动就有方向，方向就是欲望，欲望就是梦想和创造，他是一步步推出来的。这样的存在，就是生命，这生命不仅仅是活着，而是向彼岸的方向去追求……

史铁生对老庄哲学的评价不高，甚至颇有微词。在他看来，老子说天下万物生于有，有生于无，"这毛病大了""我想这无，应该是指的空"。就流行的道家哲学的解释来说,这样说也不错,通常人们就是把道家的"无"和佛家的"空"混为一谈的。但是实际上,道家的无并不是空,而是生。这一点,道家及其门徒只要反思一下,就可以看得出来。当老子说天下万物生于有、有生于无时,他其实完全可以反过来想一下:既然"有生于无",可见"无"是能够"生"的,无就是生。如果无本身不是生,那有怎么能够从无生出来呢?因为无除了无自身以外什么都不是啊,它要生出有来,只能是从自身中生出来。只能是它自己就是生。所以无并不是绝对的什么都没有,而是无前提,无负担的"自然",这种自然其实就是生,自然而生。"无"没有前提,自然也是没有前提的,自然就是没有人强迫你,而是自然而然。老庄讲的"无"主要的意思是无知、无欲、无为,对自然不加人为干预,他这只是在为自然生命扫清地盘。他提出这样一个无,主要是生活态度中的无知、无欲、无为,但在客观上则是任其自然发生。所以真正的无是"无为而无不为",他把主观的知识欲望和有为都悬置了以后发现,自然才是无所不为。当然这是我的解释,道家哲学本身并没有这样解释。所以史铁生对老庄评价不高是情有可原的,一般流行的老庄哲学都不是我这样解释的,都是把生命和有归结为无,就真正什么都没有了,等同于佛家的"空"。所以道家、佛家就合流了,都变成"空"了。但这其实是很不同的,例如人们只说"有生于无",却没有人说"有生于空",因为"空"不能"生",而只能将一切等同于空。所谓"万法皆空","空即是色,色即是空",这里头用不着一个"生"的过程,它当下即是。史铁生这里的理解并不是很到位。

那么,什么是死?肉体的死并非真正的死,如果还有灵魂的话,那就还没有死。只要灵魂不死,肉体死了还不是真正的死,基督教就把肉体的死看成真正的重生,肉体死了你的灵魂才能再生、重生。史铁生对此也进行了一番论证，他说即使从科学眼光来看，灵魂不死也是不可能证伪的，当然也没有证实。但却有可能证实，你没有理由否认这个可能性。如果你站在可能世界的眼光来看。那么灵魂不死虽然没有证实，但是它还保留着证实的可能性，你可以走着瞧。现在科学家里面也有很多人相信灵魂不死，还有人给灵魂秤出了重量，说一个人的灵魂相当于21克，死了以后再称一下，尸体上少了21克。当然你可以说这个证明还不成立，但是有一点是确定的：你不可能证伪。灵魂不死你只能断言我不相信，但是你怎么证伪它？无从证伪。即使没有证实，至少还可以猜想，还可以假设。猜想和假设本身就是科学的引导，胡适不是讲，科学需要"大胆假设，小心求证"？大胆假设在科学里面很重要，它是推动科学发展的动力。那么灵魂不死何尝不是一种猜想、一种假设？但是史铁生更看重的是，这还不光是假设，更是希望。人类希望灵魂不死，这希望无关乎科学，而关乎人道。就是说一个作恶者更倾向于人没有灵魂，人没有灵魂他就可以为所欲为，不怕死后遭到报应，就没有任何心理负担了。俄国大文豪陀思妥耶夫斯基说，如果没有上帝、没有来世，人什么事情干不出来啊！既然死后什么也没有了，那么我死后哪怕洪水滔天。史铁生说灵魂不死导致信仰，如果有灵魂不死，如果你相信，或者你希望灵魂不死，那就导致信仰。这个也是中国传统哲学里面没有过的。

孔子就从来不讨论死的问题，"未知生，焉知死？"他的弟子说："死生有命，富贵在天"，这个不用讨论。庄子的妻子死了，庄子鼓盆而歌，人家问他你为什么这么高兴，他说应该庆祝，一个人死了就相当于大自然身上的一个脓包已经穿了，脓流干净了，难道不应该庆祝吗？人生在世就是一个脓包，让你肿痛，不得安宁，现在终于安宁了。中国传统不管是儒家、道家，总而言之都不关心死本身。他们关心的只是为什么死,死后如何,或者死的结果,所谓三不朽,立德、立功、立言,轻于鸿毛或重于泰山,这都是指的对国家、对后世的影响,而没有个体反思。但是死的问题唯一涉及的就是他自己,一个人必须自己去死,和任何别人无关,别人不能代替。任何人也不能代替你死,你的父母、你的儿女、你最爱的人,都不能代替你死,你得自己孤身一人面对死亡,没人跟你一起。这就是个体的反思,中国人缺乏的就是对个体的反思。民间信鬼神,也只是一种功利的手段,最后是为了功利,而不讨论生死的问题,不讲灵魂归宿的问题。祥林嫂在鲁迅那里问了一个问题,人死后会不会有灵魂,鲁迅无法回答,他在中国传统资源里找不到任何答案,只好说:"我也说不清。"但是祥林嫂的问题最后还是为了功利,即如果有地狱、有灵魂,那人死了以后还可以在地狱里与亲人相见,和她的阿毛重逢。她是出于这样的目的问了这个问题,否则的话,有没有灵魂对于她是无所谓的,没有灵魂可能还更好些,至少不到地狱里去再受苦。个体灵魂的概念不光祥林嫂没有,士大夫们也没有,中国人为什么没有真正的信仰,就可以从这个地方找到解答。为什么没有真正的信仰,就是因为没有个体,没有面对自己个人的死亡问题。

史铁生纠缠死的问题,说明他的个体意识已经开始觉醒,需要找到自己理论上的立足点,他已经有了个体灵魂的意识,他知道死谁也不能代替他,谁也不能安慰他,哪怕他的母亲对他那么好,不离不弃,天天关心他,但是死还得自己面对。这是生死观。

从生死观必然引向宗教观。第三个问题是宗教观。

我看了他一篇文章,《昼信基督夜信佛》,标题就很新鲜。基督教、佛教的经典他看了不少。基督教和佛教的区别,史铁生认为在于对苦难的态度。基督教相信苦难是生命的处境，你只要活在人间，那么你所面对的就是苦难，所以基督强调救世和爱人，要积极应对世事。那么佛教则千方百计要远离这个苦难的世界，要超脱和往生，要独自疗伤，自己先把自己救出来。这恰好对应着白天和黑夜不同的心情：白天从事日常生活，到了黑夜一切都已经停下来了，你休息了，这个时候你寻求一种精神上的解脱。基督教和佛教的区别在这里，我非常同意，我也讲过两者的区别。一个学生一天跑来跟我说，老师我信基督教了，我就问他，你为什么要信基督教？他说太痛苦了，想寻求一种解脱。我说那你为什么不入佛教呢？佛教也是解脱痛苦啊。他想了一下说，其实入佛教也可以。我就跟他说，你要入基督教，就要知道基督教和佛教不同之处在哪里，当然它们都有解脱的功能。但是基督教除了解脱以外，还有一个功能就是承担。所谓承担，是我在香港道风山汉语基督教文化研究所的一个感受。汉语基督教研究所在道风山有一个山洞，叫"莲花洞"，是佛教和基督教融合的典型例子。从教义上来说，他们把佛教、基督教融合起来了，所以那个洞叫莲花洞，大家知道莲花是佛教的圣物。但那里面供奉的是圣母像，我去看过，一个很小的房间，一线窗户透进一点点光，白天进去都是黑暗的，进去以后半天才适应过来。于是我看到前面墙上有四个大字，叫"放下重担"，我心里想放下重担，佛家最讲放下重担、放下包袱，这是像佛家的了。但是基督教在哪里呢？我转过身来，看到后面这面墙上又是四个大字"背起十字架"，啊，这是基督教的了。基督教除了主张放下重担，还要求人们背起十字架，精神的十字架。你在这个世界上生活，你要向往基督的救世精神，就要承担起人世的罪，而不能逃避。所谓解脱与承担在基督教那里都有，甚至它的承担的功能要更高，解脱则是起码的，最初入门的时候他帮你解脱痛苦，耶稣基督行神迹，就是为了解脱人间痛苦。当然真正解脱你精神上的痛苦，你就得承担。

　　但是，昼信基督夜信佛，好像是白天和夜晚的轮回，有点类似于中国知识分子的"儒道互补"。白天劳累一天信基督，晚上信佛而超脱，第二天又本着基督教的精神入世。儒道不就是这样吗？达则兼济天下，穷则独善其身。但是也有区别。基督教和佛教在史铁生这里不是互补的关系，而是跳跃的关系。此岸生活有得意、失意的时候，儒道互补可以把人维持在心理平衡的状态，转来转去是圆满的圆圈。但是基督教、佛教中间却是断裂的，需要跳跃，最终要把人从此岸引向彼岸，引向再生，成为新人。《约翰福音》里讲到要成为新人，重生为新人，就是在彼岸世界，你是一个新人，已经摆脱了肉体沉重的负担，成了纯精神的圣灵，那才是你的终极目标。这是一个从此岸到彼岸的跳跃。但儒道都在此岸，并没有彼岸的向往。不过道家哲学经过反思的改造以后，我认为可以成为从佛教跳到基督教的中介，这个中间有一个跳跃过程，这个跳跃过程可以由道家的"生"来承担。天下万物生于有，有生于无，刚才讲这和佛家的色即是空、空即是色有本质的区别。当然中国化的佛教另当别论，比如说禅宗就融合了道家的东西，但印度传来的佛教中，"空"的意思并不含有"生、生命"的意思。

　　长期以来我总想看到一个比较明确的解释，道家的无和佛家的空到底有什么区别？很多人都说不一样，佛家的空和无不一样，你不能用无来理解佛家的空，空应该是更高境界。我就搞不清楚两者到底有什么不同，能不能有人给我解释一下，好像还没有人说清楚。我自己通过思考，认为有这样的区别，就是道家的无里面是包含生、包含自然的，而佛家的空是超越生死，超越自然的，当下色即是空，空即是色，它不谈自然，也不需要生的过程。而道家是一个过程：天下万物生于有，有生于无；道生一、一生二、二生三、三生万物。但是由于道家自己没有从"无"中反思到生命原则,把"有生于无"只是看作"有"最后归结于"无",其实什么也没有,最后归于虚静,所谓"守静抱一",守静抱一还怎么"生"?这就和佛家的"空"划不清界限了。所以道家如果能够反思,反过来想:"无"既然能生"有",那么"无"就是"生",那就是道家的"无"和佛家"空"的本质区别了。道家哲学本质上是生的哲学,所谓自然就是生,人法地、地法天、天法道、道法自然。"道"这个字有的人考证,它原来的意思就是生殖道、产道的意思,生孩子是头先出来,所以一个"首"字加一个走之底,就是产道的意思。道生一太自然了,小孩子生出来的时候头先露出来,生殖才是万物的根本,万物的本原,就是一。"抱一"就是抱的这个"一",但绝不是虚静,而是轰轰烈烈的生命诞生。这样理解的道家哲学可以拯救佛家的虚无主义。你晚上四大皆空,六根清净,想一晚上想清楚了,放下了包袱,昨天的东西都是空的,都没有意义,像基督教《圣经·传道书》里讲"虚空的虚空,一切皆是虚空",你的财产、你的享乐、你的地位、你的后代子孙繁衍,你的健康等等,在《传道书》中都被否定了,你在人世中生活都是虚空。那么在基督教里要从这种虚空超拔出来,只有靠上帝,既然人间万事都是虚空,那我们的生活还有什么意义?我们唯一的意义就是信上帝,基督教是这样解释的。佛家不信上帝,所以佛家最后归结为虚无主义,据说释迦牟尼讲到某部经的时候,有500人自杀,后来有人说你再不能这样讲下去了,再这样讲下去人都死光了,他就改换了一部经来讲。佛家有虚无主义倾向,如果一个人堕入到这种虚无主义,几乎无药可救,我有朋友打坐、吃素、信佛,说自从打坐以后就不想干事情了,觉得没有意义,学界中人,也不发表文章,也不写东西,也不再看书,那你活着干啥。

在这方面,道家自然主义是解药,这也可以说明佛教中国化的必然性。印度佛教为什么半道而衰,有很多别的原因,我认为这也是一个重要原因,虚无主义没法拯救。而中国的佛教,特别是禅宗,禅宗中的南北之争,神秀和慧能,实际上是回归到了道家的自然原则,最后得胜的是南宗慧能。慧能的禅宗完全是自然主义的,担水劈柴莫非妙道,穿衣吃饭皆是法事,不需要讲那么多道理,就是自然生活,过下去就得了。那么史铁生在骨子里其实是有道家情结的,虽然他自己不承认。他不承认有他的道理,因为流行的道家学说都不是他这样说的。我说他有道家情结,是指经过基督教改造过的道家情结,他信基督教,当然他不一定信耶稣基督或上帝,但是他信基督教的那番道理。他把自然原则理解为个体生命。在道家那里自然并没有被理解为个体生命,而是理解为大自然,道法自然,就是道法天地,顺其自然,而不是张三、李四、某某人的自然本性。但经过基督教的改造,自然最根本是立足于个体的自然,个体的自然就是个体的生命。于是他就能够由庄子《齐物论》讲的"齐生死"而直奔"向死而生"。庄子的"齐物论"是对生死漠然视之,无所谓,死了也可以庆祝,生死在自然那里是一回事;"向死而生"则是存在主义者海德格尔的命题,以"先行到死"的目标来策划自己这一生。人反正都得死,但是你就要估计一下,你这辈子在死之前要有一场策划,你能活多少年,在这多少年里你得干点什么事情,你得干一点你力所能及的事情,这就是自觉的生活态度。意识到每个人都要死的,时不我待,得赶紧活,得赶紧干自己想干的事情。这就是史铁生的结构:自然=生命=自由=精神追求。

他的宗教观是,晚上信佛,抚平伤口,直到六根清净;但是清净了以后,解脱了以后,早上醒来,生命力在涌动,这一天你想干什么?佛家主张不要干什么,面对罪恶的世界你要干什么,那都是罪业。即使要干,也只是使更多的人不要干,这就是所谓的"渡人",就是告诉所有的人，让大家都轻松起来。佛家在这方面花的工夫很大。包括他们的慈善事业，都是度人，让你们被佛教所吸引，认识到人生的苦，无意义，寻求超脱，跳出六道轮回，你要超脱、解脱，不要把日常小事挂在心上。所以佛家所干的事业是让更多人不要干事业，不要做什么。但是史铁生说："我还是不能想象人人都成了佛的图景，人人都一样，岂不万籁俱寂？人人都已圆满，生命再要投向何方？"他说："写作救了史铁生和我，要不这辈子干什么去呢？"他是要干事情的，所以佛家是满足不了他的。他要干活，不满足于佛家，以免虚度此生，佛家是在不干中求解脱，史铁生只有大干才能得解脱。基督教认为，不干就是懒惰，懒惰也是罪。这是基督教和中国人很不一样的观点，中国人讲懒惰，顶多是说这个人有缺点，太懒，一事无成，但只是一种缺点，不是罪。不但不是罪，有时反而可能是一种境界。基督教认为懒惰是罪，上帝让你活在世界上不是让你睡大觉的，而是让你承担起你的天职，佛家则认为，要干什么，就是追求什么东西，执着于什么东西，那就陷入贪、嗔、痴，这是罪、是人的"业障"。道家主张无为，所以在道家的眼光下，如果一个人很懒，那是一种很高的境界，一个人什么也不想干，在那里伸懒腰，喝茶，闲散，得过且过，也不追求荣华富贵，那是一种境界。有的年轻人也以此标榜，我这个人最懒，我也不想见人，也不想跟人打交道，有粗茶淡饭就够了，从来没有人认为这是一种罪。

　　史铁生是要大干的，他和这些人不一样，他是要干事情的。他的干事情不属于贪、嗔、痴，贪、嗔、痴属于欲望的低层次，当然他也不反对。发表一篇小说能赚点稿费和名气，也有好处，谁也不会反对这些东西，但这不是他拼命追求的。他也不是治国平天下，也不是说我这个作品发表出来能够对人心有什么改进，能够拯救中国人的道德，打出一面什么旗帜，他没有冠冕堂皇的口号。他是要创造一种新的语言，构建一个语言的王国,这个与基督教有某种暗合。基督教讲语言,上帝就是道,这个道和中国人讲的产道、生殖道是完全不一样的。基督教讲的道就是语言,就是话语,是上帝的话。人们讲上帝"道成肉身",严格翻译应该是上帝的"言成肉身",上帝的话成了肉身。基督教鼓励勤奋,特别是新教,新教鼓励勤奋,努力奋斗,开创事业,实现抱负等等,但不是为了单纯发财,也不是为了名誉地位,而是为了彰显上帝的荣耀,所以他是有精神和彼岸的目标的。基督徒的勤劳不是因为我可以发财致富,创下这么大的家业就成为土豪,就可以尽情享受、穷奢极欲。我们看西方真正有成就的大财主,道德上是非常严谨、非常节俭的。比尔·盖茨那么有钱,世界首富,停车都要找个便宜的地方停。他们有精神的彼岸的目标,此岸的事他们也做,但是是听彼岸的命令。史铁生对待自己的写作事业也有点这个意思。

史铁生有个中篇,《命若琴弦》,估计很多人都看过。《命若琴弦》讲一对瞎子,一老一小,老瞎子70多岁了,靠弹三弦走乡串户卖唱谋生,相当于叫花子。他有一种本事,能够一边弹琴一边唱诗,弹唱出那些传奇故事,讲古,讲历史。小瞎子只有十来岁,跟他学徒。老瞎子告诉小瞎子说,他师傅以前告诉他,只要你弹断了一千根琴弦,就可以把琴匣子里的那张药方拿到药店里去抓一副药,用一千根琴弦做药引子,喝了这个药,你的眼睛就会复明了。他自己相信这是真的,也这样教自己的徒弟。有一天他终于弹断了最后一根琴弦,急急忙忙跑到药铺去抓药,以为吃了药以后就可以看到这个世界了。虽然他已经70岁了,但是还没有看到这个世界是什么样子,能够最后看一眼这个世界,一辈子也值了。结果药铺的人告诉他,你拿来的这个药方只是一张白纸,上面什么也没写。他回来以后非常失望、非常沮丧,他一辈子就是靠这张药方支撑着他生活的信心,不断走村串户,提高自己的技艺。他虽然双眼瞎了,但是他的日子还是过得有声有色。现在的问题是,如何跟小瞎子交代?他也骗了小瞎子那么多年,他自己骗了自己一辈子,或者说他的师傅骗了他一辈子,他怎么跟徒弟交代?他想出的办法就是跟徒弟说,是我记错了,不是一千根弦,是一千二百根弦,我们还得继续弹下去。看了这篇小说,我感到非常震撼,向死而生不是那么轻松的,除了要有求生的本能,还要有一个目标在前面激励你。人肯定生下来就有求生的本能,但是还要有目标来引导,哪怕是一个虚幻的目标,也是高贵的谎言。史铁生有一篇访谈里也讲到了"高贵的谎言",相当于我们通常讲的"善意的谎言",它能够决定一个人的一生,使他的一生过得有声有色。虽然最后是虚幻的,没关系,人的一生就是在一个虚幻的目标下干出了那么多惊天地泣鬼神的事,尽管人有那么多的限制、残疾和障碍。彼岸的目标即使是虚幻的,也是必要的。

我想起西方的伏尔泰,他有一句名言:"即使没有上帝,我们也要造一个出来。"(Si Dieu n'existait pas, il faudrait l'inventer)伏尔泰是自然神论者,他对上帝有没有的问题存疑。但是他给自己的解释是,即便没有上帝,我们也要造一个出来,这样人类才会有道德,才会有目标,才会向善,所以这是善意的谎言。康德的上帝有同样的原理,但是更高明,他认为上帝是"纯粹实践理性"的推论,是有理性的人凭借自己的理性可以假设的,虽然不能实证,但是里面是有逻辑的,可以指导你的行为,绝对不是谎言,所以康德更加高明。为什么康德的宗教观一直到今天还有那么大的影响?他非常高明,不是诉之于欺骗,而是诉之于人的理性。你可以从实践理性中推论出上帝来,人都是有理性的,理性不单是用在认识上,而且也用在实践方面。认识上你可以推论,实践上也可以推论,实践上的推论就是上帝是存在的、灵魂是不朽的、人是自由的，这些都不是知识，而只是信仰，是道德推论。你可以这样去行动，就是一个有理性有道德的人。虽然这些对象你看不见、摸不着，但是不要紧，它们合乎逻辑。人不能没有理想，没有理想就没有人，而真正的理想只能是彼岸理想。我们讲"知其不可而为之"，这才是一个追求理想的人。但我们通常讲的知其不可而为之，并不是真正的"知其不可"，而是知道它暂时实行不了，但是相信它将来一定会实现。没有一个中国人明明知道它永远也不可能实现而要去追求的，这叫"犯傻"。但这就是基督教，特别是宗教改革以后新教建立起来的一种信仰理论。早期基督教还抱有幻想，所谓基督逝世一千年以后再临世界，重新统治世界。于是公元 1000 年的时候大家都期待，还有人把所有的积蓄都花光、用光、吃光，等待基督最后的审判，结果落空了。公元 2000 年的时候还有些人在期待，又落空了。当然一千年以后，很多人已经觉悟了，基督再临只是象征的说法，并不是基督一千年以后真的来到人世间。新教认为一个有信仰的人，基督每天都在他心里面再临，上帝在你心中，上帝不是在天上。

如果你以为一个彼岸理想真的能够在此岸实现，只是暂时没有实现，那你的理想仍然只是此岸的理想，注定要变质。理想的东西如果交给一些有限的人来实现，那么由于现实的人都是有限的，甚至都是有罪的，按照基督教的说法，交给一些罪人来实现，那其实是很危险的一件事。这些罪人打着理想的招牌就会干尽坏事，所以把彼岸的理想变成此岸的理想并不能提升人，只能败坏人，使人变得虚伪。只有彼岸的理想，你明明知道它不能实现，但是你还追求它，愿意为它献身，这才是真正的理想，才是有意义的人生，这是他的宗教观。

第四是爱情观。

我在《灵魂之旅》中提出了中国文化或中国人文化心理的一个对立统一的结构，就是"纯情"和"痞"。纯情和痞在一般人心中是对立的，纯情那是干干净净的、纯洁的，痞则是龌龊不堪的，我们说的"痞子文学"被很多人瞧不起，满口脏话，痞里痞气的。但是我认为纯情和痞是统一的，说到底是一回事，它们都出自于人的自然天性。在《灵魂之旅》里我按照这样的纯情和痞的结构，分析了史铁生《务虚笔记》里的爱情模式。我分析他的爱情有四种模式，分为两类。第一类是纯情的，女的以O为代表，都用字母代替人，O是最纯情的，儿童式的纯情的爱；男的以L为代表，L也是纯情的，属于贾宝玉式的"多情种子"。痞的方面，男的以Z为代表，就是非常专制，强迫他的爱人服从他、崇拜他，而他自己谁也不爱；还有一个就是，L一旦泛化，多情种子本来从纯情的角度相当于贾宝玉，一旦泛化就成了滥交，就从"意淫"堕落为"皮肤滥淫"。贾宝玉只是用情不专，他的纯情太充盈了，不满足于一个对象，见到每个好女孩子他都爱；但是如果把用情不专扩展开来就是滥交，就变成了"流氓"。这两者完全是对立的，但又是统一的。前一对爱人是Z和O，一方是专制帝王，另一方是情感的奴隶，心甘情愿地服从帝王，爱情变成了权力支配关系，被支配的一方还感到快感，觉得这就是爱。后一对爱人是L和他的恋人，就像《红楼梦》里，贾宝玉爱所有的姐姐妹妹，但每个姐姐妹妹都责备他，说他不专一，他于是成了"天下第一淫人"。同样，L也面临恋人对他的质问，一定要他说出为什么只爱自己而不爱别人的理由，最后导致恋爱失败。

这里面隐含很多复杂的东西，一是权力，爱的关系里隐含着权力的支配和被支配关系，所以很多人讲爱情其实是一种政治。张贤亮对这一点体会最深，爱情有一种支配的关系，你爱我，我就有权支配你。再就是性虐，就是虐待狂和被虐待狂。萨特的《存在与虚无》里也谈到这个问题，两个爱人之间经常会有一方虐待对方，而对方甘愿受虐的心理，甚至如果不被虐待反而显不出爱来。张炜的《九月寓言》里讲到，小村的婆姨们一天到晚盼望丈夫回来打她一顿，越打她，越说明丈夫爱她，如果有一天不打了，就可能出问题了。再就是滥交，它很可能是出于情种的泛情，不是专注于一个人身上。因为一个纯情的爱人会觉得，爱情这么美好的东西，何不让所有的人都享受到，于是就产生滥交。史铁生的长篇小说《我的丁一之旅》里面也讲了一个"丹青岛"的故事，一男两女三个人在丹青岛上建立了一个三人的关系，结果是一女被杀，一女失踪，男的自杀，实际上是以顾城为原型。顾城在新西兰的激流岛和谢烨、英儿三个人建立了一个家庭，最后导致顾城杀妻自杀的惨剧。史铁生的小说里反复出现这样一个命题：爱情这样的美好的东西为什么要限制在一对一的关系里，而不是推广到所有的人？这听起来很符合逻辑，爱情这么美好，理应让所有的人享受到，比如贾宝玉这样的多情种子可以把自己纯洁的爱情推广到所有的女孩子身上。事实上当然不行，只有上帝的爱可以推广到所有的人，而不会引发嫉妒和怨恨；而现实的人，正因为他永远是有限的，永远是带有肉体的，与自然的身体是不可分的，所以作为灵肉一体的爱情只能是一对一的。你爱这个人就必须连带他（她）的个别特殊的自然的身体，不能完全靠意淫，不能只是精神恋爱。精神恋爱你可以扩展到所有的人，但在现实中你做不到，你的爱只能专注于一个人身上。现代人认为，真正的爱情是建立在独立人格之上的。什么叫独立人格？人格，"Person"本身就有"人身"的意思，人的身体，有的翻成"个人"，有的翻成"人"，有的又翻成"人格"，是指灵与肉的统一体。个体的独立人格才是真正的爱情基础，没有这个基础，那种爱情固然很温馨，固然也值得怀念，但是有时候结局很可悲。我们看王朔《过把瘾就死》

里面的杜梅，那么爱她的老公方言，成天就问他：你爱不爱我？搞得方言烦不胜烦，始终不正面回答。方言觉得说出"我爱你"三个字太恶心、太肉麻。于是杜梅趁他一天睡着的时候把他捆在床上，拿刀架着问他你爱不爱我，今天非得说出来。结果方言不说，她就把他脖子割破了，出血了。最后方言为了保命就说"爱"，然后送医院抢救，一边送医院杜梅一边哭，说我没想伤他，就是想问清楚他到底爱不爱我。这就非常野蛮、非常痞了。这么强烈的爱情，到最后由于没有建立在独立人格之上，所以导致了非常荒诞的结果。

这一点我觉得史铁生的爱情观有一定的局限，我讲"史铁生的哲学"，并不是完全赞同他的，我们刚才也讲了史铁生对道家的评价，我也不太赞同。这里对爱情哲学的理解，我也不赞同。史铁生有一段话说：

> 爱情所以选中性作为表达，作为仪式，正是因为，性以其极端的遮蔽状态和极端的敞开形式，符合了爱的要求。极端的遮蔽和极端的敞开，只要能表达这一点，不是性也可以。但恰恰是它，性于是走进爱的领地。没有什么比性更能够体现这两种极端了，爱情之所以看中它，正是要以心魂的敞开去敲碎心魂的遮蔽，爱情找到了它就像艺术家终于找到了一种形式，以其梦想可以清晰，可以确凿，可以不忘。

他认为爱情就在于，一方面是极端的遮蔽，羞耻感；一方面是极端的敞开，对遮蔽和羞耻感的突破，对于自己所爱的人就没有羞耻感了。但是这里有一个问题：性的遮蔽从何而来？为什么两性之间需要遮蔽？亚当和夏娃最开始并没有羞耻感，是吃了知识之树的果子以后才开始有了羞耻感。他们两个意识到，男女双方相互已经不能亲密无间，而应该保持距离，这是最起码的规矩。吃了智慧之树的果子，就意味着他们进入到了文明社会，而不再是动物了，那么男女之间保持一定的距离就是最起码的举止得体。因而这是和自我意识的独立性、封闭性有关的。性遮蔽，首先它关系到个体灵魂王国的建立。为什么要遮蔽？表明这个地方你是不能随便来检查的，这是我的隐私，我私密的地方。如果谁能够随意进出，那就没有任何隐私了，灵魂的王国就被攻破，就无险可守了，人就成了物、动物。首先关系到的是个体的灵魂王国的建立，其次，在此基础上，又关系到由个体组成的社会的风尚，每个人必须是一个人，这个社会才成其为一个社会，这个社会才有它的社会风尚，所以个体的封闭性、不可侵犯性就成了社会的公序良俗。因此性的遮蔽不是生物学上的，生物学上找不出性遮蔽的理由，动物性交为什么一点也不需要遮蔽？表明这不是生理学的问题，而是心理学和社会学的问题。比如说婴幼儿就不懂得性遮蔽，羞耻感是教出来的。现在西方很多儿童教育理论都非常强调，从儿童稍微懂事开始，你就要教他（她），人的身体上有几个部分是别人不能随便碰的。中国其实也有，虽然中国不太强调，但是最起码的教育，你得穿衣服，赤身裸体是不能见人的，至少在某些部位你得遮起来。这样到了性成熟的青春期，少男少女才能对性的神秘充满敬畏和好奇，因为你从来没看见对方整个是什么样的，充满着神秘。其实青春期的这种神秘和好奇正是个体人格的觉醒，青春的初恋，少男少女的纯真，希望能够互相敞开的纯真，这是很纯洁的，没有任何邪念，永远也不可忘怀。但这只是爱情的起点，它需要成长，需要超拔出来。当然它永远会使你激动，它是非常宝贵的，你不可把它丢弃和遗忘，也不可贬低它，但它只是起点。

与《务虚笔记》里讲到的爱情不同，村上春树的《挪威的森林》里讲了好几段爱情，人们都称它为"爱情小说"。后来村上春树自己出来澄清，说我这不是一部爱情小说，而是一部"成长小说"。实际上讲的是爱情的成长，或者说爱情观的成长。里面展示了两种不同的爱情，一种是渡边和他的中学同学直子的非常纯真的爱，几乎不涉及性，更没有想到结婚和成家，只是青春期少男少女之间那样一种自发的朦胧的爱，结果直子由于不愿意长大，怀着对成长的恐惧而自杀了。后来渡边在大学里碰到绿子，又是另外一种爱情，不同于直子的。直子的爱是儿童过家家式的，是不成熟的、一味纯情的爱。纯情的爱有待于提升，从儿童、青少年的朦胧状态提升到成人的爱，提升到具有个体自由意志和个体人格封闭性的爱，那就是渡边和绿子的爱情，双方都有自己的内心世界，但又互相吸引。还有鲁迅的《伤逝》，涓生和子君就是纯情的爱，互相敞开，没有任何隐私。把所有东西交给对方，把整个身体和灵魂都寄生在对方的身上。当然这是美好的，初恋、青春期爱的萌发是非常美好的，是大自然的赠品，说明你已经达到性成熟了，已经懂得男女之间的事情了。但是只有通过青春的激情进入到一种独立人格，并且摆脱了未成年状态、摆脱了被监护状态的人，才能够把这种大自然的赠品雕刻成人类最美好的艺术品，那就是成熟的爱情，它可以成为人类精神生活的神圣动力。涓生和子君的爱是注定没有结果的、脆弱的，子君最后回到了她父亲身边，伤心而死，涓生则自责不已，抱憾终生。他们的爱情没有成为双方的精神动力，仅仅是单纯和纯洁，是双方毫无遮掩的互相同一，一旦双方把自己彻底交给对方，再没有什么神秘可言，就会成为习惯，是不可能持久的。

史铁生并没有意识到这一点，其他的中国作家也没有意识到。他很欣赏顾城的爱情梦，在激流岛，三个人在那里无遮无拦，率性而为。但是他也为三个人的结局扼腕叹息。他归结为，在爱情中，当你把自己敞开、交出去的时候，你就赋予了对方支配你的权力，爱情就变成了政治，那么对方甚至就可以支配你的生命。但是这里面的奥秘他没有讲清楚，他仍然觉得这是不该发生的事情，而没有看到这中间的逻辑关联。史铁生和顾城，和其他几乎所有的中国作家，都把青春期、乃至儿童期的爱情看成爱情的全部，看作理想的爱情模式，都企图通过爱情回归到人的自然天性的纯真。20世纪90年代所谓的"寻根文学"，在一定程度上也包括史铁生的《务虚笔记》。寻根寻到什么地方去？寻到原始、古朴、儿童、纯真，青梅竹马，两小无猜，互相敞开，没有任何个人私密的人际关系。这不是成人之间的关系，在这些作家心目中，人一旦成人就居心叵测，互相防范，他们认为就不对了。史铁生虽然看出青春期的爱情往往是悲剧性的，但是还没有达到村上春树对爱的理解。在村上春树笔下，渡边和绿子是两个不同的人，互相都有私密的东西，不一定全部敞开，但是互相尊重对方，尊重对方是一个封闭的个体，在这个基础上去寻求爱的相遇。

除了村上春树以外，还可以参看萨特的一部小说《恶心》，里面洛根丁和安妮也是一对恋人，应该说他们双方的思想观念和道德观念几乎都一模一样，用今天的话说"三观"非常对得上，一方想到什么，对方马上就想到了，甚至对方还没有说出来，这一方就帮他（她）说出来了。但是最后安妮还是离开了洛根丁，她说，既然我想到的东西你都想到了，那我们还有什么必要在一起呢？萨特这样处理是我们很难理解的，这种恋人追求的是独特性、个体性。人必须有一点跟对方不同才能吸引对方，如果什么都跟对方一样，就没有什么意思了，连话都不想说了。我们说老夫老妻在一起时间长了，有"夫妻相"，这在萨特眼里就不对了，爱情得有差异，有意想不到，有新的惊喜。我们很奇怪，西方人在相爱中为什么那么喜欢新的惊喜，希望爱情的对方表现出他以前从来没有看到过的方面，希望天天都有出其不意的浪漫，这个爱情就还可以继续下去；如果全在对方的预料和掌握之中，这个爱情就没有什么味道了。这种爱情观显然应该是史铁生没有考虑到的，就是爱情应该建立在个体独立人格的基础上，而且这也是解开史铁生的困惑的一把密钥。中国式的爱情，男女双方在一起总是从最初的一种纯情，完全地交出自身，互相寄托自己的心灵，最后却变成陌路，甚至变成敌人，最后导致失败。为什么会这样？这是史铁生没有深入到的，不光是史铁生没有深入到，我认为中国传统文人士大夫基本上没有深入到。所以《红楼梦》里那些女孩子只在十五六岁、十六七岁的场景里出现，一旦年纪大了，人老珠黄，就失去了光彩，老大嫁作商人妇，就没有灵气了。《红楼梦》是最典型地把爱情局限在青春期前，顶多是青春期中间的阶段，把它看作爱情的全部。过了这个阶段，再不能理解还能有什么样的爱情，如果有白头偕老，也只是勉强在维持，再没有激情了。所以经常有人说婚姻是爱情的坟墓，甚至爱情根本就是谎言，根本不存在爱情。其实中国确实不存在那种成熟的爱情观，我们一直到今天还在学习怎么样爱。

史铁生说："爱是软弱的时刻，是求助于他者的心情，不是求助于他者的施予，是求助于他者的参加，爱，即分割之下的残缺向他者呼吁完整。"这是他的爱的理想模式，即儿童式的爱情。只有在儿童式的爱中人才是软弱的，必须求助于他者，不论是求他者施予，还是求他参加，总之是要求人家，因为自己一个人太孤独，不完整。所以在我们的观念中，所谓"剩女"就不完整，就要呼吁有一个人给她完整。这的确是片面、幼稚的爱情观，真正的爱需要双方人格的独立，是两个完整的人格互相吸引，而不是互相依赖。易卜生笔下的娜拉就是这样，她和海尔茂两口子，按中国人的眼光来看，应该是一对模范夫妻，她的爱人对她百般迁就、体贴，想尽办法让她快活。只是因为后来娜拉为了解脱海尔茂的经济困境，自作主张代他签名，使得海尔茂陷入法律纠纷，所以他才翻脸，暴露出他视娜拉为家庭中的玩偶，所以这出戏叫作《玩偶之家》。虽然后来海尔茂试图与她重归于好，但是娜拉不干，毅然出走。娜拉意识到自己的独立人格，不光需要宠爱，更需要尊重。鲁迅的涓生最后在痛定思痛的时候也意识到这一点了，但是子君还没有意识到这一点。当然，他们人格的觉醒还只限于经济独立，鲁迅后来讲，"娜拉出走以后怎么样？"怎么样，就是归咎于她经济上不独立，认为出走不是个办法。这个太表面了。经济上不独立当然也是妇女没有尊严的一个原因，但也不光是经济上不独立，更深的原因是人格上不独立。人们总是想用爱情把对方一网打尽，把对方变成物品。萨特讲过，施虐狂和受虐狂双方都想把对方变成物，但是人心不是物，每个人的心都是一个无底深渊。所以真正的爱应该是对双方的互相探索之旅，一旦探索到头，就是爱的终结了。所以真正的爱需要的不是完全无保留地向对方敞开，而是要有一定的隐私。完全敞开就成了专制，你把自己完全敞开给对方，你就对于对方有了某种权力：我这辈子都交给你了，你就该对我怎么怎么样，就像杜梅。或者对方也对你有了权力：你的那一套东西都在我的掌握中，我就可以对你随便处置，你逃不出我的掌握，就像Z。这都是没有把对方看作一个人，而是看作一个物。这正是我们的爱情观中有待提高的观念，不光史铁生在这方面深入不够，全体中国人至今都有待提高，中国人正在学习怎么去爱。这方面已经有大量的西方思想进入中国了，但是很多人没有注意到，更没有把它们用在自己的爱情观中。其实应该理解到这一层，把它吸收进来，化为自己灵魂里面的结构，这样去对待爱情，才能使得我们的爱日益变得成熟起来。

最后是语言观。

史铁生的语言是最纯净的语言,我称之为"逻各斯"。逻各斯在希腊语中本来是说话的意思,话语的意思,古希腊人特别重视话语。中国人不重视话语,中国的儒道佛都不重视话语,都是把语言、把说话看得微不足道,认为那只是表面的,最重要的是要有诚心、有情感、有体验、有顿悟,这些都比说话重要得多。古希腊城邦民主社会就是靠语言而得以生存的,因为他们是商业民族,要和人打交道。不光是贸易,而且是政治,城邦的政治就是靠语言、靠政治家通过自己的巧舌如簧去征服民众,大家才能把他选为首领。所以他们非常重视语言,对语言有一种全面深入的研究,这就是逻各斯。其中特别是对语法、修辞、逻辑这些问题,在古希腊很早就有很深的研究。他们一般把逻各斯从日常语言提升上来,提升为神的语言。像赫拉克利特说的"神圣的逻各斯",它代表神、规律、必然性、不可逆性,逻各斯有神圣性。

史铁生特别重视语言,你们看《务虚笔记》里很多地方都谈到,语言不是可以随便对待的。用日常的话来说很普通,就是说话要算话,你说了就得按照去做。你说过我爱你,结果你又背叛了,那你就不是个男人。小说里讲到 F,F 的爱情就是这样,好的时候如胶似漆,已经爱得很深了,但是 F 的父母嫌女方出身成分不好,强行命令他断绝关系,他只好服从。后来女方 N 到他这里来质问他,说你说话到底算不算话,你跟我说过什么,结果这个男的一声不吭,只知道哭。N 就给他丢下一句话:"你的骨头里没有男人。"说话要算话,这看起来和我们日常理解也差不多,但是里面蕴含着对语言的至高无上的尊重。说话不算话不是个人品格上的小毛病,而是你对这个世界的看法问题,你把什么东西看作最需要尊重的、至高无上的。从这样的逻各斯出发,逻各斯就不但是指语言,而且包括里面的逻辑,以及由逻辑所建立起来的可能世界、应当的世界。西方的逻辑为什么这么发达，就是从这里来的。应当说，史铁生尽管在爱情观上还停留在不成熟的阶段，但由于他对语言和逻辑的强调，对爱情中言行一致的强调，而准备好了超越到成熟爱情阶段的基础。但这种超越还有赖于语言悖论的发现。

只有当语言提升到纯粹的逻各斯，才能发现语言的悖论，才能发现语言本身是有悖论的。语言有悖论，说明语言不是一件到处适用的工具，而是有它自身的生命，它会否定它自身。史铁生举了两句自相矛盾的话，第一句：下面这句话是对的；第二句：上面这句话是错的。你到底相信哪句？相信哪一句都会反过来否定自身。这是逻辑上自相矛盾的悖论。用在日常生活中，史铁生得出这样一个公式。第一句话：我是我的印象的一部分；第二句话：我的全部印象才是我。这也是一个悖论。我本来是我印象的一部分，是我的一个印象，但是所有的印象加起来才成为我、才是我。这些都是否定性的语言、悖论式的语言，但是并不是文字游戏，而是一种高于世俗生活之上的世界观，这种高于世俗的世界观就是《务虚笔记》里讲到的可能世界的原则。从可能世界的眼光来看，男人不是天生的，男人是用语言造就的；而造就男人的第一句话，就是说出他"不是个男人"这个事实。当然这个男人主要是中国的男人，他只有世俗生活，而没有可能世界的生活。但是，当他说出来"我不是一个男人"，这个时候他已经开始是一个男人了，因为他已经进入到了"是一个男人"的可能世界。这是语言上的悖论，但是事实上它表现了，在现实生活中男人在通过语言造就着自身。他对自己"不是男人"这样一个语言上的事实有了语言上的反省，从而建立起了他成为男人的可能性，这就是我们经常听到西方哲学家说的一句话：不是人在说语言，而是语言在说人。语言没有人格，语言怎么能够说人？因为语言把人引向可能世界，语言本身构成一个世界，它有它的逻辑,它有它的关系。虽然这个关系在现实世界中人们都乱来,都不遵守,但是它是可能世界,可能世界高于现实世界,可能世界使现实世界中人的人格独立起来了。

我在《灵魂之旅》里面说了这样一段话:

> 只有在可能性中,一切悖论才迎刃而解。……在单纯现实中,悖论是不可解的,人与人,人与自己,现在与过去、与未来,都不相通。然而在可能性中,一切都是通透的。正因为人是可能性,才会有共通的人性、人道,才会有共通的语言,才会人同此心心同此理。凡是想通过现实性来做到这一点的人,凡是想借助于回复到人的自然本性、回复到植物和婴儿或天然的赤诚本性来沟通人与他人的人,都必将消灭人的可能性,即消灭人,都必将导致不可解的悖论。

现实中的悖论只有在可能世界里才是可解的,很多作家都不明白这一点。例如林白在《一个人的战争》中说:"一个人的战争意味着一个巴掌自己拍自己,一面墙自己挡住自己,一朵花自己毁灭自己。一个人的战争意味着一个女人自己嫁给自己。"她已经意识到"自己"的悖论,但却没有找到走出悖论的道路,而只把这种悖论理解为一种"性格"上的孤僻。史铁生则是通过语言所建立起来的可能世界来解除悖论,当悖论的一方存在于现实中,另一方则置于可能世界中,这种悖论就不再是悖论,而成了一个人的人格结构的内在张力。现实中作为"我的印象的一部分"的我,被理解为可能世界中作为"我的全部印象"的我的一种表演。在史铁生的作品里,除了《务虚笔记》外,还有很多作品都强调戏剧、表演、虚拟式的重要性,就是强调可能的世界高于现实世界。戏剧可以指导人生、表演人生,或人生本质上就是一场戏剧,它的剧本,就是那个由语言建立起来的可能世界的笔记。

这种对语言极高的推崇,在中国传统文化里是没有的。儒家是对语言抱怀疑态度的,所谓"听其言而观其行""天何言哉",天是不说话的,你要自己用心去体会。道家则是"天道无言""得意忘言",对语言更加采取了排斥的态度。《老子》五千言是被逼出来的,老子本来没什么著作,据说他出关的时候,守关的人逼着他说,你必须给我写出来,不写出来不让你出关。他没办法,最后写出了五千字,但到处暗示说,不要相信我写出来的这些字面上的东西,要去体会,"圣人处无为之事,行不言之教"。禅宗更不用说了,禅宗的语言完全是语言陷阱,一种恶搞,禅宗的公案就是恶搞,就是诉之于你的顿悟,你要是悟不过来,那活该。儒、道、禅都不重视语言,更不重视语言的逻辑。中国只有墨家有点形式逻辑,但是在《墨经》里面讲完了形式逻辑的各种类比、推理、归纳,最后却加上一句:这一套东西"不可多用,不可常用",这是很搞笑的。一种逻辑思想不可多用、不可常用,只能视情况而用一用,那还有什么逻辑!没有逻辑你就很难构建虚拟世界,一个可能世界。

在当代文学里,像王朔也谈到语言,《动物凶猛》里面,讲到某一个场景时他突然打住,说我刚才说了什么?我刚才说的内容都是假的,根本没有这回事,都是骗你们的。但是没办法,我小说还得写下去,现编现卖,下面我要继续骗下去了,你们听着!韩少功的《马桥辞典》里面也说,现在通行的语言和十几年前的语言完全不同了,有些词的意思甚至完全相反。所以他的这个词典不像我们的汉语辞典是固定的,它随时在变,过几年又得编一部全新的。现在的网络用语不断在变,凤凰卫视每天都在介绍流行的网络用语,都赶不过来。所以中国人不但不重视语言,而且还善于糟蹋语言、恶搞语言,并把一切坏事都归咎于语言。韩少功就说"文化大革命"都是语言惹的祸,大家都打着同样的毛主席语录旗号互相残杀。语言是不可规定的，因此可以为一切坏事提供庇护所,语言本身才是罪魁祸首。鲁迅曾哀叹"无声的中国"，王小波也说"沉默的大多数"，你要是到国外去，人家马上发现，这个人是个中国人，沉默寡言，表情都不大有，有点麻木的样子。史铁生的功劳则在于首次充分展示了纯净的现代汉语的犀利和美，以及开拓人的可能性、开拓人的自由想象空间的巨大的能力，这就是现代汉语的逻辑力量，以及由此带来的优雅简洁的美感。要注意这里说的是"现代汉语"，古代汉语、文言文已经死了。当然我们还用它，因为它是我们汉语的源头，有时你还得读一点古代汉语，但是读古代汉语只会引起我们的回忆，加深我们的修养，本身不会有开拓性。只有中西文化杂交出来的现代汉语才具有这种跨越文化的覆盖力，才能建构起一个超出现实存在之上的可能世界来。

最后是一个总体评价。

写作在史铁生那里不是用来塑造他人的，他说："写作者只可能塑造真实的自己"，"写作不过是为心魂寻一条活路"。史铁生写作的重要特点之一就是，有一个明确的"我"贯穿他所有的人物，这个我不是张三、李四，而是类似于康德意义上的"先验自我"。康德说，我的一切表象都是我的表象，我的所有的意识里都有一个"我"。在史铁生那里，这个我"经过"史铁生，"经过"他的人物，O、WR、F、L也好，老瞎子也好，丁一也好，都是由一个普遍的"我"经过的。周国平讲，史铁生是天生具有哲学气质的作家。我理解这种气质就是自我反思的气质，他在任何人身上都反思到自己。自我反思不是孤芳自赏，而是对人性的洞察，是为人类忏悔，它的空间极为高旷，远胜于我们通常所说的深入生活。我们传统的文艺理论动不动就要求作家"深入生活",好像作家在此之前没有生活,只是一具尸体。史铁生坐在轮椅上,如何"深入生活"?他只能是深入自己的内心生活。他对形形色色人的内在灵魂的敏锐把握,都是建立在对自己瞬间一闪念的迅速捕捉之上,都是"我"的内容。他所有的人物都是自己灵魂的变体,或分身术。他写了那么多人,归根到底,所有的人都是他,他是他所有人的总和,这是他第一个特点。

第二个特点,史铁生是中国唯一的一个真正深入到了基督教的真精神的作家。有很多作家都涉及基督教,但是没有几个人认真对待。像莫言也谈了基督教,莫言的《丰乳肥臀》也讲了基督教,基督教神父和里面的上官鲁氏生了一些杂种孩子,尤其是上官金童已经有点忏悔精神,但还是没有深入到基督教精神的内部。史铁生虽然并没有入教,也不想证明上帝的存在,但是他具备了对彼岸的精神性或神性的信仰,并且以此因信称义。基督教重要的原理,就是仅仅因为信而称得上是义人。由这样的高度来看待人生,他表现出超常的大爱和大悲悯,使从不务虚的中国读者感到震撼,如同初次沐浴神恩。中国人从来不在超越现实世界的可能世界中生活。史铁生之所以能做到这一点,除了天生的敏感气质之外,与他的残疾也密切相关。是残疾把他逼到了生死的边界,没有这种逼迫,中国人不会考虑生死的问题,更不会考虑死后彼岸精神的问题。残疾使他成为一个彻底的个人主义者,剥夺了他说一切大话的可能,没有什么大话可说,你已经到这个地步了还说什么。而他的本能的求生意志把他从困境中强行拖出来,从彼岸世界中获得了精神生活的动力,使他成为精神上的强者,可以说是一个奇迹。

第三个特点,他有极其清晰的理性思维能力。这也是和他在轮椅上长期封闭在内心世界中进行马拉松式的自我对话分不开的。他的理性思维有如柏拉图的对话,我们知道,柏拉图所有的著作都是对话,一篇又一篇,都是带有戏剧性的,有几个演员角色在那里对话。我猜想,史铁生每天都在上演内心的《会饮篇》。《会饮篇》是柏拉图的哲学对话中写得最漂亮、最精彩的一篇。实际上史铁生是自己在和自己辩论。他善于写对话,特别是长篇对话,这种对话不一定是两个人在那里你一言我一语,也包括内心的独白,他的内心独白其实也是对话。他是在自己对自己反驳、否认、辩解、质疑、提出问题,都是对话的方式,有点像陀思妥耶夫斯基,一个人的独白实际上是对话。他小说中写得最精彩的就是这些对话。中国作家近40年对语言问题开始有了重视,很多人在小说里大谈语言,像张贤亮、韩少功、王朔都谈语言,但是没有一个人达到史铁生对语言理解的高度。尤其他们没有试图用语言来建立一种世界的逻各斯,他们总是想回到原始,回到本根,回到儿童,回到幼稚,回到古朴,那就没有逻各斯。他们都不知道语言拿来有什么用,只是谈谈而已,很多还局限于中国传统蔑视语言的既定框架内。他们的语言里很少有史铁生那样严谨一贯的逻辑。

第四个特点,史铁生的作品中爱情占了题材的大部分。严格说来这不算他的特点,人们说爱与死是文学永恒的主题,《红楼梦》也是爱情小说,《红楼梦》和史铁生的《务虚笔记》都只谈爱情。但是《务虚笔记》和《红楼梦》相比仍然有明显的差别,我在一篇文章中谈到,《红楼梦》在中国文学史上是开创性的,第一次表现了"心灵和心灵的冲突"。我把文学冲突划为四大主题,一是"现实和现实的冲突",文学都是表现现实冲突的,这是比较低层次的;二是"心灵和现实的冲突",已经是比较高层次的了,中国文学绝大部分都是这种冲突;只有《红楼梦》才开始表现第三种冲突,即"心灵和心灵的冲突"。《红楼梦》里的少男少女和现实离得很远,他们都是贵族公子、小姐,不需要为衣食发愁,也不走仕途之路,就是谈爱情,这是《红楼梦》迈出了第一步。但是《红楼梦》还没有把"心灵的自我冲突"作为主题,这样的冲突是史铁生在《务虚笔记》中完成的。文学冲突的四大主题,《红楼梦》是第三主题,《务虚笔记》是第四主题,《务虚笔记》把心灵的自我冲突当作根本的主题,包括心灵和心灵的冲突,在他这里也成了自我冲突,因为所有人都是同一个"我",所有人物的冲突都是"我"的自我冲突、自相矛盾。史铁生完成了这样一个飞跃,就是把爱情写成了心灵的自我冲突,从此把中国的爱情小说提升到了一个新的层次。当然,自我冲突在他那里还只是在两个世界之间的分庭抗礼,一个是务实的现实世界,另一个是务虚的理想世界,还没有建构起爱情的成长历程,没有把爱情从儿童和青春期纯情的理解、互相敞开的理解,提升到两个独立人格之间的、成人的理解。他还停留于语言的悖论,无法由这种成人的理解解开纯情之爱为什么总是走向"蛮痞"的症结。但他毕竟为这种成熟的爱情的形成准备了前提,这个前提就是理念上的可能世界,他把爱情拉到可能世界里来谈,这就为成熟的爱情准备了前提,也就是为完整的独立人格的形成准备了前提。只有独立人格才能坚守可能世界的原理、可能世界的理想。一种现代、成熟的爱情,也就是建立在独立人格之上的、以灵魂的"三位一体"为结构的爱情还有待建立。灵魂的三位一体包括此岸、彼岸、中介,我这里借用了基督教的"三位一体"的说法,灵魂既是彼岸的,也是此岸的,而且是有中介的,是沟通此岸和彼岸的。

总而言之,史铁生在中国作家中是对以上哲学问题思考得最全面、最深入的一个,也是以他的文学天赋表现得最生动、最具震撼力的一个。但是对中国的读者来说,他是不容易读懂的,他在中国当代文学史上的地位至今仍然模糊,人们能够感受到他思想的威力,但是不知道如何评价他。但是从未来看,我认为他的作品必将逐渐呈现出思想的前所未有的深度和超前性。

就讲到这里,谢谢大家。

(本篇为作者2018年1月4日[史铁生67岁冥诞]应北京"写作之夜"编委会及北京青年报社之邀于北京青年报大厦20层会议室做《史铁生的哲学》讲演的速录稿,经本人整理)

活,还是不活——评余华的《活着》

好多年前读余华的《活着》,曾有一种深深的感动。然而,当时我写文学评论书《灵魂之旅——90年代文学的生存境界》时,却最终没有把这篇小说纳入进来。有人问我为什么,答曰"不好评说"。说真的,对于这篇小说,我只是感动,但很难抓出什么来说一说、评一评。因为它不涉理路,没有概念,也许这就是一篇小说所能够达到的最高境界吧。可是最近偶尔翻到余华为自己的《活着》所写的"前言",却道出了作者本人对这部小说所构思的"理路"和"概念"。他讲了很多道理,作家和现实的关系等等,最后落实到他听美国民歌《老黑奴》的感受:"家人都离他而去,而他依然友好地对待世界,没有一句抱怨的话。"所以他写了《活着》,是"写人对苦难的承受能力,对世界的乐观的态度。写作过程让我明白,人是为活着本身而活着的,而不是为活着之外的任何事物所活着"。

读到这里,我大吃一惊。因为我历来是把这篇小说看作对人生残酷现实的深沉的反思,以及对福贵式的人生态度的悲悯和无奈,由此对作者生了崇高的敬意的。现在余华告诉我,他是想写出人"对苦难的承受能力,对世界的乐观态度",他本人和福贵一样,高兴着呐!可见由作者的意图来解释作品的思想是多么的不可靠!我实在想不出这是为什么，也许余华虽然不是科班出身，但毕竟看过一点现行文艺理论的书？但也许只是由于他主观上想要最终摆脱这种直面残酷现实的内心痛苦，他表面上的冷静和不动声色只不过是他内心脆弱的一副面具？无论如何，作者的这番自白与我读他的作品时的感受完全相反，因为在我的直观感受中，作品在描写"人对苦难的承受能力、对世界的乐观态度"之外，还写出了这种"承受能力和乐观态度"是多么的可悲，写出了"为活着本身而活着，而不是为活着之外的任何事物而活着"的这种活法是多么的可怜！

记得当年在农村当知青时，《老黑奴》曾是各个知青组的"保留节目"。当我们齐声唱起："为何哭泣，如今我不应忧伤，为何叹息，朋友已不能重相见？为何悲痛，亲人去世已多年，我听见他们轻轻把我呼唤。我来了，我来了，我已年老背又弯，我听见他们轻轻把我呼唤。"我们的心在流泪。我们也"友好地对待世界，没有一句抱怨的话"，但那绝不是由于我们的"乐观态度"，而是因为对世界的抱怨在这种生命之大悲悯面前太微不足道、太渺小了！我们从歌词和旋律里面听出，悲哀是一种境界，它能够提升人，它使人向往彼岸，但绝不是什么"乐观态度"。老黑奴难道不正是为彼岸世界而活着，才承受起一切苦难而不抱怨的吗？而福贵的不抱怨，却是由于失去了精神上的抱怨的能力，只剩下了肉体上的"承受能力"，他努力把自己变得麻木，但又忍不住要回忆和自我安慰，于是找了一头老牛作寄托，以自欺的方式活在精神和肉体之间。这就是中国人几千年来的生存方式。

自从读了余华的《活着》，我在课堂上经常提到福贵的例子。例如讲黑格尔的"存在"概念，存在不是"在那里"的意思，而是要"存在起来"，黑格尔说这是一种"决心"。存在是一种决心，活着是一种决心，哈姆莱特说："活还是不活，这是个问题。"其实就是一个决心的问题。没有决心就没有存在，甚至也没有非存在、不活（自杀），而只有无限的"承受力"。最有承受力的不是别的，只是虚无。老子说："天下万物生于有，有生于无。"王朔说，只要我不把自己当人，就没有迈不过去的坎儿。他们都很"乐观"，就像福贵一样。但这种"乐观"不正是一种最可悲的生存状态吗？

（原载于《南方周末》2005 年 12 月）

第二编　人格的建构

"人格"辨义

近些年来,"人格"这个字眼又经常地挂在人们的嘴边了。这背后的心理状态,显然是感觉到某种自粉碎"四人帮"以来所产生的时代的需要,感觉到中国人国民性深层结构上的某种缺陷,以图补救。然而,随着这一概念越来越被人们广泛地使用,我却越来越感到疑惑了。我们先看一则题为"清室皇族金寄水的人格"的短文:

> 寄水先生乃多尔衮直系后裔,清朝睿亲王的嫡子。先生虽为清朝宗室,却极有民族气节,"七七"事变后北平沦陷,先生不得已蜗居北平,生活亦为之清苦拮据。遂有客为之说项,欲为寄水谋一伪事,但被先生凛然相拒而不就:"金某岂能为五斗米向非我族类的倭寇折腰!"1939年,伪满洲国宗人府驻京办事处劝先生前去"帝京""排班"承袭"睿亲王"的世传爵位,寄水拒而设誓:"纵然饿死长街,亦不能向石敬瑭辈称臣。"……先生谙熟王府及旧都三教九流掌故逸闻,又擅书法,工诗词,所作每每超逸自然,灵性为先,识者谓其尤近纳兰容若风韵。先生非高阳酒徒,然雅爱小酌,吟事论文抵谈掌故与故人友辈,引为快事。先生性情淡泊,淡于名利,操节自守,闻于同辈。……先生尝书五绝一首,或见其志。诗曰:"五夜扪心问,行藏只自知。此

心如皎日，天地定无私。"[1]

对于寄水先生品德的评价，我无缘置喙。我想说的是，这篇短文标题中的"人格"二字，指的显然是"人品"。民族气节、个人修养，淡名利、守操节，这些无疑都是中国自古以来所推崇的个人品德。寄水先生以陶渊明自况（"不为五斗米折腰"），也正说明了这一点。但中国古代并无"人格"一词。现在当人们说"四人帮"蔑视个人的"人格"、践踏人的尊严、贬低人的价值时，指的却是另外一层意思。只有"人格"是有可能受到侮辱的，对于"人品"却无所谓侮辱不侮辱。一个人在受到侮辱人格的对待时，却完全可以丝毫也无损于他的人品。

现代意义上的"人格"一词，来自于西文 person（如英文 personality，德文 personalität），其含义首先是指"个人"或"私人"。其次，它还意味着个人身上的身体特征、外在的容貌和风度，是体现在外的个性特点。从词源上说，它来源于拉丁文 persona，本意是指"面具"（mask），即一种遮蔽性和表演性的伪装，转义为用这面具所表演出来的角色。西文中这个词并没有"道德"（以至"道德高尚"）的含义，正如"人格化"（英文 personification，德文 personifizieren）一词丝毫没有道德含义一样。1979 年商务印书馆出版的《辞源》和 1980 年上海辞书出版社的《辞海》中均缺"人格"条，[2] 唯 1980 年商务印书馆的《现代汉语词典》中，在"人格"条下标出三种意义：1. 人的性格、气质、能力等特征的总和；2. 个人的道德品质；3. 人作为权利、义务的主体的资格。显然，只有 1、3 两条与西方所谓 person 的含义相合。至

---

[1] 见《华声报》1988 年 2 月 2 日朱小平文。
[2]《辞海》中却有"人格主义"条。

于第 2 条，很可能是中国人对这一译名望文生义附会上去的结果：人格＝人的品格＝人品。而且，由于中国人把道德品质理解为一种内向自省的"无私"精神（正如上引寄水先生"扪心自问"的五言诗一样："天地定无私"），因此这样理解的"人格"就与西方人本来作为"私人性"、个人性来理解的人格具有恰好相反的意思。前者是一元的，后者是多元的；前者是道德的，后者是认知的；前者是内省的，后者是外向的；前者"行藏只自知"，后者是向别人表演；前者是非主体的"天道"实体的体现，后者是权利和义务的主体；前者是对个人的否定，后者是对个人的肯定。

澄清上面这一点，在今天很有必要。现在有许多学者，特别是研究中国思想史的学者，由"人格"一词在现代中国人语汇中的含混意义而得出了一些似是而非的结论。庞朴先生在其震动学术界的《中国文化的人文主义精神》中说：

> 用西方的观点看中国，可以说中国人没有形成一种独立的人格（韦伯）；用中国的观点看西方，可以说西方人没有形成一种社会的人格。合理的观点，也许是二者的统一，因为人既是独立的个体，又是群体的分子，既是演员，又是角色。[1]

人格的本义既是"个人"的，它也就只能是"独立"的，否定个人，也就是否定个人的独立性，就是否定人格本身。庞先生所谓"社会的人格"，意思是说"群体"的人格，这种东西的确是中国人的独创，但不是古代中国人和中国传统文化的独创，而是现代中国人的虚构。"人

---

[1] 见 1986 年 1 月 6 日《光明日报》。

格"一词来自西方,但如把"群体的人格"这一词组翻译回西方去,西方人就会莫名其妙了:人格(person,又译"个人")不是个体的,难道还会是群体的吗?凡以 person 为词根的词,都带有"私人"的意思,而说有一种"群体的"私人,这正如说有一个"圆形的方"一样不通。庞先生出于对"人格"的这种现代中国人式的道德化理解,认为孔子和儒学的反功利主义("君子喻于义,小人喻于利")是"致力于人格的自我实现",这就是"贬低物质享受的价值,重义轻利,以道制欲"等[1]。这种说法是不伦不类的。人格的自我实现本来与"义"还是"利"无关,而与自由或不自由有关;人可以自由地承担义务,也可以自由地享受权利,但两者也都有可能使人变得不自由,把人变成物。儒家道德以道制欲,重义轻利,却没有从中形成"人格"或与之相当的概念,这绝不是偶然的。中国传统道德从来不具有 person 意义上的人格观念,不懂得唯有个人(私人)才是权利和义务的最终主休。正因为如此,现代中国人几乎本能地只能将人格理解为一个人的"品格",即可由普遍性的"道"来加以规范的行为原则或道德素质。

在西方人看来,每个人(哪怕是罪犯)都有人格,这是一个事实,它建立在每个人都有人格这一事实之上,并没有道德褒贬的意思。一个人有人格并不是道德的,只有他尊重人格(包括尊重自己的人格)才是道德的。人格本身并不意味着诸如"高风亮节""大义凛然""无私无欲""杀身成仁舍生取义"的"大丈夫"精神等;相反,它标志着一个人的"不可入性",即他的隐私,他有权将自己个人的东西(即使实现出来将是丑陋、可羞、不道德的东西,如卑劣的、罪恶的念头)秘而不宣,只要他不将这些东西付诸实行或损害别人。因此,人格就

---

[1] 见 1986 年 1 月 6 日《光明日报》。

是"面具",就是上演或扮演的"角色"。

只有在这种意义上,我们才能真正理解,所谓"四人帮""践踏人的尊严""侮辱人的人格"是什么意思,而不至于把"人格"这个词到处乱套乱用。所谓"侮辱人格",就是否认人是一个独立的封闭体,用外在的暴力去"触及人的灵魂",把人当作一个没有内心世界的物件,任凭政治权力来解剖和检查,使人的一切个人秘密"暴露在光天化日之下"。所谓"逼、供、信",所谓"揭开某某人的面纱",所谓"思想犯罪",就是这个意思。今天人们要求尊重人的人格,尊重人的隐私权,无非是要求把人当作具有不可侵犯的内心世界的"个人",而不是一头可以随便摆弄的牲口,不管是以"群众"的名义还是以"组织"的名义。人的心灵是一个复杂的有机整体,不可能"净化"为几条道德戒律;思想越深刻、情感越丰富,就越难以用简单的"好坏""美丑""善恶"来归类。但有一点是无疑的:真正善良、真诚、美丽的心灵,首先是建立在维护一个独立、完整的内在人格的基础上的,而对个人人格的普遍蔑视和粗暴践踏,则只能使我们的国民性变得日益浅薄、粗陋和虚伪。

(原载于《江海学刊》1989年第3期)

再辨"人格"之义

——答徐少锦先生[1]

读到徐少锦先生跟拙文《人格辨义》(《江海学刊》1989年第3期)商榷的文章《"人格"有道德涵义》(《江海学刊》1990年第6期)一文,很钦佩作者的求实精神和穷根究底的态度,但仍感有几个根本性的问题,似乎是徐先生未曾考虑周全的,特提出再辨,以就教于徐先生和学界同行。

徐先生对我的质疑有四个方面。先看第一方面。首先,徐先生提出:"确定一个词的意义,仅仅考察它的词源是不够的,主要应该看人们在长期使用过程中所形成的共识",由于一个词在历史中其涵义多少会有变化,甚至与原来有很大的不同,因此,"人格即使在词源上没有道德含涵义,也不能否定后来有这层意思"。显然,徐先生认为,我主张"人格"一词由于在词源上没有道德涵义,因而在后来也不可能有这种涵义。这是徐先生该文立论的主要根据,从标题上已可看出这点。

然而,只要仔细读读我的文章,便会发现这完全是误解。我从来没有一般地否定过中文"人格"一词有道德涵义,恰好相反,我通篇文章都在说明,我们中国人在(借用徐先生的话)"长期使用"外来词

---

[1] 原载于《江海学刊》1995年第3期。

"人格"的"过程"中,是如何"形成"道德涵义的"共识"的。为此,我把西文 person 与《现代汉语词典》中的"人格"条作了比较,指出这两种"人格"由于中国人独特的理解方式而具有了"恰好相反"的意思,并进一步考察了这种意义变化的文化的、社会心理的根源。可见,我并非不知道一个词不能仅从词源上确定其涵义,也丝毫没有要用"人格"的词源意义排斥现代中国人赋予它的日常涵义的意思,而是要把这两种不同甚至相反的涵义区分、分辨开来,以免造成混淆。这是我们今天在运用现代汉语(包括许多译名)讨论道德问题和一般学术问题时的一个基本功夫,但至今人们还非常不重视这种功夫,时常使用含混不清的概念互相对阵。只要国内学术界对"人格"一词能严守其中的中国式的道德涵义(＝人品),我也许就不会写那篇文章来"辨义"了,顶多只能指出翻译上的不准确。但事实是,有些学者恰好就是利用了人格的双重涵义,把西方的"人格自我实现"和中国传统的"重义轻利、以道制欲"混为一谈(如拙文已指出的,又如徐先生该文再次表明的),这难道不需要澄清吗?徐先生说:"在中国人的理论研究和日常生活中,人格与道德是不可分割的,因而没有必要削足适履,把这层意思砍掉",很好。但是须知,既然使用了这种道德化的"人格"涵义,就不可能再混入西文非道德性的人格涵义,这两种涵义不是"足"和"履"的关系,而是截然相反的关系。徐先生花了很多篇幅去证明中国人在理论研究和日常生活中确实把人格理解为道德性的,这种论证与反驳我的文章似乎并没有什么关系。

第二,于是,徐先生试图证明,"即使从词源上考察,也不能得出人格没有道德涵义的结论"。但徐先生在这里忽视了"道德涵义"这一提法本身可能隐含的歧义:一是指人格这个词本身是不是一种道德的即"善"的评价,例如我们是否能说只有好人有人格,坏人没有人格;

二是指人格与道德关系或道德评价是否有密切的关系，如对任何一个人的人格是否能从道德善恶的角度加以考察。这两者不在同一层次上，因此并无冲突，但却不可偷换。我的文章中很明显是从第一层意思来确定西方人格不具"道德（以至道德高尚）的涵义"（见拙文），但并没有否认这种人格可以并且必然与道德相关。例如我谈到，"一个人有人格并不是道德的，只有他尊重人格（包括尊重自己的人格）才是道德的"。难道这还不清楚吗？但徐先生却从第二层意思来反驳我的第一层意思，这是不能击中目标的。他说：人格最初作为"戏剧中的假面壳""它可以是威严的、庄重的，也可以是猥琐、轻浮的；既能表现善良的品质，也能表现邪恶的品格""没有排斥伦理道德的意思"。但既然人格可善可恶，这不恰好说明人格本身无所谓善恶，本身不具有"高风亮节"之类的"道德涵义"吗？不恰好说明人格是一切尊严、声望、崇高性和道德价值的最终主体和承担者、"道德的单元"，却不是一种具体的道德品质吗？徐先生没有想到，他举出西赛罗、康德和现代人格主义者的观点来反驳我，实际上却正好为我提供了论据。显然，西方人既然认为一切人都有人格（面具），就绝不会认为人格本身是一种道德性（善良等），因为并非一切人都是道德的；而只会认为人格是一切道德和不道德的承担者、主体。当然，这里谈的都是"人格"在西方词源中及其后来的比较一贯的意义，因而即使是上述与道德相关联的第二层意义，也是与中国人赋予的那种道德相关意义不同的。如当中国人把人格本身视为一种高尚的道德品格时，它就只与善相关，而西方人格本身无所谓善恶，它便可善可恶。

第三，中国古代没有西方那种关于人格的思想，这本是我那篇文章经过分辨而得出的结论。徐先生要反驳我，首先得面对我的分析。但他在文中除了举出一些历史资料的例子，并断言这些例子都具有"人格""最完善的人格""独立人格"的意义外,似乎并没有进行什么理论上、概念上的具体分析。而正由于徐先生对中、西两种不同的人格概念不作区分,这就使他举的这些例子具有似是而非的论证效果。这些例子大致可归为三类:

1. 徐先生认为中国古代君王具有最高的独立人格,因为他们"都把自己视为权利与义务的绝对主体、不可侵犯的神圣个体和最高、最完善的人格——圣王;在中国古代,个人独立人格得到充分肯定、充分实现、充分发展,而不被社会限制的,恐怕就是这些人了"。这段话实在不敢恭维,应该说既混淆了事实,也混淆了概念。从事实说,古代帝王比一般人受到的社会限制更大,尤其在个人人格和内心世界方面,常有"朕贵为天子而不得自由"之慨叹,从概念说,对帝王"不受社会限制"的误解来自把帝王在日常生活中颐指气使、为所欲为与"个人独立人格"混为一谈。其实这种人往往是最没有独立人格的人。孟德斯鸠早就说过,自认为自己是别人的主人的人,实际上具有奴才的本性,他一旦遇到一个比他更强的强者,立刻就会显出比奴才更是奴才;黑格尔在《精神现象学》中也指出过主人对奴隶的本质上的依赖性。这些应当属于近代西方人格理论的基本常识,不用多说。总之,个人独立人格绝不体现在有多大权力、承担多大责任(义务)之上,而只体现在他是否具有"自律"之上;帝王的为所欲为正表明自律的缺乏。

2. 在徐先生看来,历代士大夫、知识分子(如伯夷、叔齐)为"坚守自己的主张"而不向权贵低头,甚至宁愿饿死,也体现了"对独立人格的尊重"。但我的文章中曾提出金寄水先生的例子并已作过系统的比较论证,表明这种场合只适合于从中国传统"人品、品格"意义上理解的"人格",而不适用于西方本来意义上的人格。徐先生却置我的论证于不顾,而仍然用这类例子来反驳我,殊为不解。

3. 徐先生最后举了革命战争中我军优待敌军俘虏、尊重俘虏人格的例子。这倒的确是个好例子，好就好在它首次引入了西方的"人格"概念，而不再是中国传统只有当权者、圣人和伟人才有的道德化的"人格"概念。显然，敌军俘虏绝不是什么值得景仰的圣人、伟人，大部分甚至还是罪人；但罪人也有人格，尊重他的人格是我军的一种道德境界：这正是"五四"以来传入中国的西方新观念在起作用。[1] 但可惜这个例子并不能证明中国古代就有了这种人格思想。尊重敌军俘虏的人格与尊重伯夷、叔齐乃至尊重不受"嗟来之食"的无名氏的人品，是本质上不同的两码事，怎能说前者是后者的"发展"？相反，正因为前一种人格思想在我们古代传统中没有根基，所以到了"文化大革命"中就被抛弃，这些被"优待"过来的俘虏一个个都难逃被作为"历史反革命"而"打翻在地，再踏上一只脚"的厄运，这难道不值得我们深思吗？

第四，我说人格的概念本身是个体性、私人性的概念，这丝毫也没有否认这种个体性、私人性正好是个人的一种"社会特质"，而不是人的生理本性。从生理上说，任何动物都有个体性，但却并不具有"人格"，这是很浅显的道理。但徐先生却利用人格的个人性只有在社会关系中才体现出来这种"社会特质"，而否认这种社会特质体现为一种个体性特质；他把"社会特质"当作外在于个人的、与个人对立的"社会要求"和评价标准，这是对马克思原意的曲解。马克思说："首先应当避免重新把'社会'作为抽象物同个人对立起来。个人是社会的存

---

[1] 当然，这里面借用"五四"口号其实是一种有效的军事斗争策略，优待俘虏并不真的是尊重对方的人格，而只是为了瓦解敌方的军心，就像中国古代也有诸葛亮"七擒孟获"的良策一样。——作者补记

在物。因此，他的生活表现——即使它不直接采取集体的、同其他人共同完成的生活表现这种形式——是社会生活的表现和确证。"[1]甚至就在徐先生引马克思那句话的前面一句话中，马克思也批评了黑格尔"抽象地、单独地来考察国家的职能和活动，而把特殊的个体性看作它们的对立物"，而"忘记了特殊的个体性是人的个体性，国家职能和活动是人的职能。"[2]而徐先生说："人格是个体与群体的统一，本质上是'社会特质'，任何社会对人格均有其共同的要求与评价标准，其个性方面的发展要受到这要求与标准的制约。"（见徐文）这不正好把马克思批判黑格尔的话变成被马克思批判的黑格尔的观点了吗？徐先生又说："尽管个人有隐私权，在法律允许的范围内有权将私事秘而不宣"，但"一切事物的'不可入性'是相对的、有条件的。个人私事一旦涉及公众利益，超出政治、法律允许的界限，舆论、政治与法律就要'破门而入'，'隐私'就必须向有关人员'公开'"。这里的概念偷换是惊人的。"个人私事"涉及公众利益，它就不再是"个人私事"，也不再是"隐私"；而借口"公众利益"去对某个人的真正隐私（例如他的某种思想）进行"破门而入"的逼、供、信，这样的"有关人员"，本身就应该受到法律的追究，是"法盲"的表现。

更为奇怪的是，徐先生把人格的"社会特质"误解为个人对凌驾于他之上的社会共同评价标准和要求的无条件的服从之后，竟然宣称这种典型的（黑格尔式的或不如说朱熹式的）形而上学就是人格的"辩证法"。在徐先生看来，人格的个体性是相对的，而其社会性就体现在它从属于绝对的"群体共性""国格"即一种外来的道德政治要求之上。

---

[1] 马克思：《1844年经济学—哲学手稿》，刘丕坤译，人民出版社1979年，第76页。
[2] 《马克思恩格斯全集》第1卷，人民出版社1956年，第270页。

可见徐先生的人格"辩证法",就是利用"人格"一词的双重含义从个体"相对"的人格过渡到绝对的道德品格,然后再反过来从道德上对个体人格("导致个人主义恶性膨胀"等"消极方面")进行"存天理灭人欲"式的吞并和消灭。这种"辩证法"把个人和社会置于外在的对立之中,将一方视为"相对",将另一方视为"绝对""本质",并使"相对"的一方绝对服从"绝对"的一方,这恰好是一种形而上学!徐先生没有看到,真正的个体人格的确立与不讲社会性而只讲个性、不讲社会责任而只讲自我发展,是风马牛不相及的。人格是个人的,但只有对他人、对社会而言才谈得上是个人的,这就是人格的"社会特质"的意思。这不仅是说全社会都要尊重每个人的人格,因而希望他人尊重人格只能是一个普遍性的社会准则道德准则,而不只是对哪一个人或哪一些人适用;而且是说,人格本身也是一个普遍概念,而不只是某个人(帝王、圣贤等)特有的概念。这才是个体人格的和一般社会准则(道德、法律)的辩证法。辩证法并不是"变戏法",它首先要求概念本身的明确,不容含混和偷换(就此而言,它与形式逻辑并不矛盾);然后要求从这个概念的内部发展出它的对立面来,而不是把对立面从外部强加于它。这两点,似乎都是想要谈论"辩证法"的徐先生所未能注意到的。

至于徐先生用西方社会法律的"法人资格"来证明西方也有"群体性人格"概念,这也是站不住脚的。因为所谓"法人",只是自然人在法律关系上的派生概念,它恰好不是指个体人格的群体性,而是指人的群体(企业、组织等)应当被当作一个个体人格那样来对待,从而能成为某种权利与义务的主体,甚至也有其内部的隐私权(如公司业务、商业秘密)。法人虽然是由群体组成的,但法人概念绝不是群体性的,而正是个体性的,即是说,该法人与其他法人处于(更高层次的)

个体与个体的对等（平等）关系中，这种关系正类似于自然人的个体与个体的关系。显然，正如个人人格不具道德涵义一样，法人人格也不具道德涵义，但对法人人格的尊重则具有道德和公正的涵义。[1]

最后，徐先生问道："西方人格中强调个体因素的长处，我们是否可以不加分析地全部搬了过来呢？"我的看法在这点上与徐先生大体一致，即否定的。但还想补充一点，整个西方文化的长处都不仅不能不加分析地全部搬过来，而且也不能不加分析地全部推开去。为此，我才在《人格辨义》一文中对西方人格论稍作了一点粗浅的"分析"。可惜，这些分析还是被徐先生"不加分析地"推了开去。但我仍然认为，首先认真地、原原本本地分析西方，包括马克思主义的人格思想，是我们判断其中哪些是"消极方面"、哪些是"积极方面"的前提，而不是相反。

（原载于《江海学刊》1995年第3期）

---

[1] 在法律上，法律义务绝不能在法人内部群体中互相推托，而只能由"法人代表"一人承担，这足见"法人"本身并非什么"群体性人格"，而仍然是个体性人格。
　　——作者补记

[附录]"人格"有道德涵义
——与《人格辨义》一文商榷

徐少锦

《江海学刊》1989年第3期发表的《人格辨义》一文,对人格的涵义作了有价值的探讨。不过,此文论定人格一词只有心理的和法律的而无伦理道德的涵义等观点,我认为是值得商榷的。

第一,从方法上看,确定一个词的含义,仅仅考察它的词源是不够的,主要应该看人们的长期使用过程中所形成的共识。费尔巴哈只从语源学方面来考察宗教,结果得出了错误的结论。在他看来,"宗教一词是从religars一词来的,本来是联系的意思。因此,两个人之间的任何联系都是宗教";而"性爱和性关系"也被想为"宗教"。[1]对此,恩格斯给予了尖锐的批评,指出了它的非客观的性质,因为,他的"加在这个词上的意义,并不是通过它的实际使用的历史发展得到的,而是按照语源学所应该具有的"。[2]大量事实证明,恩格斯这一思想具有普遍的意义。许多词在实际使用时,随着时间的推移,历史的

---

[1] 恩格斯:《路德维希·费尔巴哈和德国古典哲学的终结》,人民出版社1972年,第25页。
[2] 同上。

演变，其涵义会或多或少地发生变化，乃至与此词本初意思有很大的不同。因此，人格即使在词源上没有道德涵义，也不能否定后来有这层意思。

人是社会的人。人格固然与先天遗传因素有关，但具有主要和决定意义的，则是后天的社会生活和社会实践。人格就是在长期的、由简单到复杂、由低级到高级的社会实践过程中逐渐产生、形成与完善的。社会实践与社会关系形式是多种多样的，社会生活的内容是十分丰富的，也包括着经济与政治、物质与精神等许多方面。正因为这样，人格也就有了心理学、社会学、法律学、伦理学、哲学等多种意义，为许多学科所研究。随着社会实践与社会生活的发展，社会政治经济制度的变迁，人格的内容也发生相应的变化。这样，处于相同或不同历史条件下的人们，在相同或不同的意义上理解和使用人格一词，是很自然的。在汉语中，人格、性格、个性、性情、品格、品德、品质意思相近，在区别中有联系、贯通点，兼有心理与道德的含义。这个思想传统，一直延续到今天。"五四"前后，我国进步的政治家、思想家曾兴起过对人格研究的热潮。蔡锷提出了"为四万万人争人格"的口号，孙中山主张"以人格救国"，当陈独秀还是革命家的时候，曾明确标明人格是个伦理学范畴，具有重要的社会作用，"伦理上独立之人格"，乃欧美文明进化三大"根本原因"之一，并指出"伦理的觉悟"。[1] 这10年来我国不少学者著述出版的有关辞书和伦理学的论著，也都肯定人格的道德涵义。我们日常说人格高尚或没有人格，主要指道德品质，指做人的资格、品格。总之，在中国人的理论研究和日常生活中，人格与道德是不可分割的，因而没有必要削足适履，把这层意思砍掉。

---

[1]《独秀文存》第1卷，安徽人民出版社1987年，第40-91页。

第二，即使从词源上考察，也不能得出人格没有道德涵义的结论。人格最初是指戏剧中的假面壳。这假面壳不仅没有具体标明其心理或法律的性质，而且不管同真面目一致还是相悖，它可以是威严、庄重的，也可以是猥琐、轻浮的；既能表现善良的品质，也能表现邪恶的品格。因此，人格这个词产生不久，就逻辑地引申出多种含义。"在西赛禄（公元前106-43年）的文章中，至少可以找到四种不同的意义"："外表的样子（不是真正的自我）"；"演员在戏剧中充当的人物性格或角色"；"一个具有优异品质的人"；"声望和尊严"。[1] 这里没有排斥伦理道德的意思，相反，却以萌芽的状态隐含着道德等因素。随着社会生活与社会关系的发展，它们便逐渐分化出来，清晰地展示在人们的面前。

人格思想的发展进一步表明，不少西方学者，在多角度的研究人格过程中，并未忽视伦理角度。美国著名心理学家阿尔波特（1897-1967）在1937年回顾了"人格"一词产生与发展的历史，把人格定义归纳为50多种。其中有好几种包含着或属于伦理道德方面的。康德也认为，"人格把我们的本性的崇高性清楚地显示在我们的肉眼前"；"人格是每一个人的那种品质，这种品质使他有价值，不管别人怎样使用他"。[2] 他的这种道德哲学被有的学者视为人格主义的起点。人格主义者把人格视为一种独立、能动的精神实体，认为没有人格，世界就毫无意义；个人有限的人格由无限的人格——上帝所规定，上帝是每一有限人格的归宿和宇宙的统一者。这里讲的精神实体，在很大程度上是道德实体，如认为"人格是最后的和唯一的道德单元"，"道德价值

---

[1] 陈仲庚、张雨新：《人格心理学》，辽宁人民出版社，1986年，第31-46页。
[2] 同上。

是……一切价值中最确定、最实在的价值"。[1]而人类社会及整个世界不外是人格的道德价值的世界。自由、理性、人权、敬仰上帝、追求真善美与人格并不存在对立。人格主义是唯心主义、神秘主义的哲学学说,它过分夸大了道德的意义和作用,把它视为解决一切社会问题的妙方,这显然是错误的。不过,它在重视人格的道德性方面,却是有一定合理成分的。

第三,中国古代没有人格一词,绝不是说中国古人根本没有关于人格的思想。据统计,仅儒学用来区分人格的名词,就有十几种。中国古代各家各派在研究人格时,特别注重于代表群体和文化道德发展,从而最终成为"人极",达到人格的极致,并为了这个目的而提出了种种教育与修养的原则和办法。其缺陷是忽视个体化人格,不提倡普遍的自尊自主人格。不过,如果把这点绝对化,认为"中国传统道德从来不具有person意义上的人格观念",那是不恰当的。因为一方面古代君王虽然否认臣民的独立人格,但都把自己视为权利与义务的绝对主体、不可侵犯的神圣个体和最高、最完善的人格——圣王;在中国古代,个人独立人格得到充分肯定、充分实现、充分发展,而不被社会限制的,恐怕就是这些人了。另一方面,历代思想家不仅对于为坚守自己的主张而耻食周粟、宁愿饿死的伯夷,不乏赞美之词,而且对于为维护自己人格尊严不受侮辱而不取"嗟来之食"的无名氏,也持同情和肯定的态度。这难道不是对独立人格的尊重吗?当然,由于专制主义的统治,这类思想很微弱,未能发展起来。只是在中国革命过程中,它才逐渐获得普遍性的意义。中国共产党人对于在战争中俘获的敌军官兵所采取的不搜腰包,不加侮辱,一律以诚恳的态度加以对

---

[1] [英]艾耶尔:《二十世纪哲学》,李步楼译,上海译文出版社,2005年,第302页。

待的政策,从"尊重士兵、尊重人民和尊重已放下武器的敌军俘虏的人格这种根本态度出发"[1]的人民军队政治工作的三大原则,就是对个人独立人格的承认和维护。因此,认为只有西方人才承认"每个人(哪怕是罪犯)都有人格"的说法,是不符合事实的。

第四,人格的个体性、私人性并不排斥群体性、社会性和道德性,个体性意味着具体性、丰富性。个人不能在群体、社会之外孤立存在,不能将自己绝对封闭起来而离群索居。个人是群体、社会的一员,不是纯个体的。因此"'特殊的'人格的本质不是人的胡子、血液、抽象的肉体本性,而是人的社会特质"[2]。人格是个体与群体的统一,本质上是"社会特质",任何社会对人格均有其共同的要求与评价标准,其个性方面的发展要受到这要求与标准的制约。尽管个人有隐私权,在法律允许的范围内有权将私事秘而不宣,封闭起来不为外人所知,但若把丰富的人格内涵局限于此,那显然是不够的。一切事物的"不可入性"是相对的、有条件的。个人私事一旦涉及公众利益,超出政治、法律允许的界限,舆论政治与法律就要"破门而入","隐私"就必须向有关人员"公开"。在西方,高级官员的隐私若损害公众利益,被发现后常常会见之于报端,受到舆论的监督、批评。

至于所谓社会的、群体的人格,不管外国人如何理解,也不管它在形式逻辑中像圆的方、方的圆那样矛盾,但辩证法告诉我们,相互对立的东西在一定条件下是可以彼此转化的。人格的个体性不是绝对的。人格作为抽象概念,它是对人们的某些特性的概括,是带有群体共性(即社会性,阶级社会中的阶级性)的个性。它是可以转化向群

---

[1]《毛泽东选集》第2卷,人民出版社,1991年,第479页。
[2]《马克思恩格斯全集》第1卷,人民出版社,1956年,第270页。

体性的。一个中国人到了外国,外国人常常会把他与整个中国联系在一起看待,而不会只把他看作个人。他人格高尚,就会给中国增光,否则就会给中国带来耻辱,损害中国的国格。"集人成国,个人之人格高,斯国家之人格亦高;个人之权巩固,斯国家之权亦巩固。"[1] 国格是一个国家的荣誉、尊严和品格的总和,它标志着一个国家在世界民族中的地位与作用。一国的国格,主要依靠该国政府和各族人民劳动与斗争来维护与提高。因而可以说,国格代表了全体国民的人格。

在当今世界各国,群体性的人格在法律上表现为"人格权"。对社会上群体由法律赋予其独立的法律人格,即法人资格。无论是西方或东方国家,法人也像自然人一样有其"人格权",它的名称权、名誉权、荣誉权,同样得到法律的认可和保护。法律禁止用侮辱、诽谤等方式损害法人的名誉即这个特殊群体的社会信誉。我国《民法通则》规定:法人、个人合伙有权给自己确定、使用和依法转让自己的名称,任何人不得干涉;为了保护"群体"的人格权,法律禁止非法剥夺法人的"先进集体""英雄集体"等荣誉称号或荣誉证书。似乎可以这样说,关于"群体的人格"的思想不仅早已有之,而且在世界上已得到法律确认。

肯定人格的道德涵义是很有必要的。人们之所以要研究人格,正如英国斯旺西大学教授、欧洲公认的心理学家马克·柯克所指出的那样,主要出自三条理由或三个目的,"一、获得科学家的理解。二、评估人。三、改造人。"[2] 为此,首先就必须对人格有个全面、完整的而不是片面、破碎的理解。在这里,道德不仅是健全、完美人格的一个主要构件,而且是理解、评价和改造人的不可或缺的方面。马斯洛

---

[1]《独秀文存》第1卷,第34页。
[2] 马克·柯克:《人格的层次》,李维译,浙江人民出版社,1988年。

（1908-1970）曾指出：各门心理学只重视一般心理状态而忽视道德心理的研究，无疑是一个缺陷。他要求人们研究"从哪里获取勇气、真诚、耐心、忠诚、信赖"[1]等一系列道德问题。这是颇有见地的。应该看到，西方人格论中突出个性、独立、自主，重视个人奋斗、自我完善、自我实现的思想倾向固然有其某种合理的积极方面，在客观上有助于依附归属型人格向自尊、自主型人格转化，但也导致个人主义恶性膨胀、犯罪率提高、家庭危机、道德沦丧等消极的方面。这种消极面反衬出中国那种强调整体、平衡、协调、和谐的儒家文化所推崇的理想人格的积极面。西方学者对西方文化状况反省后得出结论说："现代美国文化把竞争的胜利极端理想化了。……典型的美国人形成了一种争取优越地位的内驱力。虽然这种内驱力毫无疑问地也有它自身的价值，但是它也为产生普遍的不满足、失意、挫折和沮丧情绪提供了土壤。"[2]据此，他们中有些人认为，中国传统文化所注重整体、和谐、奉献、牺牲等优秀部分，对于弥补现代西方人格论中道德因素不足的缺陷，是有益处的。

那么，西方人格论中强调个体性因素的长处，我们是否可以不加分析地全部搬了过来呢？对此，可以英国历史学家汤因比曾说过的话来回答：在一种文明中致福的因子，一旦脱离同一文明框架的制约而进入对这种因子没有制约的另一文明系统，就可能对另一文明系统产生危害，"一个人的佳肴"，可能成为"另一个人的毒药"[3]。西方社会由于有着完备的法制和较高的文化教育水平，所以这种人格论中的消

---

[1] 马斯洛：《动机与人格》，许金声译，华夏出版社，1987年。
[2] J·M·索里等：《教育心理学》，高觉敷等译，浙江人民出版社，1985年。
[3] 汤因比：《文明经受着考验》，沈辉译，浙江人民出版社，1985年。

极面能在一定程度上受到法律的限制和自我的约束,从而削弱其破坏性的影响,发挥其建设性的作用。我国的社会主义法制还不健全,全民族的科学文化水平比较低,社会条件与西方有很大的差别,如果在人格培育中忽视思想道德因素,不讲社会性而只讲个性,不讲社会责任而只讲自我发展,那就很可能不但没有把西方人格论中的积极方面吸取过来,反而会使消极的因素发展起来。这是值得我们注意的。

道德科学或伦理学的中心问题,是塑造、完善人们的理想人格和建立和谐的人际关系问题。可以这样说,马克思主义伦理学的根本使命和最终目的,就是培育理想人格、树立道德榜样,以完善人类自身。无论是确立道德原则、制定道德规范,还是进行道德教育、提倡道德修养,都是为了提高人格,造就道德新人。把人格与道德绝对分开,就会使整个伦理学失去中心目标,这无疑会削弱马克思主义伦理学在培育人、改造人方面的功能作用,无助于弘扬中华民族的优秀文化、建设社会主义精神文明。

(原载于《江海学刊》1990年第6期)

当代中国知识分子的两难处境

陶东风先生近著《社会转型与当代知识分子》中提到了一个很好的看法,就是从"五四"到今天,"中国知识分子不管保守还是激进,其实都深受传统文化的影响,他们共同接受儒家的'大同'与'均贫富'等一套平均主义价值"(第51页)。如"五四"时期的"科玄论战","这场论战实际上应该叫作玄学与玄学的论战,因为事实上,'科学'在论战中已经变成了与玄学同质的话语",即变成了"超级的、霸权化的人文话语"(第129页);而"文革"的革命意识形态也并非西方(法国)激进思想的结果,"而是沿袭了中国历史上源远流长的儒家思想的本有传统"(第196页)。另一个很好的想法是,作者主张知识分子在面对当前的世俗化、市场化的潮流时,既不能拒斥它,也不能无条件地拥抱它,而应当"优化它"(第18页)。作者有一个基本判断:目前市场经济所表现出的一系列"负面效应"并不是市场经济本身固有的,而是"富有中国特色的",即是由中国传统"前现代化"的积弊所带来的;"现在有一个非常不正常的现象,似乎维护社会正义的恰好是那些反市场经济、反世俗化的道德理想主义者,而赞成市场经济与世俗化的人则要对道德滑坡负责"(第191页),其实,"如果实行真正的自由市场经济,那么,它就一定能体现出自己的道德精神和人文精神"。(第218

页）从以上两个大前提出发，我想陶先生一定会推出一个逻辑的结论：当前市场经济的"优化"，首先就必须从"五四"的不彻底的反传统立场上更进一步，继续清除我们现代化进程中从中国传统所带来的前现代化因素（包括前现代的"人文精神"和"道德理想"），而努力建立市场经济本身的"道德精神和人文精神"。但是，我想错了，作者开出的药方竟然是"人文精神论者"和"世俗精神论者"的"握手言和"，即"第三种立场"："在充分意识到历史主义与道德主义的区别及效度（限度？）的基础上，融历史理性与道德激情于一身"（第 201-202 页）。作者对前现代的"人文精神"和"道德理想"，虽然严厉批判其在现实生活中的极权主义效应，却又认为不妨作为文学艺术的永恒主题和个人信仰中值得崇敬的"价值取向"："审美与艺术均有反历史、反理性、反科学的特点，合乎理性准则的文学不会太美"（第 208 页），"最有魅力的艺术品往往都是挽歌"，如张承志、张炜的作品"深深地打动了人类，尤其是艺术家们几乎是与生俱来的怀旧情绪"（第 208 页）。很遗憾，我承认我不属于这里所说的"人类"，因为我欣赏那些并非挽歌，更不是"反历史、反理性、反科学"的作品（如歌德的《浮士德》、鲁迅的作品，或史铁生的《务虚笔记》），并且以某种类似于"外星人"的眼光写过一本批评张承志、张炜等一系列"挽歌文学"作品的文学评论的书（《灵魂之旅》，湖北人民出版社 1999 年）。陶先生这种把"内圣"和"外王"截然二分的处方在我看来形同儿戏：在不仅"天人合一"，而且极重践行的中国传统文化中，内圣与外王是分得开的吗？陶先生虽然已看到了当代中国精神的出路，却又莫名其妙地使自己陷入两难的处境中，注定要受到"人文精神"论者和"世俗精神"论者的两面夹击。

问题出在哪里？我看首先恐怕有一些概念需要澄清。这里只能谈三对最主要的概念：人文精神和世俗精神、保守主义和激进主义、理性主义和经验主义。

人文精神和世俗精神

作者对20世纪90年代的"人文精神"讨论有一个重要的发现，就是与西方文艺复兴的人文主义不同，我们的"人文精神"论者是反对"世俗精神"的，如道德理想主义对大众文化的拒斥、对宗教情怀的向往（如张承志的"清洁的精神"），甚至对"新儒家"也抱批评态度（第147—148页）。这种说法有一定的道理，它是对这些人的主观心理的一种概括。但我以为，这只证明这些人的自我感觉一塌糊涂。我曾指出过，张承志鼓吹的是"穷人的宗教""阶级的宗教"和"几十万人"的精神，贫和富这些外在物质上的区分是他划分精神的清洁与否的标准，阶级感情和血族复仇是他的"精神"的实质，哪里有什么真正的宗教意识。道德理想主义和"人文精神"论者是用一种世俗精神（传统道德）反对另一种世俗精神（现代生活），在这方面，新儒家比他们更清醒，因为这两种世俗精神的冲突正是传统儒家两千年来一直高举着的"旗"（君子言义不言利），所谓"道""义"的内涵绝无宗教的超越性，而只是世俗社会的世俗理想。"人文精神"论者与西方人文主义的真正区别在于，他们在"世俗精神"中分化出一个较为"清洁"的层次来"匡正""抗击"那较低的、不洁的层次，这种作用在西方是由宗教来执行的，所以他们自以为具有"宗教"的超验情怀；但又意识到自己的世俗性、"人文"性，于是认为自己像人文主义者们那样是在为人性而呐喊。看不到这一点，就会以为既然"人文精神"批判世俗，也就不妨作为一种宗教性的超验理想来接受和持守，不必让它介入现实生活（内圣不必外王），岂不知他们这种道德理想恰好本质上是入世的，要"匡正时弊"的，去掉这一点就等于要了他们的命。

保守主义和激进主义

陶先生对西方近代保守主义和中国新保守主义的区别的分析极为精彩，即西方人可以保守自由主义传统，中国人只能保守专制主义传统，"关键在于传统与传统不同"（第113–121页）。但他对"激进主义"的理解却实在不敢苟同。在中国，"激进主义"这一译名与radicalism并不完全适合，后者并不含有"进"（进步、进化）的意思，只意味着"从根本上解决问题"，因此并不与保守主义（conservatism）构成一对相反的概念。如法国革命时有"激进的保守主义者"迈斯特（Joseph de Maistre, 1753–1821），不仅要"告别革命"，而且力主用极端的手段推翻革命，复辟传统。伊斯兰原教旨主义者和中国的"文化大革命"也应这样看。换言之，不能由于"五四"运动和"文革"都主张采取彻底的手段，就把二者等量齐观，因为一个是"进"，一个是"退"（虽然貌似"激进"）。"文革"实质上是中国最极端的保守主义（回到秦始皇），即迈斯特式的"激进主义"，怎么能与法国大革命相提并论（第124页）？作者把中国的道德理想主义比之为卢梭对近代文明的否定（第206页），但卢梭提出了"社会契约论"来解决近代社会的冲突，"人文精神"论者们提出过什么可行的，至少可以借鉴的推进社会的行动方案呢？

理性主义和经验主义

这是两个近年来搞得最混乱的概念,其根子恐怕要追溯到顾准对这一对概念的误用。顾准作为一个在当时的严酷条件下独立思考的知识分子的典范是可钦可敬的,但不等于他的思考就无懈可击。他考察的主要是历史和经济,但对哲学(尤其是欧陆哲学)却不甚了了,这也是当今文化讨论中的通病。绝大多数人接触的主要是英美经验派哲学,这些哲学家在哲学上称不上有什么创见和深刻性,只是比较通俗而已。当然,要保持与"文革"意识形态不同的独立见解,只需常识就够了;但要作深入批判,没有哲学上的训练有素却是不行的;陶先生从"大跃进"和"文革"中发现了"被极度夸大、极度扭曲的人的'理性'的力量"(第52页),不觉得用词太随意了吗?他把顾准抬到"就其思考的方式、思想的深度而言,即使在世界背景上也达到了前沿水平"(第127页),并追随其后强调"激进主义以及相关的理性主义与专制主义之间存在紧密的亲缘关系"(第122页),说什么"保守主义更关注实践的经验基础而激进主义则钟情于理论的纯粹,保守主义更注重现实的可行性,而激进主义则钟情于理想的纯洁性"(第126页),这是似是而非的。试问,中国的"新保守主义"关注"实践的经验基础"和"现实的可行性"了吗?新儒家难道不是一种高调的理想主义和乌托邦,甚至"新权威主义"的鼓吹者吗?顾准本人绝不是真正意义上的"保守主义者"(因为"文革"并不是真正意义上的"激进主义"),也并非西方意义上的"经验主义者"(后者往往也自称为崇尚"理性"的),而只是一个肯用脑筋的"实事求是"论者。陶先生一面说20世纪50年代的"理想社会的幻觉事实上是人类的理性的自负的大暴露"

（第 242 页）（而不是人类的"非理性"的狂妄的大暴露）；一面又说这是一种"看似理性实则是非理性的行为"（同上），是"完全违反科学的"（第 243 页），并主张"民族主义与爱国主义作为一种具有自发性的情感，必须受到理性的制约"（第 94 页）。这充分表现出他用语的混乱。

在目前一片混乱的文化讨论中，陶先生的基本立场还算是比较清醒的，但中国文人长于感受而拙于理性思辨，这一点陶先生也不例外。

（原载于《中国图书商报·书评周刊》2000 年 2 月 1 日）

[附录] 在语境中理解概念的含义
——回应邓晓芒先生

《中国图书商报·书评周刊》思想版2000年2月1日刊载邓晓芒先生的《当代中国知识分子的两难处境》(以下简称"邓文"),对拙著《社会转型与当代知识分子》进行了评论。本着学术探讨的宗旨,我现在对邓文中若干批评文字提出一点商榷之商榷。由于篇幅限制,我主要谈对于激进主义与保守主义、理性主义与经验主义这两对范畴的理解。

激进主义与保守主义

"激进"意味着"根本的、彻底的与全盘的",它是一种思维方式与实践手段,至于它导致的结果是"进步"还是"倒退"则不好一概而论。保守主义并不必然等于倒退或专制,专制也不见得都采用保守或退回传统的方式。"文革"是一种现代形态的专制主义,拒绝从现代的角度反思"文革"并不利于彻底告别"文革"。

邓文对我的一个主要批评是我对激进主义的"误解"(虽然它肯定我对于西方现代保守主义与中国20世纪的保守主义的区分"极为精彩")。文章给出的原因是:我赋予激进主义以"进"(进步)的含义,而激进主义在他看来只有"激"(从根本上解决问题)而没有"进"(进步）的含义（比如有所谓"激进的保守主义"）。仔细阅读自己的有关文字以后，我认定自己并没有赋予激进主义以"进"（进步）的含义。我对于激进主义的含义基本上是采用了王元化先生的解释，其原文如下："我把激进主义作为采用激烈手段、见解偏激、思想狂热、趋于一端的一种表现，它不是专属于哪一个政治党派的"（拙著第96页）。在这个意义上，我认为"激进"意味着"根本的、彻底的与全盘的"，它是一种思维方式与实践手段，至于它导致的结果是"进步"还是"倒退"则不好一概而论（何况"进步"的标准也是言人人殊）。激进也好，保守也好，都并不必然具有价值意义上的进步性，也不必然与自由或专制联系，关键是看它要保什么与守什么。

正是因为这样，我才把法国大革命、法西斯主义、"文革"以及"五四"时期的全盘反传统主义都视作激进主义的例子，因为它们在我限定的"激进主义"含义上是相同或相似的。在这个意义上，我显然并未像邓文所说的把它们简单地"相提并论"。至于"文革"的问题，拙著中对于"文革"的始终不懈的批判足以证明我并不认为它是进步的，至于它是否如邓文中所说的"极端的保守主义（回到秦始皇）"，这要看如何界定"保守主义"。我对于保守主义的界定采取的是西方流行的观点，即把它分为广义与狭义的两种。前者指人类心中的一种天然的守旧倾向，后者则是由柏克开创的作为西方现代政治意识形态的保守主义。我的重点是论证西方现代意义上的保守主义与中国20世纪保守主义的区别。这种"比较研究"的目的与意图相信读者自会明白。我觉得一个最值得深入讨论的问题是，邓文似乎把保守主义等于倒退或专制，所以才断言"文革"是最极端的保守主义；而我则认为，保守主义并不必然等于倒退或专制，专制也不见得都采取保守或退回传统的方式。现代的专制主义比较少地采用"倒退"的方式，倒是常常采用激进（不是进步）的形式或借用激进革命的旗帜，以乌托邦式的理想或人间天堂为号召，试图推倒一切传统，建设与过去没有任何联系的"新社会""新人类"（"文革"不就是这样吗？）。在这个意义上，我以为"文革"是一种现代形态的专制主义（不否定其中有传统专制主义的成分），它所采用的全国性的意识形态群众动员方式在传统中国是不可思议的。所以，在反思其传统专制主义因素的同时，这样做并不是对它的美化（因为"现代"这个词在我看来并不是自由或美好的同义词，现代与现代不一样），而是为了更好地清算它。拒绝从现代的角度反思"文革"并不利于彻底告别"文革"。

理性主义与经验主义

拙著比较系统地使用"理性"与"理性主义"概念有一个非常明确的理论背景，这就是哈耶克自由主义政治哲学中关于理性与理性主义的界说。我至今认为"文革"与"大跃进"是以哈耶克意义上的建构理性主义为理论基础的社会建构实践。与激进主义与唯理主义"偏执于理论的纯粹""钟情于理想的纯粹"相比，保守主义与经验主义更加接近，"更加关注实践的经验基础""注重现实的可行性"。

邓文批评的另一个集中点是对理性主义与经验主义的理解。文章认为：理性主义与经验主义"是两个近年来搞得最混乱的概念"，而其根子则要"追溯到顾准对于这两个概念的误用"。然而邓文却不曾说明顾准"误用"误在何处，只是说顾准对于"哲学不甚了了"，而顾准以及当今文化讨论中的"绝大多数接触的主要是英美经验派哲学，这些哲学家在哲学上称不上有什么创见和深刻性，只是比较通俗而已"。英美哲学是否如晓芒先生所说的这般平庸我无能力置言，但是显然，把英美哲学家以及从中吸取较多资源的顾准指斥为对哲学"不甚了了"并没有证明顾准误用了理性主义与经验主义这两个概念（顺便指出，就我的观察而言，近年来参与文化讨论的人并不见得"绝大多数接触的是英美经验派哲学"，比如发起人文精神讨论的学者中就有相当一部分更接近欧陆哲学。如果我把时间再往前推移，那么20世纪80年代中国文化界比较活跃的学者恰好受欧陆哲学影响极深，而对英美的经验主义倒是比较陌生）。邓文在贬低了一通顾准与英美哲学以后马上就转入批评我对于"理性"一词的误用，认为我在"大跃进"和"文革"中发现了"被极度夸大、极度扭曲的'理性'的力量，不觉得用词太随意了吗？"说实在的，我并不觉得"用词随意"。我虽然不是研究哲学的，但也略知"理性"一词在西方是含义非常复杂的。我不敢说在拙著中凡提及"理性"的地方全都作了限定，但是拙著比较系统地使用"理性"与"理性主义"有一个非常明确的理论背景，这就是哈耶克自由主义政治哲学中关于理性与理性主义的界说。哈耶克在他的诸多著作中清楚地划分了两种不同的理性主义，一种是建构论的理性主义（又称"唯理主义"），它以笛卡尔的理性主义为源头，以法国启蒙主义，尤其是百科全书派与卢梭等为代表，其特点是过分地夸大理性的力量，否定理性的局限，从而走向对于"理性的滥用"；另一种是所谓进化论的理性主义，它继承了苏格兰道德哲学家的传统，主张理性的限度，认为个人的理性能力受制于特定的传统与社会生活过程。但是哈耶克的最终目的还是从这两种理性观念中分辨出两种不同的自由观与社会理论。他把建构论的理性主义与法国传统的积极自由主义以及社会主义联系在一起。他明确地指出"人创造自己"这个社会主义的格言正是建构论理性主义的典型代表，因为它相信人的理性力量可以设计一个完善的人类社会。在哈耶克看来，这种以建构论的理性主义为认识论基础的社会设计与社会工程只能导致专制,而苏联的社会主义就是最典型的例子。可以说揭示社会主义理论与实践在学理上的荒谬性是哈耶克所有著述的主旨,他的两种理性主义的理论也同样如此。而我使用哈耶克这个理论的目的也十分明确,即用它来批判中国极左时期的"社会主义"理论与实践。这在我的书中已经作了充分的阐述(这里不过是在简述我书中的观点)。在这个特定的"理性"意义上,我至今认为"文革"与"大跃进"是以哈耶克意义上的建构论理性主义为理论基础的社会建构实践,因为它所设计的"共产主义蓝图"正是一种狂妄的建构主义;也是在这个意义上我说它是"理性的自负的大暴露",是"极度夸大的、扭曲的'理性'"(邓文非把它归为"非理性"的大暴露也未尝不可,因为建构论的理性主义或唯理主义走到极端实质上就是非理性主义)。

在此基础上也就不难理解我为什么把建构论的理性主义与激进主义以及专制主义联系在一起,同时把经验主义或者顾准归入保守主义(这被邓文批评为"似是而非")。两者在迷恋理论的明晰与单纯、崇尚绝对真理观、不承认人的理性能力的局限等方面具有明显的内在勾连。同时我在书中还指出,与激进主义与唯理主义"偏执于理论的纯粹""钟情于理想的纯粹"相比,保守主义与经验主义更加接近,"更加关注实践的经验基础""注重现实的可行性"。这一点同样被邓文指责为"似是而非"。但是如果联系我书中的上下文便可知,这里的"保守主义"特指柏克开创的西方现代保守主义,有些西方学者又称为"保守的自由主义",把顾准归于这个意义上的保守主义者大致不错。邓文以"文革"不是"激进主义"为由否定顾准是保守主义者,这是因为他认定激进主义一定是"进步"的(有趣的是既然他认为激进主义没有"进"的意思,那么"文革"为什么不可以是激进主义呢?),而他以经验主义不排斥理性为由否定顾准是经验主义者,则是没有看到顾准从来没有笼统地否定理性。至于中国的"新保守主义",我在书中明确地把它区别于上述的保守自由主义,而是指继承了中国近现代文化民族主义、"在反思现代性的旗号下运用西方的后现代与后殖民主义理论来抵御与批判西方(即资本主义与自由主义)现代性"的保守主义,并特别指出"这两种保守主义在价值取向、批判对象、学术资源等方面都几乎完全相反"(拙著第87-88页)。随后花费相当的篇幅对这种特定的"新保守主义"进行了批评。遗憾的是邓文恰恰把这两者混淆了,故而才有"新保守主义关注'实践的经验基础'和'现实的可行性'吗?"的质问。至于新儒家,我在书中并没有把它列入保守主义或新保守主义。

(原载于《中国图书商报·书评周刊》2000年3月21日)

要有中国语境的现实感

陶东风先生在 3 月 21 日的《中国图书商报·书评周刊》上，对我发表于该周刊 2 月 1 号上的评论文章做出了《在语境中理解概念的含义》的回应。这种对话是我一直都在企求而往往难以实现的，因此我感到由衷地高兴。陶先生的标题似乎是提醒我注意到他书中的上下文语境。为了将问题进一步澄清，我想对这个问题再作一点探讨。

其实，我对陶先生的批评正是针对陶先生《社会转型与当代知识分子》一书中上下文语境的不统一而发的。这种不统一在于，陶先生在用西方政治学和哲学的语汇来描述和概括中国当代现实的情况时，未能充分注意到中西两种完全不同的语境对这些词汇所带来的扭曲。当然，陶先生也不是完全没有注意到这一点，例如我在文中提到并高度赞赏他对中西两种"保守主义"的区分：西方人可以保守自由主义传统，中国人却只有专制主义传统可以"保守"。但在具体论述中，他却将这两种不同语境下的"保守主义"做了横向的移位，如认为顾准就是西方自由主义意义上的"保守主义者"，与中国式的保守主义是两种"完全相反"的保守主义。然而，当顾准运用西方自由主义的保守语汇于中国语境中来分析中国当时的现实时，他所表现出来的不是一种"进步"的倾向、不是中国语境意义下的"激进"倾向又是什么呢？

在同一个中国语境下,是用"两种不同的(或相反的)保守主义"来区分顾准和其他保守主义好呢,还是用"激进(或进步)"与"保守"来区分好?他与其他保守主义"完全相反"在哪里?不正在于他实质上是要推动中国走出传统,即在于他的"激进"性质吗?谈中国的事情就应当有中国语境,中国的"激进主义"当然有"进步"的意思(所以顾准是"激进"的,"文革"却不是,而是"保守"和"倒退"的),但西方的 radicalism 却没有这层意思,用"激进主义"这一翻译不准的名词来概括法国革命、"五四"和"文革",不造成混乱才怪。"进步"的含义的确不是陶先生"赋予"激进主义这个词的(我也没有这样说),而是中国语境中的既成事实;陶先生无视这一事实,认为我不应该把"文革"称为(中国意义上的)"保守主义"(等于专制,因为中国只有专制主义传统),而应该把这种专制称为(西方意义上的)"激进主义",因为"文革"的"理想"是"与过去没有任何联系"的(但又"不否定其中有传统专制主义的成分")。很清楚的事情被他打成了一个死结。

"理性主义"和"经验主义"的情况也与此类似。"理性"用来译西方的 reason 本来就是音译(沿用自日译),古汉语中没有理性一词,只有"理"和"性理"。但不可否认也有意译的成分,这就给国人用宋明理学那一套来曲解西方的"理性主义"大开方便之门,使马克思主义和黑格尔都"儒家化"了。顾准的误会正出于此,以为中国的毛病就出在"理性"太多了,因此要向西方的经验主义找出路。其实理性主义也好,经验主义也好,都是中国缺乏的,宋明理学和整个儒家(以及道家)绝不是"理性主义"的,而是直观类推("能近取譬")和直接证悟的。把理学误以为"理性主义"也许是中国现代哲学史上最大的误会,而这也就导致了顾准把西方的理性主义也误认为是"理学"式的。我说英美经验派哲学"只是通俗而已",并不是不要它(在中国是连常识也不被承认的）。"通俗"其实是这些哲学自己的说法，如陶先生提到的苏格兰道德哲学就自称为"常识学派"。常识不等于"平庸"，它意味着"健全理智"。但除了常识外，我们也还需要更高层次的理性思维，尤其是在目前这样一个反思的时代。理性主义绝不是只有哈耶克所说的那两种（"建构论的"和"进化论的"），至少还有批判理性（如康德）和历史理性，它们对理性特别是"知性"的局限性是有深刻认识的；另一方面，"进化论的"理性主义（实即经验主义）同样也有自己的局限，类似于"摸着石头过河"。理性主义有可能导致专制，但也可能使人摆脱专制；经验主义也许不会导致专制，但也不能使人摆脱专制。而最根本的一点在于，我们在谈论这些西方来的概念时，总要有中国语境的现实感，不要弄错了位。

（原载于《中国图书商报·书评周刊》2000年5月9日）

何谓自由知识分子

——答胡胜华先生

拙文《当代知识分子的身份意识》于第八期《书屋》发表后,立即就有了回应,这是令人高兴的。近收到胡胜华先生来信,对拙文既有赞同,也提出了一些不同意见,读后颇有启发。但细细品味,似乎也有一些误会,主要是在我对待胡适的态度方面,胜华先生似有不平之意,埋怨我抹杀了胡适的巨大功劳,将之排斥在了自由知识分子之外。我首先声明,我不是胡适研究的专家,在胡适有些什么功劳这方面,研究近现代史的胜华先生应当比我掌握更多的第一手资料,更具有专业性的发言权。只不过,一个学者的学术贡献的大小与他是否具有自由知识分子的心态,恐怕还是两回事。当然,胜华先生所涉及的不仅是胡适的学术思想,而且是他在国民党统治下争自由、争民主的政治立场和态度,以及他不畏强权、秉笔直言的独立人格。但若以这种标准来衡量,中国的自由知识分子就太多了,从古代忧国忧民的士大夫到现代中国"为民请命""解民倒悬"的志士仁人都是,而我那篇文章也就用不着写了。其实,我之所以要着意写一篇文章来申述我所理解的自由知识分子的"身份意识",正是由于深感仅仅保持一种"不同政见"的立场,哪怕这种政见是一种自由主义的政见,哪怕为此还不惜与当权者发生冲突,也还不足以构成现代自由知识分子的人格基础。因为一个传统的儒家士大夫在现代条件下也完全可以做到这一点,所谓"中体西用"不仅仅是用西方的科学技术,也可以把自由民主的"国策"借用过来的。但那心态却完全可以是不自由的,有如一位郁郁不得志(包括不得其主)的谋士。

明白了这个道理,在这里就可以对胜华先生所提出的七点质疑做出回应了。

一、如胜华所说,胡适用新方法整理了中国哲学史,推行了(不是胜华所谓"创立了",而是从西方引进了)新式标点,鼓吹了白话文,介绍了实验主义,攻击了孔家店,改革了丧礼,提倡了怀疑态度,讨论了民主政治,发展了现代教育……这些当然都是胡适的大功劳,无人能够否认。但胜华说,这些活动"竟然'不是立足于个人研究的专业和学理基础上的'!试问这如何叫人信服?"说胡适的学术活动(和文化宣传活动)不是立足于专业和学理,这当然不能教人信服,但这并不是我的意思。我说的是儒家知识分子对当权者的"批判"这种政治活动"不是立足于个人研究的专业和学理基础上的",胜华先生可能没有看清楚。对于我说"'五四'以来"的知识分子"听命于中央政权或代表'天道'的政治势力的政治号令",胜华先生反驳说,胡适既没有听命于北洋军阀也没有听命于国民党政权。但他却忘了说明胡适是否听命于"代表天道的政治势力"。其实胡适和历代儒生一样,服从的不是某一个具体的当权者,而是他心目中国家政治领域的"天道"。他对国民党蒋介石的批评不论多么尖锐,都脱不了一个模式:"当今圣上"不符合开明君主应有的气度,为当权者计,应当改弦更张,与时俱进才是,至少"学学专制帝王,时时下个求直言的诏令"。这种"有如说一个娃娃的态度"本来就是历代"帝王师"们的固有心态,没有什么值得惊奇的,只是"衡之于今人"已不多见了而已。其实过去也不多见（岂止"百不得一"），不论是国民党时代还是封建帝王时代。

二、我说胡适实际上只起到了一个旧式"诤臣"的作用，胜华说我"比拟不伦"，理由是胡适与当权者"身份根本是平等的"，而且他一生"所做的唯思想变化、思想革命，不涉政治活动"（此点似可存疑）。在胜华看来只有对当权者卑躬屈膝才算"诤臣"，胡适则只是一个（蒋介石的）"诤友"，"不失为超然独立的政治清客"。其实"诤友"和"诤臣"都是胡适自己的话，他曾在给汪精卫的信中说："我很盼望先生容许我留在政府之外，为国家做一个诤臣，为政府做一个诤友。"在中国历史上，以"天道"为支撑而在帝王面前犯颜直谏的士大夫虽然不多，但还是时有所闻，以至传为美谈。连孟子都说"民为贵，社稷次之，君为轻"，然而这种态度并无改于君臣关系的事实。蒋某人以"诤友"待之是虚伪，胡适以"诤友"自居就是一厢情愿的天真了。易竹贤先生所著《胡适传》（湖北人民出版社1994年版）的第十章标题即为"'独立'的诤臣"，却不说"独立的诤友"，应是符合事实的。

三、胜华说我既然认为鲁迅比胡适"更具有自由知识分子的独立性和批判意识"，这说明胡适是有自由知识分子的独立性和批判意识的，只是不如鲁迅那么多；但我又认为胡适"骨子里还是一介儒生"，不是自由知识分子，这是"矛盾的"。其实这正是胡适本身的矛盾，即努力要做一个有独立精神和批判意识的自由知识分子与他"骨子里"仍是一介儒生的矛盾，我对他这一矛盾的揭示却并不矛盾。我并没有断定他"不是自由知识分子"，而是认为他虽然具有自由知识分子的姿态，但在个体人格中并未清除旧式儒臣的心性，这方面鲁迅比他做得好。我所说的"极大的误解"不在于人们把他"误解"成了一个自由知识分子，而在于凭借他"提倡自由主义"就断言他的人格是自由的。以我的评价，他是一个"不彻底的"自由知识分子，鲁迅比他更彻底。

四、至于说胡适"明正通达""衣钵有后，接棒有人"，而鲁迅"不是正规，不是人情之常、事理之正，使后辈难于效仿、学习"，这种说法在我听来似乎更像是对鲁迅的褒扬和对胡适的讽刺。胡适当然更能让中国人接受，因为他不但有更多传统的东西，而且本身甚至代表着某种"道统"，与儒家士大夫一脉相承；鲁迅则是不可模仿的，他就是要打破"人情之常、事理之正"，问一句："从来如此，便对么？"

五、既然胜华承认我关于蔡元培先生的前清进士身份与他的号召力"不无关系"的猜测"也未尝不可自成一说"，那么对这一条就不提也罢。

六、胜华先生认为鲁迅既然嘲笑胡适辈的批评不过是奴才的批评，何不"直接动手扒'老爷'的皮"，并举梁实秋在《答鲁迅先生》中类似的反嘲，即暗示鲁迅在鼓动武装斗争，而"不会专在纸上写文章来革命"。令人悲哀的是，梁实秋是故意装糊涂，虽有论战策略的考虑，但不排除有援当局致对方于死地的用心，在当时的形势下，实在算不上光明磊落；胜华先生可是真糊涂了。须知以鲁迅的清醒，断不至于以为凡纸上的批评都是"奴才的批评"，否则就只有"武器的批判"，这点道理想必梁实秋也是知道的。胜华先生却不知道，反以为鲁迅徒逞意气，言行不一。

七、拙文举了一系列西方知识分子作为自由知识分子的典型，正是要说明中国自古以来没有自由知识分子，而"五四"知识分子则除鲁迅外还没有人意识到这个差距何在。胜华为我所举的例子中"无一个中国人"（除鲁迅外）而感到愤愤不平，这就对了，总比传统主义者为"无一个西方人"是中国式的士大夫而沾沾自喜要强。至于胜华所举的李敖这根"标杆"（我不喜欢这个词,就如厌恶一切"标兵""楷模"一样），我当然也欣赏，但他不仅是胡适的追随者，也是鲁迅的后继者。

就其思想的犀利和文风的尖刻而言,他更近于鲁迅。然而,他可以说超过了胡适,却并没有超过鲁迅,特别是在他身上见不到鲁迅那种严肃的自我解剖、自我拷问的精神,而流于孤愤和油滑(这是鲁迅有时也难免的)。当然,这种事见仁见智,我没有专门研究,不算定评,何况李先生尚健在,还不到"盖棺论定"的时候。谈到中国当代知识分子是不是因没有自由知识分子就"完了",这就要看我们如何对待了。鲁迅在七八十年前就在呐喊,在中国应者寥寥,到今天的确有"完了"之势,并已为20世纪90年代的"人文精神讨论"和21世纪初的"学术腐败"浪潮所证实。但我以为,只要有人像鲁迅那样意识到自己与自由知识分子的人格差距,并努力克服自己身上的缺陷乃至"劣根性",中国知识分子就有希望。

那么,到底什么是自由知识分子呢?我在拙文中已有所申述,这里想集中做一个归纳。自由知识分子就是以个人自由作为自己一切知识的安身立命之根基的知识分子,也是以知识的目标为自己自由追求的终极目标的知识分子(此所谓"为自由而自由,为真理而真理")。这种知识分子难以做到吗?我以为不难,就外部条件而言,今天百分之八九十的中国知识分子都可以做到。因为这里主要是诉之于一种心态,一种"身份意识",而不是叫人不食人间烟火。自由知识分子也是人,也具有人性的各种弱点,我所列举的那些西方知识分子典型无一不是如此。做一个自由知识分子并不要求人(如胜华所说的)"洁身自好",更不强求人"挺身而出,牺牲自我",而只是要求人明确自己的真正目标,不要迷失了自己的方向,不做对自己所立的目标不利的事。这说到底,只是一种明智之举和"小人之德"。胜华说我"陈义过高",说明他并没有理解我的意思。相反,他自己虽然反对"光从理论上和道德上讨论"知识分子问题,却又主张"激浊扬清",即"一是拿文字和证据当作匕首,到处给知识分子放血,以收棒喝之效,使小人们有所忌惮;二是树立标杆和榜样,推崇真正令人欣赏和学习的优秀人物",就是说,要从道德上大力讨伐小人和表彰圣人。但这不正是我们今天无处不在,甚至"从娃娃抓起"地进行着但收效甚微的"思想品德教育"工作吗?而之所以收效甚微,不恰好是因为用"圣人之德"来要求普通人,因而"陈义过高"的缘故吗?自由知识分子不是"圣人",也不是"君子",而正好就是真"小人",是像鲁迅或尼采那样有脾气、有偏颇、情绪化的"难养"之人(借用孔子的话"唯女子与小人为难养也"),但却有"德",即懂得自己需要什么,因而有自己的操守和原则。他不是,也不愿意成为"被学习"的楷模,只愿意成为他自己。中国目前还缺少这样的知识分子,这并不是最糟糕的,最糟糕的是缺少理解这样的知识分子的人。中国缺少自由知识分子的原因在今天主要不在于生活条件不允许,而在于观念没有转过来,即以为知识的"用处"就在于货予当权者,治国平天下,否则就失去了价值和意义,就只有等而下之去换取物欲的满足,并以这种满足的程度和水平作为衡量知识分子成就的唯一标尺。其实物欲的满足本身并不卑劣,乃是人之常情,问题是不必非要当知识分子才能满足,也可以去经商或做别的工作。既然做知识分子,则除了赚钱之外总还得有自己特殊的目标,这个目标以往被限定为辅佐当权者治国平天下,成为万人景仰的道德楷模,的确陈义太高。在今天则应当转移到个人对知识本身的兴趣和热爱上来。对知识本身没有兴趣和热爱的人,为他们自己着想,最好不要做知识分子,免得难受。

以上陈义不高的说明,不知胜华先生以为如何?

(原载于《书屋》2004年第11期)

[附录] 也谈胡适的身份意识
——致邓晓芒先生

晓芒先生：

顷读湖南《书屋》杂志 2004 年第八期《当代知识分子的身份意识》一文，文中先生呼吁一个想做新型知识分子的人在生存问题有了基本的解决之后，应该想到，也有条件做到把自己的生存方式做一个颠倒（即"把思想本身当作人生的根本基础"）；呼吁"一个想以知识分子的身份来影响社会政治的人首先应该考虑自己的本分和立足点的问题，不要蜕变为争夺权力的政客，把手段变成了目的本身，从而失落了知识分子的身份"，因为真正的知识分子乃是"对真善美这些人类精神生活目标的自由追求者，是人类自我意识和人生最高价值的体现者"；同时也是"对有限的现实生活和社会存在的不懈的批判者"。立意甚佳。事实上，先生不仅这样说了，也这样做了。据我所知，在现实生活中，先生就有两件举动，令人欣赏，一是撰文批评北大改革，斥所谓"一流大学实乃一流衙门"，二是为不合理的博士论文制度，公开向武汉大学叫板，最后以辞去博导头衔为抗议，这在教育界和学术界，实不多见。可惜，"世情薄，人情恶"，先生的批评和抗议，随着时光的流逝，渐渐沦为人们的谈资而已。

大作的基本意旨，我是赞同的，不过，我觉得似乎陈义过高，也未免流于烦琐哲学。坦白地讲吧，今日凡是以大道理讨论知识分子问题的，都很难不给人酸气的感觉。中国社会缺乏培养西式知识分子的环境和土壤，知识分子总是存在于统治者和老百姓之间的中间地带，这一地带给知识分子以上下其手的机会，因而表现出来的造型和德行，令人欲呕，鲁迅在他的小说和杂文中，多有刻画。如今功利主义流行，在一派"重理轻文"的形势下，想要知识分子改变传统的陋习、心理和死症，可谓难乎其难！就我个人的经验而言，我看到太多太多的丑陋的知识分子，使我对知识分子，压根儿上失望了（这一丑陋与失望，甚至也包括我自己在内）；我甚至觉得知识分子早已成为一恶名，稍知自爱者，也不应乐于接受也。先生呼吁知识分子在解决生存问题之后，要做一个精神的追求者和现实的批判者，可见先生注意到了经济问题。但先生未免忽略了一个事实：在体制大一统的情况和现实中，想经济上真正的独立，谈何容易？试问有多少知识分子可以不倚仗政府、不倚仗公家、不倚仗体制而我行我素，批判社会？试问又有多少知识分子为了挤进政府、挤进公家、挤进体制而不遗余力，争得你刀我枪？知识分子能少做点恶心的事情，就已经很不错了；能洁身自好，就已经是很不错了，安能指望其挺身而出、牺牲自我？所以，我以为，至少在目前，先生所说，未免陈义过高。

但是，虽然陈义过高，却又不能不说，知识分子的问题是摆在那儿，如同大街上的红绿灯，有目共睹。但光从理论和道德上讨论，效果不彰；如果有效，知识分子的问题，也不会演变得如此触目惊心。即以大作而论，尚不是有心人阅读，恐怕转眼之间，即成废纸。其实，解决这个问题不妨多从具体事例和实例方面入手，入手的途径有二，一是拿文字和证据当作匕首，到处给知识分子放血，以收棒喝之效，使小人们有所忌惮；二是树立标杆和榜样，推崇真正令人欣赏和学习的优秀人物，此二途，或可叫"激浊扬清"吧？然先生此文，却充满许多哲学术语和抽象名词，一般人不屏气息气，正襟危坐，恐怕是难以卒读的。所以，我以为，先生所说，又未免流于烦琐哲学。

以上是我对先生此文大的方面的感观。以下谈一些枝节方面的问题，对这些问题，有很多人持有与先生同样的看法，所以我不能不做一次认真的讨论。

一、关于知识分子的典型代表，先生文中举了鲁迅和胡适二人，并作了简明的比较。我想此二公，真被人说烂了，尤其是曾经一度"国人皆曰可杀"的胡适，现在慢慢恢复名誉，且有纵深研究之势，这是可喜的现象。不料先生却以"其实""误解""诤臣"否定胡适的自由知识分子的身份，此点大为可议！试看先生先说："……在这种意义上，儒家知识分子也可以看作是'批判型'的知识分子，但这种'批判'是以世所公认且已经居于统治地位的意识形态为前提的，而不是立于个人研究的专业和学理基础上的，因而并不具有真正的批判所蕴含的开拓性和启蒙性。它更多的类似于鲁迅所描绘的奴才的批评：'老爷，你的衣裳破了……'"又说："现在许多人非常称道胡适的自由知识分子立场，把他视为中国现代知识分子的楷模，其实他骨子里还是一介儒生，他的自由不过是孔子'天下有道则现，无道则隐'的自由在现代国际条件下的实现而已。"这岂不是说胡适和他的思想，"不是立足于个人研究的专业和学理基础上的"，而只不过是"各条'战线'上的士兵"，并且"这些'战线'全都听命于中央政权或代表'天道'的政治势力的政治号令"？这是何等怪论？胡适用新方法整理了断烂朝报的中国哲学史，创立了新式标点，鼓吹了白话文，介绍了实验主义，攻击了孔家店，改革了丧礼，提倡了怀疑态度，讨论了民主政治，发展了现代教育……竟然"不是立于个人研究的专业和学理基础上"的!试问这如何叫人信服?若说他"听命于中央政权或代表'天道'的政治势力的政治号令",那么,这个政权是北洋军阀吗?显然不是!是国民党政权吗?显然也不是!我举一例。1929年12月29日,胡适写《新文化运动与国民党》,公开说"国民党里有许多思想在我们新文化运动者的眼里是很反动的";公开说"我们这样指出国民党历史上的反动思想,目的只是要国民党的自觉";公开说"我们对于国民党的经典以及党中领袖人物的反动思想,不能不用很诚实的态度下恳切的指摘";公开说"国民党对于我这篇历史的研究,一定是很生气的。其实生气是损人不利己的坏脾气。国民党的忠实同志如果不愿意自居反动之名,应该做点真实不反动的事业来给我们看看。至少,应该做到这几件事:一、废止一切'鬼文化'的公文法令,改用国语;二、通令全国日报,新闻论说一律改用白话;三、废止一切钳制思想言论自由的命令、制度、机关;四、取消统一思想与党化教育的迷梦;五、至少,学学专制帝王,时时下个求直言的诏令!"最后说:"如果这几件最低限度的改革还不能做到,那么,我的骨头烧成灰,将来总有人会替国民党上'反动'的谥号的。"试问,这样虎虎生风的文字和态度,是听命于国民党政权吗?又试问他要求国民党改用国语、白话,要求国民党改变传统思维,开放言论自由,难道不是基于学理上的研究?事实上,胡适和他的思想,后来遭到国民党围剿、删除、污蔑,正好反证国民党对其的戒备与排斥。再以1935年8月11日《独立评论》第163号的《政治改革的大路》为例。在这篇文章中,胡适公开要求国民党开放政权、讥讽蒋介石不配独裁,他评论说:"蒋先生是不是一个党的最高领袖,那不过是一党的私事,于我们何干?"又说蒋介石"他长进了,气度变阔大了,态度变和平了",这种目无"党国"的态度,这种说"当今圣上"有如说一个眼中人物、有如说一个娃娃的态度，衡之于今人，恐怕也百不得一吧？又岂能以"听命于中央政权或代表'天道'的政治势力的政治号令"一笔抹杀？

二、先生又说胡适"一味地寄希望于最高领导人接受他从西方'拿来'的一套现成的制度设计,实际上只起到了一个旧式'诤臣'的作用"。这是比拟不伦了。先生似乎忘记了所谓"诤臣"的一个形式条件，就是我低低在下，你高高在上，我小心翼翼地劝你，身份是根本不平等的，而胡适在历史上，却正是言论自由的主将。所谓言论自由，它的一个形式条件是我可以随意说出我说的话，内容从挖苦你到开你的玩笑，悉由我高兴，并且我为我所说的负责任，说与被说之间，身份根本是平等的，一如他在《〈人权论集〉小序》中说的："我们所要建立的是批评国民党的自由和批评孙中山的自由。上帝尚且可以批评，何况国民党与孙中山？"请问这是"诤臣"吗？有人以胡适跟国民党走得近，就下结论说他是"诤臣"，这是我们不敢领教的。国民党当时乃是全国第一大党，并且是他以为有希望走上自由民主道路的政党，故他们之间，不乏纠葛。但就胡适而言，迹其一生，所做的唯思想变化、思想革命，不涉政治活动，此由雷震等人力邀胡适做"新党"党魁却为胡适以做一个有力量的现代公民的理由所婉拒可知。而且,在大的原则和立场上，我们看不到胡适向国民党卑躬屈膝的记录，他还是维护了知识分子的人格与规格，不失为超然独立的政治清客。所以，我以为与其说他是国民党的"诤臣"，不如说他是"诤友"，反倒差强人意。

三、先生又说："人们以为他提倡自由主义，他的个人人格就是'自由'的，实在是一种极大的误解。就个体人格来说，鲁迅比胡适更具有自由知识分子的独立性和批判意识。"这段话在语气上，显然是说胡适有自由知识分子的独立性和批判意识，只是鲁迅更加"具有"；而前面先生又说胡适"骨子里还是一介儒生",又说"实在是一种极大的误解",不是自由知识分子,可见是矛盾的。邓先生是学哲学出身,按理似乎尚不至于矛盾如此,大概是出于对胡适的误解吧?

四、先生又说:"……(鲁迅)确实是中国遍地奴才意识的思想荒原上的一个异数。一个人有无独立人格不在于他想什么,而在于他如何想,不在于他主张什么,而在于他如何主张。何况鲁迅所主张的基本上就是他所做的,这就是:'首在立人,人立而后凡事举',虽然在这方面他在思想上和行动上都还留有不太彻底的尾巴。"其实,依我看来,鲁迅的确是一个异数,他对中国历史和社会,有着极为清醒极为深刻的认识与了解,但他在"如何想"和"如何主张"方面,却多以情绪出之,于是,怨恨之下,"一个都不宽恕",老辣固然老辣,然究不是正轨,不是人情之常、事理之正,使后辈也难以效仿和学习,比之于胡适的明正通达、研讨知识,似尚略逊一筹。从我们现在看来,胡适的思想,似衣钵有后,接棒有人,可是鲁迅呢?

五、至于先生说:"'五四'新文化运动的领军人物蔡元培先生之所以有那么大的号召力,与他身为前清进士、翰林院编修的士大夫身份不无关系。"其实,依我看来,蔡元培先生之所以有那么大的号召力,反倒在于他弃"前清进士、翰林院编修的士大夫身份"如草芥,弃这些养尊处优、功成名就、"学而优则仕"的大好本钱如草芥,而去革旧文化的命,去组织学社,去编写报刊,去制作炸弹,去跟当时的教育部翻脸,去跟"中华民国"的总统大人不合作,这种人格和奇变,才正是蔡元培高明光大之处。当然,先生以"士大夫身份"作为蔡元培号召力的一个因素,也未尝不可自成一说,只是不宜拔得过高而已。

六、很显然,通过胡适与鲁迅的比较,先生以为鲁迅才是中国知识分子的楷模,但鲁迅讥诮胡适和他的思想不过类似奴才"老爷,您的衣服破了……"（按鲁迅的原文是："老爷，人家的衣服多么干净，您老人家的衣服可有些脏，应该洗它一洗。"见之于《言论自由的界限》一文）此说如果于理至正，那么，倘是鲁迅，是绝对不会去说"老爷，您的衣裳破了"的，依他的横眉冷对的脾气与傲骨，他会卷起衣袖直接动手扒"老爷"的皮，此之谓骨头最硬者也！同理，以鲁迅为榜样的中国当代知识分子，是否也应该效仿效仿，直接动手扒"老爷"的皮？别人且不说，就连先生自己，恐怕也不至于如此吧？事实上，鲁迅的"讥诮"，只是情绪而已。梁实秋在《答鲁迅先生》中，对于鲁迅这种情绪上的讽刺，有这样一段剖白：

> 但是"新月社的人们"发表了几篇争自由的文章颇引起一些人的评论，以为我们是不够彻底，还是小资产阶级的要求欧美式自由的勾当，比不得马克思列宁等等的遗教来得痛快。有人讥诮我们的要求不过是思想自由，有人讥诮我们只是在纸上写文章而并不真革命。这些讥诮，我们都受了。讲我自己吧，革命我是不敢乱来的，在电灯上写着"武装保卫苏联"我是不干的，到报馆门前敲碎一两块值五六百元的大块玻璃我也是不干的，现在我只能看看书、写写文章。我们争自由，只是在纸上争自由。好了，现在另有所谓"自由运动大同盟"了，"议决事项甚多"，甚多者，即不只发表一桩事之谓也。他们"奋斗"起来必定可观，鲁迅先生恐怕不会专在纸上写文章来革命。

不知先生看了这段话作何感想？若说新月派的人物在纸上争自由，用笔墨奋斗软弱可哂，那么鲁迅不是在纸上争自由，用笔墨奋斗吗？鲁迅何尝自己动过拳头？事实上，在纸上争自由，用笔墨奋斗这点上,鲁迅和新月派是一致的啊,所不同的,只是情绪之高昂与否耳!时至今日,我以为胡适的平和通达、胡适的立身本末、胡适的独立风骨,反倒是最难能可贵。至于鲁迅,虽然骨头之硬,举世无双,文章之辣,天下第一,但到底是不容异己。

七、统观先生全文,先生所举的知识分子的典型除鲁迅之外,是爱迪生,是卓别林,是甘地,是罗素,萨特,是莱特兄弟,是爱因斯坦,是索尔仁尼琴,无一个中国人了!中国当代知识分子完了,除鲁迅一个榜样外,竟别无他人了,这真是世无英雄,逐使鲁迅"盖帽儿",这岂不稀奇?!事实上,倘若真要找一个中国优秀的知识分子,找一个可以见贤思齐的标杆,找一个"把思想本身当作人生的根本基础"的例证,倒不缺人,此人非他,李敖是也。李敖平生服膺胡适,尽得胡适真传,甚至青出于蓝而胜于蓝,且他的独立性和批判性,全无凭依,所靠唯才具、勇气和金钱耳。正如他自己所说:"我没有前卫,前卫就是我的锤子;我没有后台,后台就是我的肩膀。"——以他为标杆,谁曰不宜?

以上所说,难免有率尔之言,但感于先生高风,故特修此书,以为进言。语云:君子成人之美。不知先生其许我乎?

(原载于《书屋》2004年第11期)

从《文化偏至论》看鲁迅早期思想的矛盾

鲁迅在给许广平的一封信中曾说到自己的内心矛盾:"或者是人道主义与个人主义这两种思想的消长起伏罢",例如说,"同我有关的活着,我倒不放心"(这是人道主义,因为总是在担心别人活得怎么样),"死了,我就安心"(这是个人主义,因为人都是要死的,而死是每个人自己的事,不必去管他人)。"所以我忽而爱人,忽而憎人;做事的时候,有时确为别人,有时却为自己玩玩,有时则竟因为希望生命从速消磨,所以故意拼命地做。"[1] 我在"继承'五四',超越'五四'——新批判主义宣言"(载《科学·经济·社会》1999年4期)一文中对此评论说,西方个人主义和人道主义本来是靠一种超越世俗生活的彼岸信念而结合成一种普遍的独立人格的,但在引入中国这样一个缺乏彼岸信念的文化中来时便解体了,个人主义被理解成中国传统"越名教而任自然"的狂士风度,失去了普遍性,人道主义则被理解成中国传统"先天下之忧而忧"的圣人主义,失去了独立个性。这就使得鲁迅的这一矛盾无法调和,必然在内心极端痛苦中导致自己的"生命从速消磨"的悲剧。当然,鲁迅本人并没有清楚地意识到这一点,否则他就会更仔细

---

[1] 鲁迅:《两地书》,载《鲁迅全集》第11卷,人民文学出版社,1993年,第73页。

地检讨一下自己在吸收西方思想时所不自觉地产生的偏差,并找到平衡自己的心态的方法了。在本文中,我打算追溯一下鲁迅的这一矛盾在他的早期作品,特别是《文化偏至论》(1908年)中所埋藏的根苗,以揭示"五四"以来中国知识分子接受西方文化一开始就存在着的某种误读,从而深化我们对这一场思想运动的性质的理解。

一

《文化偏至论》一开篇,鲁迅就探讨了近世中国落后的原因。自古以来,中土华夏依仗自己固有的典章文物傲然于四夷,周边各国文化"无一足为中国法,是故化成发达,咸出于己而无取乎人",又由于交通阻隔,未能与古代希腊罗马相互学习,养成了封闭自大心理。这就导致国人在近代尤其显得麻木不仁,"见善而不思式",一旦西方列强挟"方术"来攻,则遭惨败。如何拯救危难?有些人不顾国情,"竞言武事",以为国家首事在于装备西方的"钩爪锯牙",既可御敌于外,又可提高本国文化,"极世界之文明"。鲁迅认为这种思路不是"根本之图",国民素质孱弱,即使有现代化的武器,"奚能胜任,乃有僵死而已矣"。第二种方案是"制造商估"和"立宪国会"。对前者(即发展工商业),鲁迅认为属于个人温饱之事,纵不提倡人们也在孜孜以求,犯不着打出"力图富强"的旗号;至于后者,鲁迅表现出对西方立宪议会制度在中国的命运的深深忧虑,即"必借众以凌寡,托言众治,压制乃尤烈于暴君……即缘救国是图,不惜以个人为供献,而考索未用,思虑粗疏,茫未识其所以然,辄皈依于众志",这就像有病之人乞灵于巫祝一样危险,更不用说大批宵小之徒以此作为谋利之借口、晋升之阶梯了。鲁迅叹道:"呜呼,古之临民者,一独夫也;由今之道,且顿变而为千万无赖之尤,民不堪命矣,于兴国究何与焉",[1] 竟与当年霍布斯鼓吹专制独裁的理由如出一辙。霍布斯在论证君主制优于民主制时说,君主制中只会有一个尼禄即暴君,在民主制下却可能会有许许多多的尼禄。当然,鲁迅的本意并非鼓吹专制,而是认为在个人素质低下、"势利之念猖狂于中""志行污下,将借新文明之名,以大遂其私欲"的情况下,立宪国会的方案不可能不变味,其流弊较专制统治之下更甚。后来(1934年)瞿秋白对此惊呼道:"这在现在看来,几乎全是预言!"[2]

针对以上谬见,鲁迅提出了自己的主张:当今兴国之计,"所当稽求既往,相度方来,掊物质而张灵明,任个人而排众数。人既发扬踔厉矣,则邦国亦以兴起"。鲁迅的这一提法是与当时的风气大相悖逆的,他所抨击的"物质"与"众数"两端,正是洋务派和改良派的主张,这两者在后来进一步发展为"五四"运动的"德先生"和"赛先生"。但鲁迅比这两种主张都看得更为深远,在他看来,物质(科学)的主张也好,众数(民主)的主张也好,都要看是什么样的人来执行,若精神不张,个性不立,则凡事不举。因此,忽视人的素质而专注于外部功效,羡慕西方的科技手段、典章制度而昧于其人性根源,这无异于舍本求末。鲁迅认为,物质和众数都是西方19世纪文明迁流所导致的一种"偏至"(偏颇),在西方是有其"不得已",但"横取而施之中国则非也",更何况即使引进西方的物质和众数成功,在西方却已成过时之物,陷入人家已经克服的偏至,岂不永远跟在人家后面爬行?为说明这一点,鲁迅追溯了西方物质和众数产生的历史渊源。

---

[1] 鲁迅:《文化偏至论》,载于《鲁迅全集》第1卷,人民文学出版社,1993年,第44-57页,本文多处有关引文均出自《鲁迅全集》第1、第2卷,除特殊情况外,不再一一标注。
[2] 转引自[苏联]波兹德涅耶娃:《鲁迅评传》,吴兴勇、严雄译,湖南教育出版社,2000年,第69页。

他指出，自罗马统一欧洲以来，西方中世纪教皇统治"梏亡人心，思想之自由几绝"；路德改革宗教，影响遍及世俗社会，君主与教皇对抗，而思想的解放导致哲学与科学的发展，地理发现和工商业的兴起，并"进而求政治之更张"。但君主上升为绝对权力后，越加压制人民而不受牵制，"而物反于穷，民意遂动，革命于是见于英，继起于美，复次则大起于法朗西，扫荡门第，平一尊卑，政治之权，主以百姓，平等自由之念，社会民主之思，弥漫于人心"。另一方面，在这场大革命中立下了汗马功劳的是一大批科学家："其时学者，无不尽其心力，竭其智能，见兵士不足，则补以发明，武具不足，则补以发明，当防守之际，即知有科学在，而后之战胜必矣"，自此，西人对于科学"信乃弥坚，渐而奉为圭臬，视若一切存在之本根"。于是，这两种思潮，即民主思潮和科学思潮，各自构成了"十九世纪大潮之一派，且曼衍入今而未有既者"。但两者的弊病或"偏至"之处也就暴露出来了：前者导致"同是者是，独是者非，以多数临天下而暴独特者"；后者导致科学"将以之范围精神界所有事，现实生活，胶不可移，唯此是尊，唯此是尚"。但在鲁迅看来，众庶并不足以"极是非之端"，物质亦不足以"尽人生之本"，这种时代潮流不过是西方文明发展的矫枉过正的偏向而已，且已为十九世纪末西方哲人（如尼采等）所察觉，遂"掊击扫荡"，"以反动破坏充其精神，以获新生为其希望"。后一思潮植根于十九世纪初的德唯心论即"神思宗"，对当时的文化偏至进行纠偏，被鲁迅称为二十世纪"新生活之先驱"，并从中拈出两大核心思想："非物质"和"重个人"，命名为"神思新宗"。

于是鲁迅对他所说的这两大核心思想展开了辩护和鼓吹。他首先把"个人"概念与通常的"害人利己"区别开来，而限定为"入于自识，趣于我执，刚愎主己，于庸俗无所顾忌"，认为这是法国大革命以来"渐悟人类之尊严""顿识个性之价值"的结果。但与此同时,"社会民主之倾向,势亦大张""此其为理想诚美矣,顾于个人殊特之性,视之蔑如,既不加之别分,且欲致之灭绝",必将导致"全体沦于凡庸"。此时西方有一批"先觉善斗之士"起来反抗这一流弊,鲁迅举出了斯蒂纳(Johann Kaspar Schmidt)、叔本华、克尔凯郭尔、易卜生、尼采诸人为楷模,鼓吹"立我性为绝对之自由者",及"不若用庸众为牺牲,以冀一二天才之出世"的"超人"之说。又举古代苏格拉底、耶稣、刺杀恺撒的布鲁多,都遭大众迫害之事,说明众数之"变易反复"而"无特操"。结论是:"多数之说,谬不中经,个性之尊,所当张大"。至于"非物质",他认为也是为了"抗俗"。物质文明固然是"现实生活之大本",但强调过度,必将"失文明之神旨",即丧失"主观之内面精神",物欲横流,性灵暗淡。所以十九世纪新神思宗崇奉的意志主义和主观主义,一是用主观去规范客观物质,一是视主观心灵比客观物质更高贵,而后一含义更是此一思潮的内在原因。由是而"骛外者渐转而趣内""知精神现象实人类生活之极颠,非发挥其辉光,于人生为无当;而张大个人之人格,又人生之第一义也"。这种人格与古典哲学(黑格尔)及浪漫派(莎夫茨伯利、卢梭和席勒等)所主张的和谐人格均大不相同,具有某种偏激性,体现为一些"意力轶众"的"勇猛奋斗之才"。但鲁迅在赞扬之余,也认为"虽然,此又特其一端而已",即另一种偏至,它正好从另一面反映出西方的文明流弊,性灵隳沉,"此正犹洪水横流,自将灭顶,乃神驰彼岸,出全力以呼善没者尔,悲夫!"所以鲁迅其实并不以为这种新思潮就一定可以作为人类精神的未来归属,而是认为"其将来之结果若何,盖未可以率测"。

那么,鲁迅为什么要把这样一种前途渺茫的外来思想引入中国并大力宣扬呢?用他的话来说,"今为此篇,非云已尽西方最近思想之全,亦不为中国将来立则,唯疾其已甚,施之抨弹",即为了"作旧弊之药石,造新生之津梁","出客观梦幻之世界",发扬主观"精神生活之光耀"。这样,"内部之生活强,则人生之意义亦愈邃,个人尊严之旨趣愈明,二十世纪之新精神,殆将立狂风怒浪之间,恃意力以辟生路者也"。所以,前途虽未可臆测,但这是唯一的出路:

> 此所为明哲之士,必洞达世界之大势,权衡较量,去其偏颇,得其神明,施之国中,翕合无间。外之既不后于世界之思潮,内之仍弗失固有之血脉,取今复古,别立新宗,人生意义,致之深邃,则国人之自觉至,个性张,沙聚之邦,由是转为人国。

总之,物质与众数,是欧美列强用来炫耀于天下者,但"根柢在人",学习西方要学到根本。所以中国要在当世生存,"其首在立人,人立而后凡事举;若其道术,乃必尊个性而张精神",而不能贪求表面的"现象之末"。否则,中国过去的毛病就在于"尚物质而疾天才",现在又借外力而"重杀之以物质而囿之以多数,个人之性,剥夺无余",则传统与西化"二患交伐,而中国之沉沦遂以益速矣"。

二

鲁迅的这一篇大文,即使在现在看来,也是洋洋洒洒,慷慨激昂,批驳论证,雄辩无碍。虽然他在1926年发表的《〈坟〉的题记》中说自己接受了《民报》(主编为章太炎)的影响,"喜欢作怪句子和写古字",文章"生涩",但对其思想内容却似乎并没有什么后悔的。不过细心的读者不难看出,除文言文的生涩之外,文中所主张"内之仍弗失固有之血脉，取今复古"，并对"成事旧章，咸弃捐不顾，独指西方文化而为言"的做法不以为然的观点（明显也是章太炎的观点），与后来《狂人日记》（1918年）中在中国历史文化里看出满本的"吃人"二字来，以及1925年在《青年必读书》中劝青少年少读或不读中国书的"偏至"观点相比，无疑是大相径庭的。而在1926年编完《坟》（内收《文化偏至论》等）之后，鲁迅不顾已有一篇《题记》，很奇怪地又追加了一篇《写在〈坟〉后面》，比《题记》长一倍多。文中说道：

> 但不知怎地忽有淡淡的哀愁来袭击我的心，我似乎有些后悔印行我的杂文了。我很奇怪我的后悔；这在我是不大遇到的，到如今，我还没有深知道所谓悔者究竟是怎么一回事。但这心情也随即逝去，杂文当然仍在印行，只为想驱逐自己目下的哀愁，我还要说几句话。

他承认"至今终于不明白我一向是在做什么"，只是觉得"逝去，逝去，一切一切，和光阴一同早逝去，在逝去，要逝去了"；而在这本《坟》中他唯一肯定的作品是《摩罗诗力说》和《论费厄泼赖应该缓行》。甚至书名作《坟》，他也自认为是一种"取巧的掩饰"，即明明是舍不得，但出于"我就怕我未熟的果实偏偏毒死了偏爱我的果实的人"的考虑，预先把那叫作"坟"，将来要追究起来了，可以借口开脱自己。例如，在白话文运动中，复古派就恰好引鲁迅的这几篇文言文字来证明古文的用处，"实在使我打了一个寒噤"，并检讨"自己却正苦于背了这些古老的鬼魂，摆脱不开，时常感到一种使人气闷的沉重。就是思想上，也何尝不中些庄周韩非的毒，时而很随便，时而很峻急"。"我常疑心这和读了古书很有些关系，因为我觉得古人写在书上的可恶思想，我的心里也常有……我常常诅咒我的这思想，也希望不再见于后来的青年",并再一次强调他劝青年不要读中国书"乃是用许多痛苦换来的真话,绝不是聊且快意,或什么玩笑、愤激之辞"。总之,可以看出,在这里通篇充满着矛盾和犹疑。

那么,鲁迅所感到痛苦、哀愁、后悔甚至要加以"诅咒"的到底是什么?我们的确在《文化偏至论》及其他一些文章中看到庄周式的"随便"和韩非式的"峻急",前者如对个性的张大、对"独往来于自心之天地,确信在是,满足亦在是"的精神境界之向往,后者如力图把"尊个性而张精神"作为一种救国的"道术",并居然想在几十年间像动手术般地完成这一改造国民性的艰巨任务,"假不如是,槁丧且不俟夫一世"。但这两种有"毒"的心态"毒"在哪里?与西方的"神思新宗"相比有什么差异?在何种程度上是对西方文化的一种误读?这正是我所关心的。

首先我想指出的是,庄子式的"尊个性而张精神"与西方式的个人主义虽然都不是"害人利己"的意思,但本身却还有一层根本的区别,这就是,庄子的个性是自满自足的,西方的个人主义却是永远的自我怀疑、自我审视和自我超越。因此,庄子"独与天地精神往来而不敖倪于万物,不谴是非,以与世俗处",是一种极其幸福、极其温顺的阿Q哲学,即"精神胜利法";反之,以尼采为例,西方的极端个人主义是一种极端痛苦的追求,如尼采笔下的"疯子":"他大白天点着灯笼,跑到市场上不停地喊叫:'我寻找上帝!我寻找上帝!'""上帝真的死了!是我们杀死了他!……有谁能洗清我们身上的血迹?""难道我们不能使自身成为上帝,就算只是感觉仿佛值得一试?"[1]这种罪感和这种戴罪超越感是庄子绝对没有的。当然,鲁迅并不完全是庄子式的自

---

[1] 转引自海德格尔:《海德格尔选集》,孙周兴编译,上海三联书店,1996年,第769—770页。

满自足，但也还没有达到尼采式地追求"超人"；他的内心痛苦并不是来自于自我否定和自我超越，而是来自于在强大的传统及世俗压力下不能或不敢将自己的真心袒露出来，即来自于无法做到自我肯定、自满自足。所以鲁迅于《写在〈坟〉后面》中说：

> 我的确时时解剖别人，然而更多的是更无情面地解剖我自己，发表一点，酷爱温暖的人物已经觉得冷酷了，如果全露出我的血肉来，末路正不知要到怎样。我有时也想就此驱除旁人，到那时还不唾弃我的，即使是枭蛇鬼怪，也是我的朋友，这才真是我的朋友。倘使并这个也没有，则就是我一个人也行。但现在我并不。因为，我还没有这样勇敢，那原因就是我还想生活，在这社会里。

可见，在这里，鲁迅心目中还有一个未敢暴露的"真我"（"我的血肉"）在，这个真我所面临的最大危险不是它自己，而是外来的沉重压迫。所以尽管《狂人日记》中承认自己是"有了四千年吃人履历的我，当初虽然不知道，现在明白，难见真的人"，说"我未必无意之中，不吃了我妹子的几片肉，现在也轮到我自己"，但究其原因，却是"四千年来时时吃人的地方，今天才明白，我也在其中混了多年"，即受了历史和环境的污染，所以必须"立刻改了，从真心改起"，否则会被"真的人"除灭了。显然，所谓"真心"和"真的人"，在他看来就是没有受到四千年历史"污染"的人，即"没有吃过人的孩子"。所以他最后的呼吁是"救救孩子"，即回复到人的赤诚本心、真心，如同老子所说的"常德不离，复归于婴儿"。

鲁迅所沉痛忏悔的，仍然是历史罪（尽管已不是个人的历史罪，而是国民的历史罪），但还不是"原罪"，不是每个人"本心"和"真心"

中必然隐藏着的罪（人性本恶）。他没有把忏悔当作一个人格成熟的人任何时候都必须承担起来的内在素质，而只是当作一种权宜之计（所谓"中间物"），和一种自我牺牲，即"自己背着因袭的重担，掮住了黑暗的闸门"，放孩子们"到宽阔光明的地方去，此后幸福的度日，合理的做人"。这种"一劳永逸"式的牺牲精神固然感人，却不能不是对人性的一种温情的幻想。的确，在1925年的《墓碣文》中，他已经对自己的这种"真我""真心"提出了怀疑："抉心自食，欲知本味。创痛酷烈，本味何能知？……痛定之后，徐徐食之。然其心已陈旧，本味又何由知？"但终于"疾走，不敢反顾"。他只觉得一旦连自己的"真心"都不可知，那就是彻底的虚无主义，一切都不用说了；他没有看到，只有在不断地"抉心自食"、不断在旧伤上添加新痛以更深入地认识自己的无限过程中，人的"真心"才能体现，这就是尼采的永远自我超越的"强力意志"。鲁迅正是在自己的这种强力意志面前退缩了，他承受不了尼采式的虚无主义，这种虚无主义，如海德格尔指出的，"在其本质中就是一种与存在本身同时进行的历史"，真正的生命则意味着"求意志的意志"（强力意志）。所以总的来看，鲁迅对国民性的批判还未能上升到对人性的批判，他的"解剖自己"基本上还是属于(或退回到了)一种中国传统式的反省和忏悔精神，如曾子所谓"吾日三省吾身——为人谋而不忠乎？与朋友交而不信乎？传不习乎？"也就是看自己的本性、真我（忠、信、习等）是否遭受了污染和蒙蔽，是否"中了"外部影响的"毒"，以及如何摆脱和防范这种毒素。而最终目标则是摆脱"国民性"的病态，恢复人的赤子本性，达到"幸福的度日，合理的做人"的自满自足。其实这种思维方式才是中国国民性的毒根，在这点上，儒家和道家是相通的（鲁迅自以为受孔孟影响不大，看来并不确切，详后），唯与西方"新神思宗"（尼采等）不可同日而语。

由此可见，鲁迅说"尊个性而张精神"，心里想到的是一种嵇康式的"师心使气"的痛快感，一种"敢说敢笑敢哭敢怒敢骂敢打"的宣泄感，唯如此，才能"匡纠流俗，厉如电霆，使天下群伦，为闻声而摇荡"。然而，周围社会和历史传统对人的这种自然本心构成一种严酷的压制，这种压制一直深入到人心的内部，甚至成为一种自己对自己的压制，使鲁迅觉得"背了这些古老的鬼魂，摆脱不开，时常感到一种使人气闷的沉重"，这才是鲁迅感到苦恼和悲哀的真正原因。就是说，他的矛盾本质上并不是他的本心中的内在矛盾（自我否定、自我超越），而是他的本心与外部世界的矛盾，尽管这外部世界的毒素也侵入到了他的内心，但毕竟不是发自他的内心，因此总是有可能摆脱、清除和防止的；但现在又没能做到，所以他痛苦与自责不已。这就是导致他那韩非式的"峻急"的内部原因。

三

这就引出了鲁迅思想中基本矛盾的第二方面，即他所理解的"人道主义"。很明显，既然他的解剖自我、否定自我并不是真正解剖和否定他的真心、本心，而只是要清除这本心所感染上的外来的病毒，因而最终是要清除由历史中带来并流布于世道人心中的社会病毒，使社会能重新恢复健康，焕发生机，所以他对"个人主义"的鼓吹也就必然带上了匡时救世的"内圣外王"色彩。他曾非常自信地说："孔孟的书我读得最早、最熟，然而倒似乎和我不相干。"但潜意识中，他从来没有把学问、思想和艺术摆在国家社稷之上（像西方思想家那样），而是把一切都看作拯救国民的工具（"道术"）。所以我们看到整篇《文化偏至论》都是在为国家"乃始雄厉无前，屹然独见于天下""生存两间，角逐列国是务"而立计献策,如同谋士。当然,这也是那时直到今天绝大多数中国知识分子的通例。

其实,自古以来,道家学说本身就有"无为而治"和"应帝王"的一面,并在汉初黄老之学中展示过它的政治实用效果。但儒道相结合的中介是法家的政治实用主义。鲁迅排斥社会民主的"多数之说",倡言"置众人而希英哲",其理由也恰好是站在国家立场上"揆之是非利害";至于是否公正,及在何种意义上平等,则未在他考虑之列,这就落入了法家的"峻急",与他的"人道主义"情怀(实即儒家的悲天悯人)大相冲突。要消除这一冲突,只有去掉法家这一环节,不是把个人主义作为治国的"道术",而是当作一种个人生活态度来提倡。这对于道家可以带来一种美好自然而又温和无害的印象,对于儒家也可以获得一种"互补"的心理平衡。但这样一来,所谓"人生意义,致之深邃,则国人之自觉至,个性张,沙聚之邦,由是转为人国"的理想就成了纯粹乌托邦式的空谈了。试问个性"张"了之后,各是其是,如何能"转为人国"?真正的"个人主义者",如杨朱那样"拔一毛利天下而不为"的唯"我"论者(有人把这一派也划归道家),是绝不会操心国家如何的,甚至连别人是否理解和赞成自己的观点都不会在意(所以这一派没有留下任何著作。对此,鲁迅在1927年的《魏晋风度及文章与药及酒之关系》中也提到:"墨子当然要著书,杨子就一定不著,这才是'为我'。因为若做出书来给别人看,便变成'为人'了。"[1]但西方的个人主义者都著书,却不是"为人",仍是"为我",即为自己谋取名利,如塞涅卡、叔本华等人。其实鲁迅的矛盾从更深的文化维度来看,乃是道家理想和儒家关切的矛盾:要做独立人,就无法做"国

---

[1] 鲁迅:《忽然想到(五)》,载《鲁迅全集》第3卷,人民文学出版社,1993年,第43页。

人",反之亦然。

于是,阴差阳错地,鲁迅就把儒家忧国忧民的救世情怀与西方的人道主义混为一谈了。当然,在鲁迅心目中,人道主义的西方代表是托尔斯泰。其实托翁并不怎么"西方",一半还是东方的。他的一句"你改悔罢!"风靡一时,释放自己的农奴、分自己的地给农民的行动也使中国一代知识分子绝倒。但那名言其实是《圣经》上耶稣的话,托翁虽然不是正统东正教徒,但他面前无疑是有一个上帝的,对此当时的人却来不及细想,只觉得他心地纯洁,人格伟大,真正是中国传统所谓的"圣人"。鲁迅在《破恶声论》(与《文化偏至论》同年发表)中把他与奥古斯丁、卢梭并列,赞曰"伟哉其自忏之书,心声之洋溢者也"(按此三人均有《忏悔录》问世),并说凡要学他们"善国善天下"的人,"则吾愿先闻其白心。使其羞白心于人前,则不若伏藏其论议,荡涤秽恶,俾众清明",即一个人如果羞于把自己的真心坦露("白心")在众人面前(用今天的话说即"斗私批修""触及灵魂"),就不配谈论国是。但托翁等人的忏悔只是一种信仰的功课,绝不是要以此来洗净自己的灵魂,更不说明自己从此就成了圣人,可以对国家社会和他人施以"改造"了;而是表明自己知罪,因而仅仅使自己具有"获救"的资格,而不是"治国平天下"的资格。所以托翁并不以为自己有能力叫别人"改悔""荡涤秽恶,俾众清明",他的为人民做好事并不是要用自己的行为(善功)证明自己是好人,也不认为他所同情的人民有多么伟大,值得他为之"服务"。毋宁说,他和他所同情的人在他眼里都是一些罪人,只有知罪和忏悔的生活才是有意义有道德的生活。儒家救世情怀和西方人道主义的这一错位实在是错得太厉害了,这也正是导致鲁迅对西方民主制产生严重误解的原因。

这种误解主要体现在对卢梭"社会契约论"原理的不熟悉。鲁迅在1928年还承认自己"未曾研究过卢梭和托尔斯泰的书",[1] 这导致他把"个人主义"原则与"众数"原则完全对立起来,而没有认识到民主思想至少从理论上正是由个人主义原则引申出来的。他把"平等自由之念,社会民主之思"理解为:"凡社会政治经济上一切权利,义必悉公诸众人,而风俗习惯道德宗教趣味好尚言语暨其他为作,俱欲去上下贤不肖之闲,以大归乎无差别。同是者是,独是者非,以多数临天下而暴独特者。"这样的社会,简直不能设想其存在。其实,在卢梭那里,"少数服从多数"的原则是有前提的,也是有限制的。他在《社会契约论》里明确地说道:"事实上,假如根本就没有事先约定的话,除非选举真是全体一致的,不然,少数人服从多数人的抉择这一义务又从何而来呢?……多数表决的规则,其本身就是一种约定的确立,并且假定至少是有过一次全体一致的同意。"[2] 卢梭所确立的民主制的基本思想并不是少数服从多数的原则,而是一个更高的原则,即"公意"(la volonté générale,亦译作"公共意志"),少数服从多数原则是由公意选择和制定出来的。从原则上说,公意本来也可以不选择少数服从多数原则,而选择例如说全体服从全体(这极少有可行性),或多数服从少数、甚至服从一个人的原则(如在战争情况下),那都只是一个具体执行的问题;只不过在通常情况下,"少数服从多数"是最具可行性而又弊病最少的原则,因而被采纳得最多而已。所以公意并不能等同于"众意"(la volonté de tous)。众意即"大家(哪怕所有人)的意志",它们是众说纷纭、各不相同的,即使相同也是极其偶然的;公意则是包含在这众多意志中的那种每个人所共同的东西。例如,每个人都可

---

[1]《鲁迅全集》第7卷,人民文学出版社,1993年,第174页。
[2] 卢梭:《社会契约论》,何兆武译,红旗出版社,1997年,第31页。

以不同意别人、哪怕是多数人的意见（这都属于众意），但每个人都必须维护别人、哪怕是与自己意见极端对立的人的发言权（这属于公意）。伏尔泰有句名言："我坚决不同意你的观点，但我誓死捍卫你表达自己观点的权利。"法律也是如此，每个人都可以认为某项判决不公正，或某条法律必须修改，但没有人能够真正不要法律，无政府主义者离了法律，首先遭殃的是他自己。尼采之所以能宣扬他的超人学说，而没有被不喜欢他的人处以私刑，全赖当时已基本确立的德国资产阶级法律。法律是个人自由的保障，哪怕对那些不承认这一点的人也是如此。当然这只是从抽象的大原则上来说的，至于具体在实施中法律（公意）不得不走向异化，变成多数对少数，甚至少数对多数（这点鲁迅还没有看到）的压制，并且人们还心甘情愿地忍受这种压制（变成"庸人"），这已经是在更高层次上的问题了，通常都由"宪法修正案"之类的条款来补救（如美国）。卢梭当时的意思是，民主制当然不是最好的制度，而是在一定历史条件下最"不坏"的制度，这点现在已得到公认了。

鲁迅当时是在中国社会现状的条件下，以中国人的心态来看待西方民主制的，因而他对西方民主制在中国的实验前景的预见是非常准确而合乎国情的。但也正因此，他的这种心态从理论上看并非不值得检讨。首先，他是以儒家道德标准来衡量民主制的合理性的，在他看来，民主制之不可取，一个重要理由是其鼓吹者"乃无过假是空名，遂其私欲"，"势利之念猖狂于中，则是非之辨为之昧……况乎志行污下，将借新文明之名，以大遂其私欲者乎？"其实，西方民主制并不是建立在良好的道德动机上的，而是建立在理性上的；在道德方面，民主制毋宁是假定一切人都是自私的，并且是懂得为自己谋利益的，而一个聪明的利己主义者必然会选择民主制。用中国人的眼光来看，甚至可以说民主制是一个由"坏人"自己为自己（为一切"坏人"）建立的制度。道德不是民主制的基础,相反,民主制才为真正的(而不是虚伪的)道德奠定了现实的基础。中国民主政治的变质不是由于多了私心,而是由于少了理性,这是鲁迅在当时不可能认识到的。其次,更重要的是,他又是以道家的狂放无羁来反抗民主制所可能带来的对个人的约束的,而从未想到过个人的真正自由不是任意,不是任情使性,不是摆脱一切束缚,而是自律。民主制正是自律的结果,因而也是自由的结果,自由意志制定(或选择)了民主制来保障自己的自由,"自己活,也让别人活",只有让别人活,自己才能自由地生活。所以自由不单是一种情感或意愿,而且是理性,正如康德指出的,实践理性的自由就是自律。鲁迅心目中的自由则只是"天才"的自由,只是在心性、才情和"性灵"方面少数超群之士不受压制的自由,正因为"建说创业诸雄,大都以导师自命。夫一导众从,智愚之别即在斯",所以必须"置众人而希英哲""排舆言而弗沦于俗囿"。然而,鲁迅又没有看到,即使这样一种天才的自由,也只有在民主制下才最少受到压制。只有当广大"庸众"能够自觉地或在法律强制下克制自己破坏他人生活方式的欲望时,天才人物才有最多的机会脱颖而出。所以尼采可以狂言惊世,鲁迅却只能吞吞吐吐。当然天才为此也必须付出代价,这就是他也必须遵守同一个法制,不得任意破坏别人("庸众"或别的天才)的生活方式,但这个代价是值得的。

我并不否认鲁迅事实上是对的,因为他针对的是中国的现实。但理论上呢?这一问也许有点迂,但恰好这是最要命的:中国人历来不大考虑理论问题,只考虑现实问题,这正是一切西方理论搬到中国来都要变味的原因。鲁迅同样未能逃出中国传统的思维方式,他要为国人"尊个性而张精神",却只想到去打动中国人的情感(这当然也不可少),而没有想到要搞清自由的理论,要研究卢梭、托尔斯泰的学说,更不用说研究康德的学说了。他也许觉得这些理论离中国太远,且太迂回,不如"投枪和匕首"来得直接痛快,所以先是作文学,最后就只剩下杂文了。当然我们不能苛求鲁迅,时代的进步有它自己的步调。鲁迅是一个开拓者,但在某种意义上他又的确是一个"中间物",一个过渡。他希望他的作品"速朽",我们却希望他的思想永存,不是为了停留在他的思想上,而是为了不断给我们反省,汲取他的经验和教训,并激励我们进一步向上攀登。

四

现在我们可以来看看鲁迅思想矛盾的全貌了。在《文化偏至论》中,这一矛盾其实已暴露得很明显了。如他把19世纪西方文化的"偏至"归结为"物质"和"众数",但文末突然冒出一句:"夫中国在昔,本尚物质而疾天才矣",这种"偏至"又似乎是中国本土固有的了。可见他其实是以中国"在昔"对物质和众数抱有逆反心理的道家心态来看待19世纪西方的物质和众数的,却托身于19世纪末的新鲜学说"新神思宗"作为自己理论上的依据,颇类似于今天某些"后现代"的鼓吹者(实际上不过是"前现代"的沉迷者)的做法。又如他反对立宪国会的理由本来是"众以凌寡"、多数压制少数;但在同一段中又说"为按其实,则多数常为盲子,宝赤菽以为玄珠,少数乃为巨奸,垂微饵以冀鲸鲵",似乎又是反对其"寡以愚众"、少数操纵多数了,体现出"个人主义"和"人道主义"的相互交错。又如他追述法国大革命以来的思潮发轫,说到人们"久浴文化,则渐悟人类之尊严;既知自我,则顿识个性之价值;……自觉之精神,自一转而之极端之主我",至此全是褒扬之辞;接下来"且社会民主之倾向,势亦大张,凡个人者,即社会之一分子,夷隆实陷,是为指归,使天下人人归于一致,社会之内,荡无高卑",应为贬义,中却以一"且"字相连,不显转折,似仍含褒;再接下来:"此其为理想诚美矣,顾于个人殊特之性,视之蔑如……流弊所至……"云云,此时才显明确贬义,但仍承认"为理想诚美矣",显得极为勉强。什么理想?鲁迅的美好理想是张扬个性、由个性而"立人国"的社会,而"夷隆实陷""荡无高卑"的社会则是一个丧失个性的社会,它只能是儒家"天下为公"的"大同世"理想,这种理想正是他通篇抨击的,怎么会"诚美矣"呢?又如"物质"一词,含义颇丰,鲁迅先肯定物质文明之兴起与"束缚弛落,思索自由"有关,"非去羁勒而纵人心,不有此也",甚至认为科学的创立者也是个性独立的天才,"大都博大渊深,勇猛坚贞,纵迕时人不惧,才士也夫!"可见物质文明实为近世精神文明之一即科学精神的体现;鲁迅对它的批判,亦只限于"崇奉逾度,倾向偏趋,外此诸端,悉弃置不顾",以及"人唯客观之物质世界是趋,而主观之内面精神,乃舍置不之一省",即一是批判它过分专权,对其他精神生活都加以排斥(科学主义),二是批判它本身也丧失了精神层面,成了对客观物质的片面贪求(技术主义和享乐主义)。但照此来看,要反对的就不是物质文明本身,而只是对物质文明的态度,即物质文明的唯一霸权及对物质文明两因素(科学和技术)的肢解和偏颇了。但鲁迅的口号却是笼而统之的"非物质",而且将一切由上述偏颇所带来的社会弊病,如灵明亏蚀,旨趣平庸,物欲来蔽,进步以停等,全数归于"物质",与中国历代儒道对利欲财货的贬抑如出一辙。

为什么会有这么多自相矛盾?可以看出,最主要的是,早期鲁迅在尚未吃透西方文化内在精神的情况下,出于儒家"我以我血荐轩辕"的救世情怀,而"拿来"了西方当时最"先锋"的激进思潮,附会上自己骨子里的道家精神，以作"旧弊之药石，新生之津梁"。而对西方文化的误读，归根结底就在于丢失了西方思想中的超越现实的精神。例如，西方基督教的个人主义就在于个体灵魂在个人自身中造成的灵与肉的分裂以及向彼岸的超升，非基督教的个人主义则要么有一个先验的原则，如假定人虽然身为动物却具有一种超越动物的自由意志（卢梭的"人生来自由"或康德的"先验自由"），要么把超越性本身当作绝对的原则（黑格尔的"自我否定"的主体或尼采的"超人"）；而西方基督教的人道主义就在于基于"原罪"意识之上、通过"爱你的邻人"甚至"爱你的敌人"来为自己赎罪的观念，这是不管现实中的人是否值得"爱"的一条彼岸的（上帝的）命令，非基督教的人道主义则表现在通过"自然法"和"社会契约"承认和保障每个公民的个人权利，其基础是"人所固有的我无不具有"这一"抽象人道主义"原则，包含对每个人的缺点宽容和同情的意思。

自从中国人接触西方文化以来，对西方"抽象人性论"的抵触和批判一直是我们的一种近乎本能的倾向，我们不要抽象，只要具体。这不能不说与我们民族固有文化中的某种偏向有关。但抽象和具体的辩证法就在于，尽管抽象不能脱离具体，但只有从抽象才能上升到真正的（而不是"表象的"）具体。"具体之所以具体，因为它是许多规定的综合，因而是多样性的统一。因此它在思维中表现为综合的过程，表现为结果，而不是表现为起点，虽然它是实际的起点，因而也是直观和表象的起点。……抽象的规定在思维行程中导致具体的再现。"[1]因而，具体也不能脱离抽象。撇开抽象人性的那种"具体"的人性，只

---

[1] 马克思：《〈政治经济学批判〉导言》，载《马克思恩格斯全集》第46卷（上），人民出版社，1979年，第38页。

能坠落为一大堆零星的纠缠于自然物中的现象，主要是肉体（自然养生和自然繁殖）和情感（喜怒哀乐或亲情）的现象，而无法树立起坚实的个体人格来。鲁迅的局限不是他个人的局限，而是民族文化的局限，也是时代的局限。当然，他在后来对他早年所表现出来的一些局限也有了相当程度的觉悟和克服，但始终未能摆脱自己的根本矛盾。而在一个世纪后的今天，我们也许终于到了至少在思想上首先超出这一局限的时候了。

（原载于《中国学者心中的科学·人文卷》，云南教育出版社 2002 年）

新型人格意识宣言
——评残雪的《尘埃》

《尘埃》是残雪的一篇象征意味极强的散文小说。说它是"散文"小说,可它一点也不"散",其实是一篇贯穿着强烈自由意志和个人独立意识的平民宣言。这种平民,和中国传统的"百姓"完全不是一回事,与时下文人动不动就自我标榜的"草根性"也迥然各异,是一种对中国人来说闻所未闻的新型人格意识。

作品一开篇就说:

> 我们是风中的尘埃。在风中,我们的舞蹈很零乱,爱怎么乱舞就怎么乱舞。风停之际,我们随意地撒在屋顶上、窗台阳台上、花坛里、马路上、行人的头上衣服上。我们有时密集有时稀薄,有时凝成粗颗粒,有时又化为齑粉,完全没有规律可循。然而我,作为尘埃当中的一粒,却心怀着一个秘密:我知道我们当中的每一粒,都自认为自己是花。多么奇怪啊,我似乎是自从这个世界上有了我时就知道了这个秘密。为什么要认为自己是花?真是无端地狂妄,人们是知道尘埃比不上花的。花是生命,有美丽的造型。

我们是低贱的尘埃。但是多么奇怪!我们是那么的骄傲和自信,自我感觉良好。我们无拘无束，在风中"爱怎么乱舞就怎么乱舞"，随意地撒在任何地方，从来不考虑别人的观感。我们自认为自己是"花"。这种新型人格意识和中国传统人格意识显出强烈的反差，有违于儒家的温文尔雅和道家的清静无为。

传统人格意识在今天不仅没有式微，反而在社会上得到大力弘扬，它最集中最典型地体现在一首脍炙人口的流行歌谣中，这首流行歌是笔者在读《尘埃》时一直都在耳边作为参照而鸣响着的：

> 没有花香，没有树高／我是一棵无人知道的小草／从不寂寞，从不烦恼／你看我的伙伴遍及天涯海角／春风呀春风你把我吹绿／阳光呀阳光你把我照耀／河流呀山川你哺育了我／大地呀母亲把我紧紧拥抱……

这就是中国草民最能够认同的、实际上是两千多年一贯在鼓吹着的传统自我感（想想颜回、曾点、庄子和陶渊明！）。这种自我感自比为一种卑微的植物，不能和花和树相提并论，只是一株"无人知道的小草"；虽然无人知道，但并不寂寞烦恼，还乐在其中，因为"我的伙伴遍及天涯海角"，还有春风大地阳光等等"把我紧紧拥抱"。有人看准了国民心态的敏感点，为此专门编排拍摄了一部43集的电视连续剧《我是一棵小草》，收视率火暴。剧中以这首歌作为全剧的主题歌，主角林小草忍辱负重，独立支撑起一个对她充满误解和敌意的家庭，用自己的忘我无私和奉献最终化解了如山的仇恨，获得了真爱，也赚足了观众的眼泪和银子。整个电视剧悲情而虚假，但人们爱看，男的会想要是我有小草那么一位媳妇就好了，女的会想我的命和小草一样苦，什么时候能够被刘水那样的帅哥看上呢？而所有生活中难以忍受的痛苦和屈辱，都在主题歌的无私无我奉献精神中化解于无形了。这样温顺而幼稚的国民,不可能指望他们干出什么惊天动地的大事来。

与此相反,残雪的"尘埃"们却是咄咄逼人,令整个世界惊恐:

> 今夜刮北风,我们的集体在黑风中抽搐,有一部分凝成鞭子摔打着树叶,还有一大批变成蘑菇云升上了天空。玻璃窗内的小妹妹噙着眼泪。我们向她无声地呼喊:"我们是花!我们是花!"

比较一下。虽然"小草"的歌是以单数第一人称"我"唱出来的,可是里面并没有一个"我",不仅"无人知道",而且连我自己都不知道"我"是谁,而在"无我"的惬意中沉睡于大地母亲的怀抱;相反,"尘埃"尽管用"我们"来讲述自己的经历,但却处处有一个强悍的"我"。这些"我"不屑于与花比香、与树比高,独断地宣称自己就"是花",它们自行其是。它们的舞蹈"很零乱",但整体上却形成一股力大无穷的飓风,在城市的上空呼啸。

> 城市才是尘埃的居所,我们从不离开这座城市。我们喜欢粘在汽车的前窗上,厚厚的一层,让那司机发狂。这并不是恶作剧,而是一种沟通的方式。我常想,是城市让我们怀着花的梦想,还是我们确实是花?司机肯定是不相信的,他们用水龙头粗暴地驱赶我们,使我们流落到水泥地上,然后又溜进了下水道。然而过了几天,我们又变成了风中的尘埃,我们横扫这座城,无处不在,但从不久留。

小草只对春风、阳光、河流山川感到亲切,对乡村的传统生活方式感到亲切,城市对它来说则是一场噩梦,如同电视剧中所描绘的。

尘埃却把城市当作自己的乐园,它们在这里以恶作剧的方式绽放,[1]并且"横扫"一切。

> 当风息下来的时候,我就听到周围嘈杂的低语,那是我们在低语:谁也听不清谁。虽然听不清,但我知道它们全在嘀咕那个顽固的念头。我们谁也不会因为被风抛弃而伤感,我们太高傲了,从风中落下时就像那些人从飞机上走下一样。哪怕落在肥料坑里也不会影响我们的心态。我们总有办法东山再起。难道风不是为我们而生的吗?瞧,广场上像鬼打架一般滚过去的那些同胞!风从它们旁边刮过,它们在追风。

"我"所听到的嘈杂的低语都在讲述的"那个顽固的念头"就是:"我们是花!"这就是每个尘埃的自信和尊严。尘埃与风的关系绝不是像小草对大地山川一样的依赖关系,也不像薛宝钗的《柳絮词》那种"好风凭借力,送我上青云"的投机关系,而是一种为我所用的关系。大风只是尘埃所利用的一种交通工具。风息下来的时候,不是尘埃被风抛弃了,而是尘埃从这种交通工具上下来了。[2]"难道风不是为我们而生的吗?""我们"是世界的主人、主体,在广场上"像鬼打架一般地滚过",不是风在驱赶它们,而是"它们在追风"。

但尘埃的这种高傲并不意味着它们的自我膨胀,不知自己几斤几两。相反,它们都有自知之明,"我们只能这样随意地生活,因为体积小,也因为没有什么力气"。它们从不自称代表别人,或者代表某个崇高的

---

[1] 残雪本人建议此处改为:"它们在这里以恶作剧的方式摔打叩问。"
[2] 残雪建议从"而是一种为我所用的关系"到"从这种交通工具上下来了"改为:"而是一种相互纠缠扭斗、共同升华的关系",并注明:"改后才合得上龙卷风这种形式。"

理念，它们只代表渺小的自己。但是在从前某个时候，它们曾经被一种坚固的东西束缚在一个整体中：

> 据我们当中那些年老的尘埃回忆，从前我们的先辈是很威严，有定力的，因为它们来自岩石。我们这些年轻的都不太相信这种事，岩石怎么能化为齑粉？而且既然已经从岩石变成了尘埃，又怎么还谈得上威严和有定力？我们没有去深究我们祖先的事，反正我们现在就是这样生活了，可能我们在退化，也可能我们在进化。岩石是不可能无处不在的，在城市中尤其不能。

所有的尘埃都是由岩石风化解体而来的，这岩石象征着古老的传统，那个时候，尘埃们还没有脱离母体，像小草一样没有自我，但整体上却威严和有定力。[1] 从某种意义上说，岩石的"化为齑粉"的过程是种退化的过程；但从它不可能永远停留于铁板一块的岩石状来说，这种风化解体又是一种必然的进化。无论如何，"我们现在就是这样生活了"，是退化还是在进化，进化又要进到哪里去，这个问题并不重要，重要的是大家变成尘埃以后，显然再也回不去了。现在每个人都自认为是花，我们随意地生活，当下可以由自我决定自己的去向。"不过这并不等于我们没有连续性。你见过龙卷风吗？那就是由我们随意聚成的一种形状，很可怕吧？成为龙卷风那天，我们大家都非常兴奋，也恐惧。"读到这里，不禁想起鲁迅《野草》的《雪》中的描述来：

> 朔方的雪花在纷飞之后，却永远如粉，如沙，他们绝不粘连，撒

---

[1] 残雪建议此句改为："那个时候，岩石中的尘埃是作为整体显示出威严、有定力。"

在屋上,地上,枯草上,就是这样。……在晴天之下,旋风忽来,便蓬勃地奋飞,在日光中灿灿地生光,如包藏火焰的大雾,旋转而且升腾,弥漫太空,使太空旋转而且升腾地闪烁。

在无边的旷野上,在凛冽的天宇下,闪闪地旋转升腾着的是雨的精魂……

是的,那是孤独的雪,是死掉的雨,是雨的精魂。

很美,不是吗?但这只是鲁迅的一种向往,一种理想化的描绘,他并没有深入到"如粉如沙"的雪的自我意识的内心世界。因为鲁迅自己的内心世界仍然带有沉重的传统文化的枷锁,他的憧憬抽象而空灵,是"在无边的旷野上,在凛冽的天宇下"可能发生的事情,有尼采式的超然世外,但却不可能发生在他所居住的城市的喧嚣中。但残雪的龙卷风就发生在这个城市的上空,"城市是个大染缸,我们既然待在这个城市里,就变得有点像它了。到底什么地方像它也说不出,只是大家都觉得自己像它"。残雪是底层的,她已经不是传统意义上的"文人",甚至也不是鲁迅那个时代的"知识分子"或"文化人",她至今身上还带有工厂女工、个体裁缝和生意人的气质,她是充分平民化的。她不是从"文化"或"历史传统"的眼光来看待城市生活,而是立足于城市底层来看待整个世界。所以她从来不伤感,而总是感到自豪。

那么最初,我们是怎么到城里来的?这件事就连那些年老的尘埃也闭口不谈。这仿佛是一件你愿意怎么想就可以怎么想的事。至于我,我暂且认为有城市的那天就有了我们吧,因为我不可能设想出没有尘埃的城市。确实,再没有比这更理所当然的事了……有时我们隐蔽得很好,如果我们不想隐蔽,我们的数量可以用排山倒海来形容。那种时候，伸手不见五指，我们占领了每一寸空间，我们甚至认为自己就是城市，是花的城市。城里的人们有个名字送给我们：瘟神。我们将这看作赞扬。……我们乐意被清除，这是我们家族的流动方式之一。生活是有意思的。

可以看出，尘埃不像鲁迅的雪那样，是"死掉的雨"和"雨的精魂"；相反，它们是活起来的岩石，或岩石的精魂。岩石的解体正是被束缚在岩石中的生命力的爆发。雪作为死掉的雨，没有丰富的内心世界，只有在旋风中奋飞的动作；尘埃则开始展示出它们在飞扬中的内心思想，这种思想不再像岩石那样，单凭一种记忆，而是凭借自身的创造力。[1]

一般来说，我们认为我们是没有记忆的。比如在广场那里，我们在半空旋出某种花样，然后缓缓地坠落地面。我们坠落地面后就再也想不起我们大家在空中组成过哪一种花样了，就好像我们从来就是属于这水泥地的庸碌之辈。……说起来，没有记忆也是一种幸福，因为到了下一次，当我们即将在空中变出某个图案之际，我们里面就会有声音高呼："我们是花！我们是花！"那种时候，天空大地全不见了，只有那从未见过的图案在灼灼闪烁。……我将我们的这种禀性归结到传说中我们大家的出身上头。我们既然是来自于岩石，那么这种记忆的消失就是可以理解的了。

---

[1] 残雪建议此句改为："尘埃则开始凭借自身的创造力展示出它们在飞扬中的内心思想。"

这几乎就是残雪本人的创作心态。残雪不是那种凭记忆创作的作家,她是那种完全"无中生有"的创造型的作家,她随时可以进入创作状态,不需要预先酝酿,任何时候都拿得起也放得下。她描绘出来的是"从未见过的图案"。但她又是接地气的,她在旋出某种花样之后便坠落地面,好像"从来就是属于这水泥地的庸碌之辈",而下一次又在"我们是花"的充满激情和信心的呼喊中再次升腾起来,不受任何记忆的拖累去进行新的描画。记忆就是传统,它属于岩石。残雪的创作则是故意对记忆的偏离,并在这种偏离中达到某种平衡,形成某种"准记忆"。[1]

> 不知为什么,在零乱的旋转中,……运动虽激烈,心态是平衡的。正如一位老者所总结的:"平衡出险招。"有时我抱一种恶作剧的念头想让大家吃惊,我故意搞直线运动,朝水平方向冲啊,冲啊,这样却收到意外的好效果——在一片惊慌失措之中,黑暗深处的某种东西露了峥嵘。这种美妙的时候,我往往听到一些细细的惊叹声:"那是花啊,那是花啊。"……不过也有某种类似记忆的东西出现,我们将这种东西称为准记忆。准记忆从不发生在地面,永远只发生在风中。在风中,我们看到某个亮点,听到某种梆子声,感到风的某种变速,触到某类空洞,这一切全让我们联想到花。这就是准记忆,让大家既哀婉又兴奋。

所谓的"准记忆"就是那种风的形状,运动中的形式,它如同燃烧的烈焰永远变动不居,如鲁迅说的,"如包藏火焰的大雾,旋转而且

---

[1] 残雪建议此句改为:"残雪的创作则是突破表层记忆,在形成某种深层准记忆中达到的平衡。"并注明:"改后更准确。"

升腾"。记忆的消失让人感到"哀婉",而准记忆的激励又使人"兴奋"。这种兴奋所激发起来的一片惊慌失措,恰好使"黑暗深处的某种东西露了峥嵘"。尘埃的创造力是要肇事的,它们有种想要冒险、闯祸的欲望,也就是不知道也不顾及后果是什么,以旺盛的生命力一直往前冲,而结果却总是美妙的。这实际上就是艺术创作的本质,也是美的本质。

接下来,残雪描述了尘埃们的一次乘坐飞机的经历。本来,尘埃们把飞机看作仅仅是为自己服务的一种交通工具,它们对现代机械工业的这种杰作并没有放在眼里,之所以还有某种兴趣,是因为那是一种新鲜的体验。"关于飞机的想象应该是超出了我们的经验,可越是超出经验,我们的想象越狂放"。然而,乘坐飞机的经验却使它们感到了恐惧:

> 那种震动是很可怕的……让我们难受的不是震动,而是一种从未有过的枯燥和单调感。白茫茫的四周没有任何有形物,一个发狂的机器在轰鸣着。我们全都后悔不该来这上面。这种处所不但不能乱动,就连思想也很危险,我们生怕自己走神,尽量不想任何事,我们觉得只要一想事立刻就完蛋——就如人所说的"消失在茫茫太空中"。……总之,飞机上给我们的感受与在风中和大地上的感受完全不同,什么也不能想,什么都看不见,又丝毫不能放松警惕。我回忆那种感受时想将它规定为"死",可我们全活着。尘埃是不会死的。

虽然尘埃不会死,但却通过乘坐飞机体验到了死亡。什么是死亡?死亡就是不能思想,"一种从未有过的枯燥和单调感",一种行尸走肉的感觉。当然行尸走肉还不等于死亡,但肉体上虽然未死,精神上却已经先行到死,因此这种感觉中有种难受和恐慌,"丝毫不能放松警惕"。

这是种活得很累的感觉，即"畏死"的感觉，"烦"或者"操心"，"它虽不是死，但它比死还可怕"，机上所载的都是动物尸体。

> 这是一次可怕的旅行，我们这一群的生活信心都受到了挫伤。在这之前，我们从来不知道生活中还会有这种状态发生，我们基本上是无忧无虑的。这次集体的经历在我们的思维里挖出了一个空洞，无法填补，只能尽力遗忘。但谁能在意识到的情况之下遗忘某件事？那可是我们生涯中最最难忘的事啊。

对死亡的体验是它们内心的一个无法填补的"空洞"，是想要努力遗忘而又忘不了的致命一击。"往往有那种时光，当我们静下来不说话时，我们就会想到那件事上面去"，一想到人都是要死的，生活的意义就被掏空了，存在变成了虚无。死亡意识是人人都有，但又必须每个人自己去经历的，不可能与他人分享，[1] 每个人面对死亡都得自己去死，正因此它才使得人像鲁迅说的，"如粉，如沙，绝不粘连"。在残雪笔下，尘埃们对死亡的体验各自不同，"每个同胞都直接讲出一个怪念头。我知道，这些话都同那次发生的事有关。……可是不久我们这一群就失散了。这也难免——虽有难忘的共同经历，但那经历是一段空白，不可能成为我们相互间的磁力。我们各奔东西，融合到另外的群体中。"尘埃带着自己独特的对死亡的体验而飘荡在城市上空，去寻求活着的意义。

正如歌德的《浮士德》中，靡菲斯特和浮士德签订生死之约后，直接就把他带进了下等酒吧一样，尘埃也下降到了菜市场去体验生活：

---

[1] 残雪建议删除"不可能与他人分享"一语。

有好久好久，我随着风飘啊飘，似乎是在等待时机，后来我就落到菜市场的屋顶上了。我待在那里，便听到了沸腾的说话声。这就是城市的活力，这活力吸引着我，我从屋顶的一条缝钻进菜市大厅，落在横梁上。哈，这些心思各异的人们，一点都不像我们尘埃。我完全可以体会到，他们是各自心怀鬼胎的。也许正是因为这一点，他们才吸引我？我从不对他们的行为做预测，也不下结论。我对我的同胞说："关于人嘛，我们只能做一些观察方面的工作。"

"我"感兴趣的正是，这些人的生命的活力是从哪里来的，他们为什么活得那么有滋有味。它看到有两个人在打架，互咬，见了血，但然后就"再也没有动作了，好像变成了化石一样。围观的人们一齐发出一阵唏嘘，似乎感到遗憾，然后慢慢地散开了。"这场景令人想起鲁迅《野草》中的《复仇》："他们俩裸着全身，捏着利刃，对立于广漠的旷野之上"，然而却并不杀戮，使得看客们失望和无聊，终于慢慢走散。这是鲁迅的"复仇"。而在这里，残雪的意图并不是复仇，而是观察和探讨。"我不明白人为什么对这种勾当如此关心。我也关心，但只是出于兴趣，而他们，好像不光是兴趣，简直就是认为与他们的生活切实有关。"尘埃在这里并没有找到它所要找的生活的意义，于是转向了剧场。[1]

我途经那些曲折的空中走道来到了剧院的舞台上。一些同胞也停留在那里。舞台虽是空的，却拥挤着人的幽灵，气氛又热烈，又嘈杂。

---

[1] 残雪建议此句改为："尘埃在这里探讨的是灵魂中险象环生的事件，接着它就深入到了底层去探讨。"

我知道人的表演不同于我们在风中的舞蹈。最大的区别就在于我们没有记忆,而人是有记忆的。

剧院相当于文学或艺术,是人类灵魂的舞台。人们在那里表演的是他们的日常生活,当然需要有记忆,但表演则是对日常记忆的超越,这是揭示出生活意义的前提。在这心灵的舞台上,一个老者在扮演国王,他讲述的却是他脚上的鸡眼。一个年轻女人则在吆喝着卖她的大饼,后来又卖儿童玩具。总之这都是些市井之徒。但"我"却从他们的"完美无缺的嗓音"中听出了某种激昂有力的东西,"听起来就像是在谈论人类命运一样。也许这些幽灵真的是在讨论人类的大事情?我有种紧迫感,我感到外面有龙卷风到来的迹象,于是我随着一股气流从剧院里流到了外面的大马路上空。"而在路灯下"我"看到了"国王"的影子,并且在这个影子里面看到了黑暗的深渊。"我"吓了一大跳,赶紧逃离,飞落在街心花园的草地上。这时,

一个人的声音响起来了:"我总被一个东西追着赶着。"啊,还是那个人!他的影子投在草地上。原来他也被什么东西追赶。可他为什么追赶我?我不敢问他,我怕他的影朝我移过来,然后吞没我。隔了几米远,我也感觉得到那影子的深渊,而且影子的边缘在颤抖着。

奥古斯丁有言:"人心真是一个黑暗的深渊!"我逃离这个深渊,实际上是逃离自己。但这时我还认不出自己来,我问影子道:"您是国王吗?""我的话音一落,那影子的头部就不见了,像被砍掉了一样。这个没有头的影子渐渐往西边移动,越来越远。"一个无头的影子的形象越发神秘了,更像是一个深渊。这时,"我想到一个问题:国王是随

我从剧院里飞出来的呢，还是我是随他飞出来的？当我感到外面有龙卷风时，剧院内的那股气流也许就是他？如果是他的话，就说明我已经到过深渊了，深渊并不可怕，只是从外面看起来可怕而已。"生命的意义眼看就要揭晓了，它就是这个深渊，就是这股龙卷风，龙卷风就是从深渊里面刮出来的。（前面也说了，大风使"黑暗深处的某种东西露了峥嵘"）于是"我"高声叫了出来"今夜有龙卷风！今夜有龙卷风！"令人费解的是，难道龙卷风是"被我这样微不足道的家伙用意念招来的"吗？

> 然后我就听到了呼啸声由远而近，有无数同胞在狂风中呻吟，那真是畅快已极的呻吟。我知道它们正在乱舞。还等什么呢，这不是我一直在盼望的吗？反正到处都是风，我一滚就滚进了风中，然后我就升高了。我不知道我升得有多么高，可能已经到了半天云里吧。周围到处都是同胞，我听见了他们发出的声音，他们谁都不关注谁，只关注自己，但我知道他们是把全体当作自己，我还知道每一个家伙都在力求使自己那些狂乱的动作符合某种奇怪的节奏。

其实，龙卷风还真的就是被这些微不足道的家伙用意念招来的，是被"我"高声叫喊出来的。每个人的自由意志在风中得到极大的伸张，因为它们都在使自己的狂乱的动作符合某种节奏，所以它们其实是把全体当作自己，如同康德的自律。这种自律的节奏之所以是"奇怪的"，是由于每个人都自行其是，却恰好符合了总体的法则，这几乎是意料之外的。"我们就要形成那条龙了，抑或是风自身要形成那条龙？风要是没有我们，它是形不成那条龙的，它什么也形不成。"自律的龙所向披靡，无可阻挡，它就是千百万自由意志的普遍形式。这时在"我"

与残雪,2014 年
6 月摄于长沙

旁边有人在哭。

"你哭什么?"我责备地问。"我是为你哭,因为你认不出你自己啊!"这家伙费力地喊出了这句话。"你说什么,谁是我自己?""就在你身后。"我转过身去,居然听到了国王的嗓音:"我总被一个东西追赶着。现在我渐渐同它拉开了距离。"天哪,在这样的时候听到这样的话!我多么渴望投入这位国王、这位影子的怀抱!可他在哪里?

"我"和"我"的影子——国王互相逃离,拉开距离,但正因此又互相接近、互相认同——这正是一个黑格尔式的自我意识结构。实际上,当"我"去剧场观剧时,"我"就是在进行一种自我辨认了,只是当时未能认出来,"我"看到的是一个无底深渊。只有当"我"感受到这个深渊中冲出的那股强大的气流,并投身于其中,最终和大家一起造就

一场伟大的龙卷风时,"我"才意识到"他"就是"我"。"我"终于从这场时代的风暴中认出了"我"自己。这时,

> 东方已发白,巨龙已经成形,城市在曦光中颤抖。起源于底层,然后渐渐上传,汇成了响彻天宇的大合唱:"我们是花!我们是花……"

"城市""底层""上传""响彻天宇的大合唱",这就是这场世纪之风的几个关键要素。东方的巨龙即将升起,但它和我们历来想象的完全不同,它立足于每个人的死亡意识,以及由死亡意识而建立起来的自由意志,它是一场由底层刮起来的饱含生命能量的飓风,而不是那种由岩石雕刻而成的图腾。这场大合唱喊出了每个普通人隐秘的心声:"我们是花!"它就是残雪为我们这个时代所发布的新型人格意识的宣言。

(本文及残雪原作均原载于《上海文学》2015年第6期)

门外谈中国画的创新

——周韶华作品观摩有感

我的题目是"门外谈中国画的创新",门外,当然我是门外,这个毫无疑问,虽然从小就有这方面的兴趣,但是一直都没有机会进到门内来,一直站在门外观望。最近因为参加鼎韵沙龙的活动,对周韶华先生的作品有一些接触,以前也知道韶华先生,但是没有专门研究过,因为自己不是这个专业,也没有想到过有一天可以专门对周韶华先生的作品来做研究和推敲。这一次可以说第一次认真地接触周韶华先生的作品,八大本的《全集》,翻看了大概两集,来之前还看了一些小册子。原先没有料到,当时脑子里面没有印象,心想是不是一个中年画家,没想到居然这么大年龄了,快90岁了。看了这些作品,很有些震撼,也读了一些美术界的名家、一系列评论家对他的评论,非常受益。这里我想谈一谈我的一点感受。

首先周韶华先生,经过了解,我才知道他是我父母一辈的人。我的父母当年也是参加过抗战和解放战争的,我母亲年轻的时候参加过共产党组织的抗日宣传队,父亲是地下党,后来两人都到东北解放区,又随林彪"四野"南下,经过这样一些可以说是共同的经历,最后也是从事新闻文化这方面的工作。所以我在读他的这些作品的时候有一种理解,知道这是我的父辈所创造的东西。因此我很能理解周韶华先

和妻子肖书文与周韶华先生在鼎韵艺术沙龙合影

生在他这么多的作品里面所体现的那种艰苦卓绝、气吞万里的雄健的画风，那种高昂的革命意志和历史使命感。当时他也是热血青年，他的那种满怀豪情怎么可能局限于中国传统文人画的狭窄框架里面得到宣泄呢？对这一代的老一辈革命者，这些当时的年轻人，我想恐怕只有毛泽东的《沁园春·雪》和类似这样一系列的革命诗词，才能淋漓尽致地激发起他们内心的共鸣。当然文人画是另外一回事了，那些山水花鸟表现得清高淡远和幽静典雅的文人情怀，是根本不适合这个"激情燃烧的年代"的。我来开会之前还很少看到有人对周韶华先生的艺术风格与他自身经历和时代的密切关系做一番分析，当然前面几位发言的有人提到了，我还是想说一说我的体会。我的感觉就是，这种"大河寻源"和当年红军的长征北上有相似的情怀，当然长征跟大河寻源是不一样的，一个是寻找革命的源头，打通苏联，一个是寻找文化的源头，直达仰韶。但两者都经历了高山大河，荒原戈壁，都必须鼓动起内心那种威武雄壮的革命豪情。周韶华先生把自己的探索称之为"三大战役"，我想他内心一直在回荡着的正是《解放军进行曲》的旋律，我的父辈们就是踏着这种旋律的节拍投身于当年那股革命洪流的。我是抱着这样一种理解去读周韶华先生的作品的，如果要"知人论世"的话，每个时代都有它时代精神的最强音，而那个时代就是那些震撼人心的旋律。

　　的确，我们在韶华先生的作品里面看到一种前所未有的大气魄，里面体现出了"天人合一"，以及"隔代遗传"。当然"天人合一"在中国传统文人画中也是追求的理想境界，但是"隔代遗传"就显示出了韶华先生的革命性，这种开创性的意象，就是要跨越唐宋以来中国文人画的主流风范和一系列传承下来的程式，上溯到魏晋以前，乃至于仰韶文化，从那种混沌中去发现最初的文明之光。我想周韶华先生的美术变革最初的念头恐怕是从这个地方生发出来的，这也是一个时代的精神转向所击打出来的思想火花。例如，20世纪90年代中国文学的所有代表性的作家几乎都以不同的方式走上了这条"寻根"之路。但有一点不同的就是，90年代的文学寻根通常秉持的是道家精神，而周韶华先生是以儒家的心态去追溯中国文化最原始的根。我们可以比较一下，贾平凹在小说《废都》里面，他也追溯到了仰韶文化，借用仰韶文化中出土的古乐器"埙"所吹奏出来的上古乐音，表达了文明之初那种空蒙洪荒混沌幽暗的意境。但周韶华先生的寻根是寻找到了草根的力量，并把这种力量表现为一种磅礴于宇宙的霸气，甚至一种帝王之气、王气。他的《黄河魂》，还有《天地一沙鸥》，都表现出了这种气势。

其实在中国传统文化中，崇尚草根与崇尚帝王一点也不矛盾，恰好是相辅相成的。毛泽东在《愚公移山》里面说到，愚公感动了上帝，上帝就是人民，他是真这样想的。比如说在天安门城楼上面，毛主席站在城楼上，面对底下山呼万岁的群众高呼"人民万岁"，他这时想到的也许就是《尚书》中《泰誓》里面讲的，"天视自我民视，天听自我民听"，这是相通的，中国革命本身就是中国历史上最大的一次草根革命。当然由于绘画的特殊性，革命文艺在美术上长期一直是停留在版画的宣传功能这种通俗易懂的大众化形式，又加上受制于素描、油画和西方美术理论的教条框架，所以绘画在将草根意识提升为帝王意识这方面比起诗词歌赋来要慢一步，而国画这种文人雅趣则更是慢了不止一拍，它在这个领域里面，直到20世纪80年代改革开放以前，刨除"文革"中"革文化的命"不说，在它的高层次领域里面除了有一些技法上的创新以外，在审美理念上仍然是传统文人画的一种变体。

周韶华先生可以说不是科班出身，但是大器晚成、后来居上，在艺术精神上对中国文化进行了一次大规模的尝试和探索，他一辈子就是在做这件事情。其中最主要的主题就是对民族文化草根精神中蕴含的巨大的潜力做了深入的挖掘和提炼。他的画风一方面超越了已经变成教条的大众化、通俗化，以及空洞无力的所谓"社会主义现实主义"，实际上是政治意识形态所认同的一套东西，而表达了真正从草根底层所爆发出来的灵感，这是一方面。另一方面，他也没有文人和贵族的清高孤傲，他彰显的是大时代英雄的胸襟和霸气。他从现代中国革命的激情返回到隔代遗传的原点，提出传统的这些东西都要重新开始、返回到最初的原点，这就叫隔代遗传。以前说看一个青年是不是革命的，就看他是不是和工农大众结合在一起；但是当他返回到这个艺术原点的时候，发现这正好是一个知识分子和工农大众完全融为一体，或者不如说尚未分化出来的一个最原始的起点。比如说仰韶文化，那个时候哪有什么工农和知识分子结合的问题，而是一片洪荒，这才是他的力量的源泉，他的"洪荒之力"。于是他的热情就获得了巨大的力量。周韶华身上所发生的，我体会正是经历过以"文革"为代表的磨难的那一批老革命，从20世纪80年代以来普遍出现的"两头真"的现象。这批人大都出身于"草根"，但是投身于历次政治运动中，后来受到打压，有时甚至于还要打压别人，他们到了80年代普遍有一种回顾和反省，有的还自我忏悔。我们现在回到了原点，当年的理想并没有错，但是我们走错了路，走偏了路，我们现在要回到原点，不能忘本，要重新体会那个时代为什么会那么样地激情燃烧，想重现那个年代要表现的东西。所以周韶华先生的画揭示出来的是中国文化最深刻的底蕴，他在这一点上达到了一个时代的高峰，很少有人能够超越他的高度。中国文化最深的底蕴就是草根，而草根的力量只有在革命年代才能够得到尽情的发挥。

但是高处不胜寒，周韶华先生晚年深感困惑的是，如何在已有成就上，跟随时代的脚步继续前进。因为20世纪80年代的精神就是"两头真"，所谓"拨乱反正"，这些东西在当时的确非常激动人心，人们重新喊出要振兴中华，这些口号都非常有鼓动性。但是90年代以来，时代精神已经转向，韶华先生越来越发现自己跟不上时代了。革命战争的年代毕竟过去了，改革开放40年，国风归来，但是国风本身已经发生了翻天覆地的变化，什么是国风？一个要看老百姓关注什么，再一个要看年轻一代的艺术家关注什么，他们能够全身心地投入当年激动着周韶华先生那一代人的燃烧激情吗？电视剧《激情燃烧的年代》火了一阵子，主要是一些老人喜欢看，这些老人日渐老去，年轻人则不感兴趣，觉得没什么意思了。当代草根阶层的激情体现在网络"愤青"

和民粹爱国主义上,这种草根情绪绝对是非艺术的,不值得艺术家表现的。当然在有些边远地区,比如说云南贵州那里,草根文化仍然保持着某种艺术表现的价值,但是现在网络上的这些草根,他们已经接受了现代社会各种各样的信息,他们的愤怒来自他们的陈旧观念对这些信息的不适应,更多地暴露出当年鲁迅所批判的国民劣根性。当代最先锋的一代艺术家们正在尝试另外一种"隔代遗传"的艺术,即回到鲁迅的时代,以20世纪初新文化运动的眼光对我们的草根文化再次展开深层次的反思。鲁迅的批判矛头就是指向草根的,虽然他也曾经欣赏过草根文化的质朴的一面,例如童年时代的闰土,但是在一个特定的时代,鲁迅写出了中国草根的阴暗的一面。

以这样的隔代遗传的眼光,即以新文化运动的眼光,现在年轻的艺术家们虽然不自觉,他们也可能并没有读过鲁迅,但是他们无形中摸索出了一个反叛机制,对我们长期习以为常的国民精神提出强烈的质疑。这个反叛机制它的底气在哪里?它的底气在于艺术家的个体意识的觉醒,他的个性的自觉。真正的艺术精神、艺术家的个性被他们用来取代建立在大众意识之上的那种个性,那种来自于草根群体并以他们的代表自居的帝王一般的个性。以往那些个性化的艺术往往带有一种天上地下唯我独尊的霸气,这种霸气并不真正源于艺术家个人,而是源于天人合一、以承担天道自命的宇宙观,以及家国一体的忧患意识。我们可以看看周韶华先生的一些关键词:东方、民族、国家、国风、宇宙等,总之都是些气势恢宏的字眼。但当今时代这些青年艺术家们心中的关键词已经不是这一套了,而是人心、个人、灵魂、反思等等,这样的一些东西表达的是"小时代"个人向自我内在心灵的探索。因此,我认为当代中国画所应该有的更大的突破,主要不在于如何把传统艺术和外来艺术的材料、形式以及手法巧妙地结合在一起,这当然也是创新的一种，这方面做得最好的应该还是"文革"时期的样板戏；但我觉得当代更根本的突破，还应该在于艺术家的心态要有真正的放开，从狭隘的东方、西方的文化对立提升到全人类的人性视角。这方面我觉得我们的艺术家还没有完全放开，我们习惯于在固守传统东西的前提下向西方艺术的表面形式开一点口子，作一点形式上的横向移植，并没有认真地正视西方艺术内在的艺术精神。当然，思想的放开不是你想放开就能够放开的，传统的东西渗透在你的血液里面，你不知不觉就是这样思考问题。但是现在一个最好的条件就是，整个中国文化实际上比以往任何时候都要开放得多，所以艺术家今天要获得一种全球化的视野，已经不是能不能的问题，而是愿意不愿意的问题。艺术家可以做到对于艺术本身有一种普世性的、纯粹艺术性的追求和感悟，而不必将民族性或中国文化特色强行附加在艺术之上，使它成为一种带有政治色彩的意识形态。民族性和中国特色是中国艺术家摆脱不了的一种属性，但不应该是艺术家主动追求的目标。任何艺术都是不能不带有它的文化特色的，但艺术作为艺术，本质上是跨文化的，也是跨时代的，最好的艺术品都是永恒的，也是不论中西、任何文化、任何时代的人都会对之有所感动的。中国画的艺术创新要有这样的视野，从这样的视野来反观当代的艺术，那就会有一种新的感悟。

当然，今天中国的艺术家要做到这一点是很不容易的，他要求一个人在当一个艺术家之前先做一个世界人，你要有普世的情怀，有对普世价值也就是普遍人性的认同。现在很多人都在否认普遍人性和普世价值，普遍的人性到底有没有？肯定是有的，连毛泽东都说，不同的阶级有共同的美，口之于味，有同嗜焉。同样地，不同的民族也有共同的人性，而这正是艺术家应该着力表现的地方。过于强调东方民族特色或者大国崛起，想让西方人对我们刮目相看，引起对东方文化的重视，实际上恰好是文化不自信的表现。当然就某个特定的艺术家而言可以这样强调，但这不属于艺术观，这属于附着于艺术之上的一种文化观或政治观念，那是次要的。很多后发展国家的艺术家都带有这样一种民族主义的观念，我认为这是次要的，不应当成为评价一个艺术作品好坏的标准。当然我也不否认他们能够创作出好作品来，但他们作品的好不在这点上，而在艺术品本身。所谓先做一个世界人，就是要对东西方的艺术精神有全面的了解和领会，你对传统东方文化的挖掘再怎么深远，毕竟还有一个同样深远的西方文化精神立于你的视野之外，那难道不是一个触发你艺术灵感的宝库吗？周韶华先生肯定是读书读得非常多的，但他主要是立足于东方文化的精神宝库来吸收西方艺术形式，这样来形成他自己的艺术风格。所以尽管他也借鉴了西画的一些技法，如水彩技法和透视技法，但似乎没有人说他是"西化派"。我倒是觉得在这样的基础上如果还要谈进一步创新的话，艺术家不妨借鉴和吸收一些西方艺术精神的要素，而不单纯只是形式。例如西方艺术精神里面一个很重要的维度是宗教，这个不单是周韶华先生，也是整个中国知识界长期所忽视了的因素，我们从来没有把西方的宗教精神当回事，以为那就是迷信。但是你欣赏西画，你不了解西方的宗教，很多东西你是欣赏不了的，你所看到的就只能是那些表面的形式。所以真的要讲东西方艺术融合，我觉得现在还为时过早，起码中国人对西方艺术的理解还停留在技法、材料这些方面，写真还是写实，抽象还是具象，很难进入到他们的精神空间内部。所以我们的艺术家还要读大量的书，哲学的、文学的、艺术的、政治的、历史的、宗教的等等，从中获取对一般人性和人类精神生活的丰富素养，这叫自我养成。要成为那种跨文化的艺术家你必须要自我养成，要有一个过程，不是你想做就能够做到的。有了这样一个过程，我们就会对这种普世的眼光有种自觉，就会以这种普世的眼光来看待中国当代活生生的现实。我们当然不会因此不再是中国人了，恰好相反，我们作为中国人，把我们自己放到世界人中的一分子来看待，我们由此才具有了中国人的自我意识。必须要有这样的思想背景，我们才能够知道如何去发挥中国人的特长。中国人是有特长的，它曾经是我们的包袱，但是我们现在要把它变成我们的财富。

在这方面，我可以举鲁迅先生作为我们的一个榜样。我经常想到，我们的画家有谁愿意去画出鲁迅的灵魂？比如说鲁迅的《野草》里面，有大量值得描绘的鲜明的画面，有些本身就是绘画题材，如《墓碣文》中的："于浩歌狂热之际中寒，于天上看见深渊，于一切人眼中看见无所有，于无所希望中得救。"我觉得这正是一幅中国画的题材，这里面的情愫完全是个人主义的，但不是文人画式的，既不是老庄的逃避社会和人生，也不是儒家的那种慷慨激昂或深怀忧患，而是尼采式的、特立独行的。我想象如果画出来将是一幅泼墨，它将突破天人合一的混沌之气，而闪耀出个体灵魂之光，用国画来画甚至有可能比用油画来画更强。鲁迅是中国魂，鲁迅死的时候被知识界公认为是中国魂，包括那些骂他的人也都承认这一点；但是你要尝试去画出这种中国魂来，前提是你必须要读懂鲁迅。鲁迅是不容易读懂的，尤其经过最近的20年来告别革命、反思启蒙，我们把鲁迅作为反面的对象加以批判，有人还要取消鲁迅在中学教材中的位置，这些人的思想都远远处于鲁迅之下。中国思想界好不容易由鲁迅所达到的高度现在已降到了最低谷，中国人重新丧失了清醒的文化自我意识和反省精神。因此，要重回鲁迅的高度，这对于青年画家来说更是一项艰巨的工作。但年轻人的优势是身处一个对外开放的时代，如果能够在提高艺术表现力的同时也像前辈艺术家那样勤奋读书，理解前辈的苦心，让他们的匠心、他们的思想，以及他们所传承下来的历史的脉络，在新的时代与各种文化精神的碰撞中绽放出灵感的火花来，我相信一定是能够在艺术上做出超越前人的突破的。

但是即使他们做作出超越前人的突破，也并不意味着周韶华先生的作品就被取代了，就没有什么价值了。我昨天的发言也讲到了，艺术是表现时代精神的，而时代精神是不断地变化的，所以艺术作品它不可能定于一尊。艺术家除了极个别的超前的天才以外，他不可能超越他的时代，而且他必须表现他的时代，在表现他的时代上达到登峰造极、淋漓尽致，作品达到这样一个极致，它就永恒了、不朽了，成为后来世代的人们所关注的对象。后人会去体会艺术家的苦心，看他是如何表现他的时代的。所以我的评价看起来好像有些不太赞同周韶华先生的创作理念，我前面对他做了高度的评价，后面又有一些另外的看法，好像有些矛盾，其实并不矛盾，每个时代都有它的时代精神和表现这个时代精神的代表性的作品，而艺术家则要根据新的时代精神做出新的开拓，艺术史就是这样一代一代发展过来的，我是这个意思。

"意识形态"这个概念比较含糊，马克思他们那个时代本来是指一种观念形态或观念学（Ideologie），后来人们把它固定化以后，成为官方对思想的一种控制，一种"政治正确"的条条框框，一种对思想文化的限制和官方要求，当局用这套东西来规范知识界，统一思想，建立自身统治的合法性。这种意识形态肯定不是能够让艺术自由发挥的园地，局限在这个里头就是艺术的死路、绝路。但是意识形态本来的意思并没有这么僵化，它就是讲一般的思想观念，当然集中表现在哲学家身上，因为德国哲学都是成体系的，而且一个体系推翻一个体系，它们体现了德国人的思维方式和精神状态。从这个方面来说，我认为艺术应该关注意识形态，但不应该跟着意识形态走。因为艺术这个东西是凭感觉来创造的，它不关心思想观念或者哲学，你凭哲学原理来创作，或者像"文革"时那样"观念先行""三突出原则"，那是注定要失败的，你必须要有感觉有情感，有一种时代的激情。所以我更倾向于前面一个，就是追随文化的心态，包括中国传统几千年的文化心态。但是如果一味追随传统文化心态，没有意识形态上的反思，艺术家会陷于盲目，特别在一个文化转型的时代会走到死胡同里面转不出来，就会有种苦恼。例如文人画在今天看来就只是一种过去了的文化心态的表现，那种文化心态背后的东西，就是我们几千年的中国传统自然经济的社会，老百姓盼望有一个太平盛世，大家可以安居乐业，那就需要一个皇帝；而文人们呢，如果不能辅佐皇帝，也可以回归自然。这很朴素,绝对没有什么很神秘的地方。而现在的文化心态开始在转变，艺术家要抓住这个苗头，了解我们21世纪的文化心态起了一些什么样的变化，这些变化的前景如何。恐怕有些变化是翻天覆地的，因为传统自然经济已经解体，文化心态已经大变，正可以说是"三千年未有之大变局"，这个才是最根本的。但要了解这一点，就离不了意识形态的反思。艺术家的创作就要植根于这方面。当然古代的传统还在，可以供我们观摩，你也可以植根于传统的那种文化载体，在形式上加进一些现代元素，也可以创作出好的东西，旧瓶装新酒，传达一点现代的东西。但是根本性的东西就是要抓住时代精神这个最有前景的苗头，将来人类走向全球化，这就涉及精神上的横向移植，而不仅仅是技法上的创新。这些东西其实都很好理解，我们一定要继续改革开放，继续了解西方人他们的文化心态，我刚才讲的宗教，这些东西我们都没有探索过，首先是哲学界现在才开始探索这些东西。

我曾经自认为是两个时代的桥梁,我是非常能体会老一辈的革命家那个时代的,他们当时也是热血青年,他们当时的选择错了吗?肯定是对的,我要在当年我肯定也是走这条路。但是为什么现在对那时有反思有批判,有这么多的负面评价,我想不能够完全抹杀,这是时代的转化,这是人性的成熟过程。共产主义理想那是一个美好理想,现在人们说它是意识形态的套话,那是因为后来人们把它变成套话和教条了。实际上共产主义的理想是人性中一个不可消除的永恒的要素,人类进入阶级社会以来就想回到那个时代,西方有柏拉图的理想国,中国有《礼记》《礼运篇》中的大同世,现在还有很多毛泽东的崇拜者,这个现象不能够简单地用一句"忽悠人"解释或者抛弃,它在每个人的骨子里头根深蒂固,这是人性。问题在什么地方呢?在于人性还不成熟,人们以为我凭一个理想就可以马上把它实现出来,而没有充分估计到人性中有另外一面,这就是人性恶的一面,人的有限性的一面。这么美好的理想一到现实中为什么都失败了呢?就是没有充分估计到人性的恶,即承担这种人性理想的这些人都是有限的,他们有他们消除不了的恶劣的本性,这也是人性。人性有两面,你不能只看一面就以为能够怎么样。所以不光是中国,整个世界共产主义运动都是一个人性成熟的过程,这是必然的,也是必要的。经过这个过程,你就知道我们应该怎么看待人性,那么我们以后在追求理想的时候,就不要太天真。这里面包含有一套心理学的理论,一套社会心理学理论,我觉得从社会心理学的角度来谈,可以深入到人性里面去,可以继续进一步深入;但继续深入就可以看到,它也不光是一个时代一时的社会心理状态,而是人性的根本结构,人性善恶两极的对立统一结构,而这就涉及哲学所关心的领域了。它从根本上说就是一个哲学的问题,也是我现在正在做而且将来还要深入做下去的研究。我这里也讲到了我的一种初步的猜测或者一种初步的感想，因为我以往对艺术对美术的关注不是很多，这里提出的当代艺术的"隔代遗传"只是随感而发，是由周韶华先生带起来的说法。艺术家要学习鲁迅的精神，比一般的人更难一点，因为艺术家是凭感觉说话的，当然也有很有思想的艺术家，他也有理性，但是他的艺术之根还是建立在感觉之上，他特别敏感，他的绘画、音乐主要就是用感觉来说话。现在要实现艺术上的进一步突破，就必须超越感觉而吸收一点理性思维，这是很有好处的。

（本文为2017年5月14日在武汉市鼎韵艺术沙龙讲谈——"笔墨中立定精神，周韶华作品及理论解析"上的发言记录，经本人整理）

"我要问学者"栏目答客问

（袁训会采访）

关于"知青"下乡

问：作为"知青"，经历了从保守封闭到改革开放的成长经历，对人性有了较为全面的把握，应该如何做好新一代青年的教育与培养，把这种宝贵的人生财富传承下去？

答：我们经历的是一个国家、一个民族从死亡的边缘到逐渐复活的过程，在这一过程中，最能够清楚地看出中华民族在现代世界中的出路、活路何在，看出我们为什么一度走入死胡同。所以，我们可以用我们的亲身经历，比如大跃进和三年困难时期、"下乡""四清""文革"，以及改革开放以来民间所展示出来的活力，来对下一代言传身教，戳破他们被别有用心地灌输到天真头脑里面的各种谎言，特别是告诉他们凡事要用自己的脑子思考，以及对照现实生活来思考，不要盲从。

我们曾经被那些冠冕堂皇的大道理害苦了，要教育下一代成为一个诚实的人，至少要有清醒的头脑，这在今天社会发生如此巨大变迁的环境下已经有了良好的条件，不像我们当年，说一句真话都可能面临杀头。一个父母曾是"知青"的家庭里面应该充满着批判精神，这种精神与现在的年轻一代是相通的，不存在真正的"代沟"。

问："知青"这段历史对我们中国现在的情况有哪些具体的影响？又如何对我们这一代未曾经历那段历史的人发生作用？

答：其实，对那段历史知道得不多不是根本性的问题，因为从那时以来直到现在，中国人的思维方式并没有发生根本性的改变，历史的连贯性就体现在我们身上和你们身上，只要有所耳闻，马上就能够豁然贯通。

比如说，"文革"的思想意识形态在今天当然已经是日薄西山了，顽固坚持的人不多；但那种考虑问题的方式依然存在，很多人总想找一个新的权威来供自己膜拜，依托另外一种意识形态（如爱国主义、民族主义等）来干我们当年在"文革"中干的事情，同样容不得不同意见，容不得不同生活方式的存在，总是倾向于用暴力对待同胞中那些弱者，以壮大自己卑微的灵魂。这甚至不能说是"文革"的影响或"余毒"等等，而就是我们这个民族几千年来的劣根性。

问：您认为现在的学生，尤其是城市大学生，是否应该在大学期间或者毕业后，到农村和边远地区工作和生活一段时间？我认为"上山下乡"客观上也造就了您那代人的意志品质和对生活的感悟。

答：我不反对现在的青年出于了解社会或丰富自身阅历的目的而主动去农村接触农民底层，去工厂和社区也可以，我甚至认为这是有志于学文科的大学生的一段必要的经历，当然是建立在自愿的基础上。

这和对"上山下乡"的评价没有关系,那场运动绝对是欺骗性的、压迫性的,我们可以说它客观上造就了某些好的东西,但这不能算在上山下乡的账上,就像曼德拉在27年的监狱里悟到了种族和解的道理,不等于说每个人都要去坐一次牢。大批有才华的青年被这场运动生生毁掉了,置之死地而后生的只是极少数,这是我们民族的劫难。

但对社会底层的关怀任何时候都是一种积极的生活态度,不一定要去农村或边远地区,就在你身边每天都生活着底层的百姓,上演着底层的苦难。甚至你的同学,也包括你自己,都有可能成为底层的一员,由于家庭困难,由于疾病缠身,由于飞来横祸,由于能力差异或性格特别,都会导致生活中的沉沦,都是你和你的同学们回避不了,也难以视而不见的,蚁族和蜗居的命运在等待着很大一部分大学毕业生。如何面对这样的命运而顽强地活着,这就是对你们这一代人的考验,所需要的忍耐和毅力,恐怕不亚于我们当年在乡下所经受的,这也正是我们这些过来人可以给你们提供帮助和鼓励的地方。

问:知识青年下乡可以给广大农村地区输送科技文化知识,给农业的发展带来生机与活力,而且广大农村的生活场景也是文艺工作者的创作源泉,文艺离不开群众而且为群众服务。不知道这个想法,您觉得有没有道理?为什么?

答:你还相信"上山下乡"给农村带来了文化知识,可见你对这场运动了解的还是比较少。我们当年虽然号称"知青",其实本身并没有多少知识,初中、高中生,认得几个字,会做算术题,灌输了满脑子的阶级斗争观念,最初一两年搞了点扫盲工作,引进了一点良种,也常常是失败的。我们更多的是在当地农业技术干部的带领下强行要农民做这做那，搞些劳民伤财的"科学实验"，破坏当地生态和植被。再就是举办了一些文艺会演，教农村青年唱"红歌"、跳"忠字舞"，到了后期，就是偷鸡摸狗、无所不为，被农民骂为"日本鬼子"。这些事情，不说也罢，说起来还有点脸红。

问：我的问题是，您觉得如何能让本文这样的反思，不只是在小众群体中共鸣，而让更多的人尤其是年轻人都可以从中得到有益于人生的思考？

答：我对此不抱过多的奢望，能够反思的人在中国注定只是小众，绝大部分人都是浑浑噩噩、稀里糊涂地就过完了自己的一生，所谓人生一世，草木一秋，活得像植物一般，却自以为辉煌无比。

我只是觉得，不说白不说，不是为了"唤起民众"，而是为了对得起自己，对得起自己经历的时代。凡是经历过的苦难，都应该留下记忆，不能白白地消逝。如果年轻人能够从中得到某种感悟或共鸣，这就是国家之幸了，我乐见其成，但不是刻意追求的。

问："知青"及城市居民的到来，给当时处于相对"愚昧"的农村带来文明的气息，也为后期的"乡镇企业"大发展铺下基础。我认为不应以当年受难而后悔，亦不要以现在的眼光责备故人。

答：就我本人来说，我是上山下乡的"受惠者"，本应该高调宣扬"青春无悔"，但我觉得那是一种缺乏反思的心态，而且有些自私。为了那一点点"文明的气息"，就要把上千万正在受教育的青年扼杀在野蛮中，让整整一代中国人未受正规教育，你以为这两方面是可以相提并论的吗?

关于哲学研究

问：经验主义和理性主义两者的关系如何？康德在《纯粹理性批判》里是怎么调和或者说综合经验主义和理性主义的？当代学者也有很多强调经验主义，尤其面对当下的转型时期，他们强调有个试错的过程（或者邓小平讲的摸着石头过河），试错过程是不是已经包含了理性建构的过程？在当下理性主义应该处在一个什么样的位置？作为哲学家，您能够给爱好哲学的青年什么建议？

答：康德说，一切知识都是我们用先天的理性法则去统摄经验材料而构成的，两方面缺一不可，思维无内容则空，直观无概念则盲。虽然他自己并没有很好地调和这两方面，但基本的思路是对的，理性和经验不可偏废。

顾准先生很多话都说得很精彩，但唯独这方面我不同意他，他和他的追随者们都混淆了西方的"理性"和中国的"天理"，把"大跃进""文革"这些荒唐事都归咎于太讲"理性"。只凭内心情绪体验和信仰的，是立足于盲信甚至迷信之上的，是非理性的。

现在为了反对"文革"的假道学而把西方的理性主义一起反了，这是理论上的极大失误，它阻碍了中国人对自己理性思维能力的训练，毫无前瞻性，只会是盲人摸石头，永远过不了河。对哲学有爱好的人，不要直接从哲学原理入门，而要从哲学史入门，我讲的是西方哲学史。恩格斯有句话说得好，学习哲学唯一的办法就是学习哲学史，别无他法。人类两千多年的哲学发展，能够在哲学史上留下名字的都是绝顶聪明的人，你能想到的哲学问题，前人早已经想过了，还有更多你没有想到的，前人也想过了，以他们当自己的老师，比任何哲学教师都强。

当然，学完了哲学史并不等于你就是哲学家了，那时是否能够自成一家，要靠运气和造化，可遇而不可求。但学哲学不是一定要成哲学家，而是要具备全面的哲学素养，这是成为一个完整的人所必需的。学习哲学是为了"成人"。

问：邓老师您好，现在人权已经成为道德的制高点，甚至成为国家间相互攻讦的工具。而另一方面，对人的权利的过分强调，又导致人与自然关系的失衡，引发了一系列生存问题。那么在这样一个现代语境与后现代语境混杂的社会中，人权的内涵是什么，人权的边界又应该是什么？

答：中国人理解人权非常困难，有语言上的和文化上的障碍，现在大部分国家间在人权政策上的对攻，基本上是对人权理解的错位，是鸡同鸭讲的一场混战。

我们所理解的人权，也就是所谓"权利"，还是从中国传统的"人欲"中推出来的，大体上是一个"民生"概念，首先是"生存权"，再就是"民利"（现在叫"人民利益"），老百姓理解的权利则无非是让他们得到"实惠"。宋儒讲"存天理灭人欲"，到明清引起反弹，讲天理即人欲，人欲即穿衣吃饭，人所共有，天经地义，但仍然反对私欲。

西方人权概念是建立在私有制基础上的，强调私人领域的不可侵犯，虽然与利益有关，但不仅仅是利益，而是人格独立和人的尊严；而这种独立和尊严的前提是公平和正义，人格尊严不是要凌驾于别人之上，而是与一切他人平等，这就必须由正义来摆平，而正义体现为法。

所以,西方的权利(英文 right,德文 Recht)同时有"公正(法制)"和"权利"两方面的意思,这个概念是无法准确翻译成汉语的。

例如,"弗格森案"警察枪杀黑人青年布朗,是否侵犯了人权,不但要看是否让对方受到了伤害,而且要看这种伤害是否合法。而我们往往只看到谁受到了伤害,而不去讨论合法性程序,这就是一种文化错位了。如果只要有伤害就是侵犯人权,那么为了维护人权就可以把警察和法律都取消了,那不更是一个无法无天的世界,哪里还有起码的人权呢?

所谓对人的权利过分强调会导致人与自然关系失衡,也是从"人欲"或"私欲"来理解人权所推出的结论,因为只要真正是人的权利,那就是在法制前提下的利益诉求,怎么会导致人与自然关系失衡呢?生态失衡恰好是无视人权的结果,而不是强调人权的结果。可见中国人要理解西方的人权概念,还要走很长的路。

关于社会现实

问:媒体上提到的老人变坏了还是坏人变老了的讨论,我想这可能正是由于老人们缺少反思精神而引起的,中国文化是不是本来就缺乏自我反思的基因?您对注入解剖自我、反思历史的基因有什么样的思考?

答:媒体上总是喜欢耸人听闻,什么"坏人变老了",好像只有这一代人是坏人,他们变老了。其实再过五十年来看,恐怕是更坏的人变老了,按照目前年轻人的道德现状来看,并不是没有这个可能。

问题在于,我们这个时代的确是一个道德滑坡的时代,普遍的道德水准越来越下降,不是哪一代人的问题。而这种普遍的道德下降,当然与普遍的缺乏反思有关,但不只是老人们缺乏反思,年轻人同样也缺乏反思,我们整个民族都缺乏反思,几千年传统中都是如此。只不过传统中国道德相对比较适合于传统中国的国情,适合于自给自足的自然经济,不需要很深的反思。

而目前这种国情已经不存在了,有了新的国情。今天,我们的传统道德失根了,整个时代都在发生翻天覆地的变化,我们今天靠老祖宗那一套东西再也混不下去了,所以我提出当代的要务是进行中国第三次启蒙,所谓深化改革的前提就是深化启蒙,舍此前提,一切都是空谈,而空谈是误国的。

问:您觉得中国的思想启蒙在被救亡中断后,现在进行到了什么程度,当代思想启蒙,应该从哪里起步,如何起步,才能着眼未来,凝聚共识,理性前进?

答:当代中国启蒙的任务不是老调重弹,而是深化和落实。深化是理论上的深化,要澄清一些一百多年一直混淆不清的理论问题;落实是要结合当前社会中出现的问题赋予理论以现实的内容,而不像以前那样停留于唱高调和隔空呐喊。这是中国当代知识分子责无旁贷的历史使命。

现在不是由一小批知识精英去"唤起民众",而是现实生活中民众在向知识分子发出呼唤,要求我们去为他们在日常生活中遇到的维权问题提供理论上的支撑,去击破那种长期以来习以为常的强词夺理。这种强词夺理半个世纪以来已经形成了一整套天经地义的"理论体系",它常常使当事人感到屈辱而无可奈何,其实就是一套极左的意识形态模式，这套模式是到了在新思想和新现实的合力冲击下解体的时候了。

问：体制内的知识分子如何平衡"饭碗"和理念？如果一种启蒙受制于某种利益，那么这种启蒙还是启蒙吗？如何看待当代学人的犬儒化？

答：今天的"体制内"，经过"文革"已经有了很大的变化，有了一定的理论探索空间，而不再像以前那样只能成为驯服工具和喉舌。当然这点空间也很有限，它基本上只限于与现实离得很远的纯粹理论探讨，而禁止过多地涉及现实政治问题。但我以为，这恰好歪打正着，因为中国的问题从本质上看并不在于那些浮面的社会现实问题，而要追溯到更深层次的理论问题，要从根本上颠覆几千年来传统思维的惯性，这些问题不是短期内可以解决的，而是一种长期的、为未来的社会变革奠基的工作。

一个学者如果有志于做这种工作，我认为就不存在"饭碗"和理念的冲突，他的理念是符合时代需要的，只要学问做得好，温饱应该是不成问题的，但要发财则休想。一个启蒙思想者首先应该对自己在这方面启蒙，即不是为吃饭而思考，而是为思考而吃饭。当代学人的犬儒化就是由于颠倒了这个关系，把思考当作吃饭的手段、发财的手段，成了一些生意人和政治的奴仆。

（该访谈发于共识网 2014 年 12 月 9 日）

第三编 人性的镜子

西方伦理精神探源

很高兴能跟这么多同学在一起交流自己的一点心得体会。我是学西方哲学的,因此对西方精神的问题有自己长期的思考。今天要讲的,主要是西方伦理精神以及它对于我们今天时代的意义。

自从改革开放以来,我们面临着西方精神的冲击,特别是面临着西方伦理道德观念的冲击。西方的科技我们可以拿来,但是在西学东渐的一百多年间,我们在面对西方伦理精神这方面遇到了很大的障碍。为什么会遇到这一障碍?这和我们中国几千年积淀下来的伦理和道德传统有很大关系。自西学东渐以来,一百多年前西方文化向中国文化大举渗透,中国人一开始就形成了一个固定的偏见,就是"西方物质文明,中国精神文明"。这是一个几乎大家公认的说法——西方无非就是它的物质文明比我们要高,本来我们的国家——当时的清朝——是一个闭关的国家,后来西方是靠它的坚船利炮,打开了中国的国门。西方的科学技术、物质文明比我们发达,我们之所以屡战屡败,就是由于我们没有西方的科学技术,那么我们就需要引进西方的科技成果;但是中国的道德文明、精神文明,那是世界上最好的,所以这方面不用动。因而从那时就提出了"中学为体、西学为用"的观点。这种"中体西用"的观点一直到现在还占据着我们很大一部分人的头脑,还有很大的影响。就是认为我们在伦理道德上比西方要强得多,我们之所以落后主要就是在科学技术上不如人家,只是在工业、生产力方面落后了。我们只要把这方面拿过来,就仍然可以做我们的"天朝大国"。很显然,这种成见实际上是不对的。应该说,两千多年以来我们的物质文明长期是世界第一,并不能说我们就没有物质文明,我们的物质文明的水平也曾经是很高的。科学技术,特别是技术,应该说远胜于西方。古希腊的科学精神、欧几里得几何、物理学,这个嘛,我们也许在系统性、体系性上赶不上他们,但是由科学思想所造成的物质文明、技术成就,那中国可以说长期以来是世界领先的。我们的四大发明,稍微漏一点到西方去,他们就高兴得不得了,他们就可以发展出很发达的文明来,那都是从我们这里漏出去的(笑声)。还有很多没有漏出去的,我们可以设想除了四大发明以外还有很多发明是没有漏出去的,是失传了的,什么机器马机器牛机器鸟什么的,传说里面都有,你很难说它们就完全是虚构的。还有丝绸,想到能够把野蚕吐的丝用来织衣服的人真是了不起。中国这么大,在几千年的时间内,出个把奇人是完全有可能的。所谓"奇技淫巧",在这么大一片土地上面到处都可能发生。所以,中国的技术长期以来也是领先的。

那么反过来说,西方是不是就只有物质文明呢?肯定也不是这样。西方从古希腊以来的社会制度,他们的城邦社会以及城邦的立法、法庭的审判,他们的政治学、伦理学、逻辑学以及科学思想,等等,你不能说它完全是物质文明的东西,它同时还是精神文明的东西。到罗马的法律体系、中世纪的宗教,这些都形成了深厚的精神文明的背景,我们不能否认西方也有精神文明。所以刚刚接触西方时那样一种表面化的观点,如"西方的物质文明、中国的精神文明",再如"中学为体、西学为用",这些观点是由于不了解西方所致。我们今天是不是就了解西方了呢？仍然还有很多不了解的地方。很多在西方留学多年的学者，实际上对西方文化的本质、根柢，还是不很了解的。有些表面上的了解，比如说西方人有宗教，西方人信上帝，他进了西方人的教堂，看到西方人那么虔诚，于是就说西方人有信仰。但是，他没有一种同情的理解，西方人的宗教给西方人的精神文明带来了什么样的影响，这方面没有深入的考察。中国人要信宗教当然是很难的，因为传统的关系；你不信宗教，又不愿意去体察宗教信徒的心情，没有一种同情的理解，所以你只能在西方文明的表层上滑来滑去。你看到了很多现象，但是你没有深切地体会到这些现象背后的东西。

总而言之，西方的物质文明和精神文明应当是齐头并进的，正如中国的物质文明和精神文明是齐头并进的一样。从总体的规模上来说，在一百多年以前中华文明在世界文明中是领先的，只是后来落后了。落后的原因当然有很多，一个文化、一种文明当它过于成熟的时候，它的负面的因素必然会显现出来。而西方文明在当时是一个新兴的文明，自从工业革命、资产阶级革命以后，西方精神来了一次脱胎换骨，它是以一种新兴的文明的态势来跟古老的中华文明打交道的，所以它在很多方面胜过中华文明是毫不奇怪的。所以，物质文明也好，精神文明也好，应该说两者是不可分的。很难设想一个有着高度物质文明的社会它的精神文明会很低俗，或者一个有着高度精神文明的社会它的物质文明会很可怜。但是中国人的这种习惯的眼光老是有一个固定的模式，就是要把精神和物质分开，这也是我们传统文化中的一个固定的格式，从先秦时代儒家的"利义之辨"就形成了。

但是西方人在这方面就比较客观，从古希腊开始，对"利"和"义"就没有完全分开来考察。比如说古希腊人把道德和善结合在一起理解，而这个"善"在西方人那里和"幸福"是分不开的。我们中国人也讲善，

《大学》里面讲"止于至善",但是中国人把善的两层意思分开了。善当然也有幸福的意思,像孟子讲"可欲之为善",可以欲求的那就是善的;但是通常讲的善主要是讲的道德,人性本善,就是讲人性本来是有仁义之心的。这样的善主要是在道德意义上讲的,"止于至善"的表现就是"无一毫人欲之私",与日常的欲望的善是根本不同的。而古希腊人所理解的善是跟幸福离不开的,不管是苏格拉底还是智者派,他们都认为如果一个人光有道德但得不到幸福,那就不能算是完善的。有人问苏格拉底什么是善,苏格拉底给出的答案就是比如健康啊、财富啊、荣誉啊,等等,所有这些涉及幸福的都被归于"善"之类。如果用中国人的眼光来看这些都属于"人欲"了,"人欲"是要被排除才能获得善的。如果你把人欲掺进来那就不是善了,那就是恶了,这就是荀子讲"人之性本恶"的意思。所以我们要注意东西方文化对于善的理解是有种错位的。西方人也有讲人性本善的,好像跟我们儒家讲的人性本善是一回事,其实不是一回事。他们讲的人性本善,像苏格拉底讲的人性本善,是什么意思呢?是说人不会去做那些对自己不利的事情,所以人性是善的,人一旦知道那个东西对自己不利他就不会去做了。人为什么会作恶呢?并不是说他就想去作恶,而是因为他以为那是善,以为那样对自己有利,所以他就去做了,但是按照苏格拉底的意见那其实是对他自己不利的。那么什么是对自己有利、什么是对自己不利呢?这就取决于"知识"。你要在你的行为中选择对自己有利的事情,你要达到善,你要实现美德,那就看你能不能区分什么是好的、什么是不好的。所以苏格拉底的一句名言就是"美德即知识"。

苏格拉底在西方伦理思想中是一个关键人物,在他之前也有类似的思想,但是没有哪个像他这样把伦理思想如此明确地表达出来。所以,他的地位相当于孔子在中国伦理思想中的地位,被人称之为"西方的孔夫子"。他在西方哲学中起了一个"伦理学转向"的作用，在他之前的哲学家所讨论的主要话题是自然哲学、宇宙论，如世界是怎么构成的，偶尔涉及伦理道德方面也只是一些零星的格言；但苏格拉底以后，哲学的重心就被放到伦理、道德、人性和神性上来了。而这种"伦理学转向"在他那里就表现在，过去被用于自然事物上的认识能力被转用到对人自己的知识方面。苏格拉底特别强调的一个命题就是要"认识你自己"。这不是一个单纯的认识论的命题，而是一个伦理学、道德学的命题，认识要转向自己的内部了。我们对自然界，比如对天文学、物理学、数学有很多知识，但最重要的是要对自己有所认识，最高的知识就是对自己的知识。对此，苏格拉底认为我们做得很不够。所以他强调获得一切知识之前首先要把对自己的知识搞清楚。对自己的知识就是关于自己的本性、关于自己的灵魂、关于自己的美德的知识等。所以苏格拉底也认为人性是本善的，但是与我们讲的人性本善是不一样的，它的含义一直到今天都是西方传统，他们认为一旦人认识到善，就会无人作恶，因为作恶是有损于他自己的。

为什么会这样？中西文化对于善恶的理解为什么会不同？归根结底要追溯到古希腊人的个体意识的独立。当然，这种个体意识的独立在古希腊人那里还不很明确，要到后来，比如说在基督教里面，乃至于到近代哲学里面才真正明确起来。但是，当时苏格拉底已经有这种倾向。"认识你自己""无人自愿作恶"，这些命题都是建立在个体意识上的。个体是一个独立的个体，他仅仅就自己来考虑自己的问题，而不是就某种关系，他与别人的某种联系或某种家庭义务等，在认识家庭、认识社会之前，"我"首先要对"我自己"有所认识。只有认识"我自己"，"我"才能处理好家庭的关系，处理好与社会的关系、对国家的义务等。如果连自己是什么都没有搞清楚，就谈不上其他的了。这鲜明地表现出个体意识的独立。但个体意识的独立并不否认群体意识，家庭、社会、国家、民族，这些意识都有，但是有一个关系模式，就是所有的群体意识都建立在个体意识上，都要以每个人认识自己为前提，它的义务、它的道德才真正是善的。这就跟中国古代的伦理道德模式完全不同了。中国伦理道德模式首先是群体意识，孔子的仁学，人与人的关系，以及道家讲的人和自然的关系，人融化在自然之中，这些都是以人和其他什么什么东西的关系为前提的；然后在这种关系上面也可以体现某种个体性，道家的那种独立意识、儒家的那种"大丈夫精神"，都可以说是一种个体意识。但是它的结构模式和西方的模式是相互颠倒的，西方人是建立在个体意识上的群体，中国人是建立在群体关系上的个体，不单是中国人，东亚人，如日本、韩国都是这样。

那么这种个体意识的独立又是从何而来的呢？如果要再进一步追溯的话，那就要追溯到古希腊罗马的社会关系，特别是生产方式。按照历史唯物主义的分析法我们可以揭示出，古希腊之所以有那样的个体意识的独立性，就是因为古希腊商品生产的发展。古希腊那样的地方是不适合于农业生产的，它适合于做生意，包括海盗生涯。那个地方，海盗和做生意在古代往往是交织在一起的。希腊人的生活用品大部分是通过海上运输进来的，他们本身虽也生产一些农产品，如橄榄油啊蔬菜啊，但很少，他们的可耕地很少，他们主要是靠外来输入农产品。然后他的加工业、手工业比较发达，希腊的金银器啊、武器啊、皮革啊，达到很高的水平，这些东西生产出来也是为了交易。所以在商品经济的发展中就促成了个体意识的发生。这个跟我们现代中国的情况有很多相似之处，我们长期以来自给自足的自然经济在这二十年来逐渐地被打破了，我们现在跟世界经济的相互关系在中国传统几千年的历史上是前所未有的。古希腊人在那个时候就已经形成了相对比较发达的商品经济，而且这个商品经济最主要的还不是它发达的程度，而是它在古希腊人的日常生活中所占的比例、所占的分量。所以我们可以说，古希腊人基本上就是一个商业的民族。那么在商业民族中有一个很重要的原则，那就是个体意识。

因为做生意有一个等价交换的原则，本质上就是个人对个人的。个人对集体或者集体对集体的交换都不是本来意义上的，像我们古代对皇帝的进贡，然后皇帝以御赐的方式还礼，这都不能算典型的商品交换。个人对国家之间也有，你交给国家几匹布、几匹绸缎，国家给你几个钱象征性地补偿，这都不是真正的商品经济。商品经济的原则就是个人对个人。所以正是在这种商品经济个人对个人的交换中，才形成了西方人的个体意识。我们现在的问题就在这里。我们现在的很多交易并不是个人对个人，而是掺杂了很多其他的因素，其中主要是权力的因素。你跟对方做交易，你知道对方是谁呀？对方它是一个国家，是一个国有企业，它就有国家权力。你跟乡里面、跟村委会签订一个合同，这个合同是不平等的，因为村和乡它是一级政府部门，所以它可以任意毁约，你却不能毁约，你们不是处在平等的地位上。所以古希腊人的个体意识就是这样形成起来的，如果我们要追根溯源的话，就要追溯到他们的生产方式，追溯到商品经济的交往方式。这种生产方式和交往方式就给整个社会及人们的观念带来了一系列的改变。恩格斯在《家庭、私有制和国家的起源》里面对这一过程曾经做过很好的阐述。这三个环节，一个是家庭，一个是私有制，私有制就是社会了，就是市民社会的原则，再就是国家的原则，这三个都是在古希腊商品经济的原则冲垮了传统的氏族血缘社会原则的时候才产生出来的。古希腊人当然也是从原始社会发展过来的，他们也带有天然的原始社会体制。原始社会不管东西方都是一样的，都是氏族血缘公社制度；但是由于古希腊商品经济发展起来，炸毁了原始氏族血缘公社体制，才进入到文明社会。这是恩格斯在这本书里面特别强调的，古希腊原始社会进入到文明时代的一个"门槛"。西方人进入到文明时代的门槛就是法制、国家的原则战胜了原始血缘的原则。这就带来了一系列的影响。

一个是家庭，家庭原则原来是属于氏族的一个环节，我们在今天还可以在很多地方看出来，特别是在农村。一个家庭它是属于某一姓氏的，每个家庭之间都有某种论资排辈的关系，而且每个家庭、家族都被编织在这种辈分的谱系之中。那么古希腊社会进入到文明的"门槛"上时就把这一套谱系给炸毁了，家庭成为以财产为基础的个体家庭。当然，这一个体家庭内部还是一个小团体，一家人嘛，有夫妻和孩子。但男性家长是一家之主，他带有他的财产以及他的妻子和儿女，妻子儿女也是他的财产，所以真正作为个体的人格就体现在一家之主身上。这样，家庭的原则就不再是单纯血缘的原则，而是在法律上能够个人负责的原则。而这种负责的个人既然取决于他的自由意志，则可以容纳进爱情的原则。当然，西方的婚姻家庭不一定都是出于爱情，但是你可以出于你自己的爱情来组建家庭，因为你的家庭代表你个人的意愿嘛。爱情在中国古代家庭的组建中根本是微不足道的，中国古代也有很多关于爱情的故事，有爱情悲剧啊、爱情诗啊，但是这些在家庭的组成中没有什么作用，那只是人性中间没有被清除掉的一些东西（笑声）。在中国的家庭里面没有爱情也没有关系的，你结婚、生孩子是为了维系"香火"，传宗接代，没有爱情也可以组建家庭嘛。所以在中国没有爱神，在家庭里面最重视的是观音菩萨，又叫"送子娘娘"，再就是财神爷、灶王爷什么的。但是在古希腊，爱情在家庭关系中逐渐变得神圣了，特洛伊战争为了一个美人打了十年，古希腊神话中有很多是关于爱情啊、嫉妒啊、爱神啊的内容，这都说明爱情在家庭生活里面占据了一个很重要的分量。当然,或许还有别的什么因素,但是人们完全可以理解两个人仅仅因为爱情而结合的现象,仅仅因为爱情而结合成家庭不但是可能的,而且是神圣的。

除了家庭以外就是社会。家庭与家庭之间不再是氏族关系为主导,而是社会关系为主导了。建立在个体之上的社会原则就是私有财产的原则,私有财产变成了一种社会公认的原则,变成了一种普遍通行的法权原则,并且沉淀在西方的文化心理的底层。当然,古希腊还是一个奴隶制社会,它的私有制主要是针对自由人和奴隶主的。但是奴隶一旦得到自由,被释放了,他也可以拥有财产。所以,这里就开始对整个社会形成了一种通行的原则,那就是法律。法律最主要的就是处理人与人的关系,特别是财产关系。希腊城邦经常要请有名的哲学家来给它制定法律。为什么要请哲学家?因为人与人的关系很复杂,没有一定的哲学修养你根本处理不了这种关系,你制定的法律会自相矛盾。这就是社会这个层次。这个层次在中国传统社会中是非常弱的,中国这个社会基本上是两个层次,一个是家庭,一个是国家,中间的社会这个层次基本不起作用。有些行会,有些各行各业的行规,在一定范围内也起作用,但是这些作用基本上是按照家庭原则来发生的。所谓"师父",一日为师,终身为父嘛。所以中国的行规也是家庭原则的推广、泛化。再就是国家,那更是家庭原则的放大了。整个国家由皇帝来统治,皇帝就是整个国家的最高的父亲,一家之长嘛,整个还是一个家庭原则。就是说,中间这个环节是很弱的,社会没有它自己的独立性,要么是家庭,要么是国家。"孝"和"忠"就成为全部道德的两极:最起码的是"孝",然后最高的就是"忠"。如果忠孝不能两全,那就看你怎么选择了。至于中间那个层次,即社会的层次,在中国凸显不出来。要凸显的话,也是以家庭的原则来凸显。国有国法,家有家法，行有行规，行规其实也是家法。各行都不一样，并不在全社会通行。西方的社会这个层次和国家是不一样的，社会概念跟国家、政治的概念不一样，它跟家庭原则也不一样，它的原则就是私有财产的原则。我们做生意，我们要交往，就应该是平等交往，做生意要公平，这是全社会公认的。当然，事实上也有不公平，但人们都认为这是不对的，一旦发生这种事，就不再有人跟你做生意了。做生意是两个平等的人在做生意，是两个个人在做生意，这两个个人是平等的。这是最起码的原则。

再一个就是国家了。国家这个概念其实严格说来应该翻译为"城邦"，就是polis，politics就是"政治"，其实翻译为"政治"也不对，也把它中国化了。中国的政治就是一种统治术，孔子讲"为政"，就是治民，治国，治天下，是皇帝作为大家长居高临下、自上而下的一种政策，它跟家庭式的伦理道德是相通的，所谓"以德治国"；但它又是一种技术和方法，所谓"以法治国"。但西方的politics是来自于城邦，它不是由城邦的僭主或者最高领导来治理城邦的自上而下的方法，而是这个城邦自己建构起来的模式和程序，政治家或者任何人按照这一套程序来运作就是政治活动。所以它不是人治，它是法治，任何人当这个城邦的领导者都必须按照这一套程序，否则就被看作不合法、僭越。僭主就是僭越者。所以我们经常把西方的政治概念和中国的治人的政治概念等同起来，其实是不对的。这些概念之间有很大的差别。按照西方的那样一种政治的概念、那样一种城邦的法规和结构方式来看待中国的政治，中国是没有"政治"的。中国也有"法"，中国的法就是法家的刑法，刑名法术，是专门用来对付老百姓的，用来"治"老百姓的。没有单独的民法，民法的问题由刑法解决，更多地是由氏族内部"私了"。所以这种法是皇帝和大臣们商量用来治国平天下及对付各种不稳定因素的"对策"。这跟城邦本身的那一套程序是完全不一样的。所以中国没有西方那种意义上的"政治"。当然反过来也可以说，西方没有中国这样一种政治。这个不存在褒贬的问题，是一种客观的分析，要把它们区分开来。

那么，从古希腊以来就有了这样一种分化，一个个体家庭，一个社会，一个国家，分成了三个层次。这三个层次后来在黑格尔的《法哲学原理》里面做了系统的论述。其中"伦理"部分就划分了三个层次，一个是家庭，一个是市民社会，一个就是国家，实际上是揭示了西方自古以来传统伦理的这样三个层次。那么发展到罗马时代，罗马时代的伦理有一个很大的贡献，就是把中间的那个层次发展出来了，即市民社会。我们知道，罗马法是西方法学精神的一个古典代表。罗马法从罗马时代，从公元前5世纪的"十二铜表法"，到公元后6世纪的东罗马帝国皇帝查士丁尼把历代罗马法律会集成体系，罗马法就正式成形了。罗马法是一种民法，也叫"私法"，就是人与人之间，即平等的两个人之间，他们如何处理他们的关系，其中主要是财产关系。罗马法实际上是市民社会的法，它和国家不一样，和家庭也不一样。所以市民社会它始终自成体系，不管你的国家体制是共和国也好，是帝国也好，还是后来分裂出来的那些君主国、王国也好，你可以变来变去，谁掌权也可以变来变去，但这个市民社会的通行原则是不变的。所以中世纪的神学家们也在讨论这个罗马法的逻辑根据何在，他们归到了上帝的"自然法"的原则。罗马法所代表的市民社会后来成了西方社会的一种模式，罗马法就是西方市民社会的运作标准。市民社会有时候强有时候弱，到了资产阶级革命的时候市民社会是很强的，它可以反抗国王了，而在以前它是长期受到君权的压制的。君权要压制它，但又要剥削它，即要向它借钱。因为，皇帝也好，国王也好，为了皇室的开销,为了打仗,都要向那些财主们借钱。为什么要向市民社会"借"钱呢?在中国没有哪个皇帝向一个大臣或者老板"借"钱的,没有这一说,只有"派捐"。因为中国以前没有市民社会这个层次,西方就有。国王要打仗,你要向我借钱,我要不借,你一点办法也没有。所以西方市民社会有它自己的一套准绳,王权也不能超越,涉及经济问题国王也得按照私有财产的借贷关系来行事,当然市民社会也受到王权的压迫,所以后来搞资产阶级革命,就是因为受不了了,起来反抗了。

那么,由市民社会形成了一种文化,什么文化?就是认为"法"的概念高于一切,也就是一种 law 的文化。当然在现实社会中既有和平的年代,也有很糟糕的年代,像打仗啊征战啊这些无法无天的年代,比如说中世纪经常就是打来打去,一个国家强大了,一下又把另一个国家灭掉了,然后又分裂了,这当然就没有什么"法"可言了。在国家这个层次上是没有什么法的。但在市民社会层面上仍然是有法的,不管哪方"诸侯"来统治,你总要向我借钱嘛,我总要给你缴纳捐税嘛,你总要维持你的王室的开销嘛,所以你还不能破坏这一套规则。我就是靠这一套生活,就靠这个赚钱,你把它打破了我拿什么钱给你?所以它这个法的概念无形中是高于一切的。哪怕你可以无法无天,但这个无法无天有一个前提,就是你还得靠这个法才能够积累起你所能够掠夺的财富。而且,在中世纪的一切无法无天中,至少有一个法它是不受触动的,那就是宗教、教廷这个法。教廷在西方是代表一个法的概念,罗马教皇是法的象征、上帝之法的象征。当然上帝之法跟世俗的法还有区别,恺撒的世界和上帝的世界是不同的。恺撒的世界尽管是一团糟,但上帝的最后审判在那里等着它。为什么有"上帝的最后审判"这个概念呢?这说明法的概念是超越一切的。人间的法你可以破坏,但是上帝的法你破坏不了,所有在人间无法无天的那些人,到了死后都要下地狱。上帝的最后审判是"公平"的审判,这个"公平""公正"的概念在西方人的心目中是根深蒂固的,渗透在他们的宗教意识中。

那么,这个"公正"的概念就是"法"的概念,到了近代就发展为"权利"的概念,就是 right 的概念。right 有两个意思,一个是"公正"或"法",一个是"权利"。在德文里相当于 Recht。一个是"公正(法)",一个是"权利",这两个词居然是一个词,这一点是我们必须高度关注的。它特别典型地体现出西方人的公正或法的概念与人的权利、人的自由、人的幸福是紧密联系在一起的。所以这个概念我们中国人特别不好理解,中国人的"义"和"利"是对立的,而 right 恰好既是正义,又是权利。我们有时候译作"法权",就是想兼顾双方,但也不贴切,会被误解为法律赋予的"权力"(而不是"权利")。西方人相信,哪怕我今生今世都没有得到幸福,但是在上帝那里终归会得到补偿的,上帝会公正地裁判的。公正与幸福、哪怕是死后的幸福都是不可分的。所以,从法的概念中发展出了近代的权利概念,而从权利的概念中也形成了近代的自由意志概念,伏尔泰、卢梭、理性派的笛卡尔、莱布尼茨,经验派的洛克,他们都强调这个自由意志概念。那么到了康德,更加是大大地发扬了。康德把自由意志看作一切道德的根,所谓道德无非是自由意志的自律原则。

那么我们来看看西方自由意志的概念,如果我们对这个概念不理解的话,我们对西方的伦理、道德乃至法都根本无法理解。西方人的自由意志概念最早起源于古希腊的灵魂概念。古希腊有灵魂观念,当然这一开始是迷信,我们今天讲灵魂都认为是一种迷信,哪里有什么灵魂?有文化知识的人都不相信。在古希腊灵魂一开始也是一种迷信,灵魂不朽,灵魂转世轮回,这是从埃及、从巴比伦、从印度传来的迷信,认为人死以后他的灵魂可以进入一个动物,如一只飞鸟,然后又可以变回一个人。这种观念在毕达哥拉斯那里，在柏拉图那里都有。但是除了有迷信的成分以外，希腊的灵魂概念还有它更高层次的含义。这个是我们中国人没有的。我们中国人的灵魂只有一种低层次的迷信的成分。所谓"魂魄"的观念，你丢了魂，丢在什么地方了，然后请一个巫婆去把它找回来，这是一种"唯物主义"的灵魂概念，是很低层次的。但是古希腊人的灵魂观念已经有了一种高层次的含义。灵魂是个体，每个人有自己的灵魂，这个灵魂是不能互换的，它表现为一种个体性。一个人的身体是可以去掉的，比如说砍掉一条胳膊、砍掉一条腿，但是那个人还是一个人，而他的灵魂则是他的代表，他失去了他的身体的一部分，但他作为一个人一点都没有减少，他失去了一条胳膊，但他的灵魂并没有失去一条胳膊，他的灵魂是完整的，所以一个残疾人和一个健全的人他们的灵魂是一样的。你的力气比他大一倍，你的灵魂并没有比他大一倍。但是灵魂的本性是什么呢？按照柏拉图的说法，灵魂的本性就是自动性、自发性。自动自发性就已经包含有自由的意思了，这就赋予了灵魂以高层次的含义。所以灵魂的概念对于古希腊人是很重要的。灵魂的本性是自动性，是自由的，也就是他自己有他的目的、有他的意愿、有他的意志，他想干什么就干什么，这个是古希腊人的一个很重要的观点。

但是古希腊人马上就发现，当一个人想干什么就干什么的时候，他往往干不成什么。就是说，你如果突发奇想，一下子心血来潮，你不加考虑想干一件事情，你去试试看，你会碰得头破血流。所以真正想要干成一件事情，你还必须要有理性。任何一种灵魂的自发性要能够实现出来都必须有理性。所以，灵魂的本性一方面有自发性，另一方面必须有理性，灵魂就是理性。理性是什么呢？理性就是要讲道理，要合逻辑，最讲道理的就是合逻辑。所以当任何一个人想干什么就干什么的时候就必须要考虑了，你想把你想干的事情干成，你就必须要有理性。灵魂必须要有理性，理性能够使你能把你想干的事情干成，使你实现你的目的。如果想干什么就干什么就是人的自由的话，那么理性才促成你的自由，或者不如说，理性就是你的自由。只有理性才是人的自由，如果只有感性冲动，则没有任何目的，只是一种"盲目的"冲动，那人实际上是不自由的。因为，他的这个盲目的冲动实际上是受他的身体的情况决定的，人的情欲啊欲望啊，这都是动物性的东西，都是自然规律。这跟自然规律没有什么区别。人真正要做到自动性，要实现自由，就必须要有理性。所以理性能够把人的自动性提升它的层次，有了理性，人的自动性就成了真正的自由；如果没有理性，人的自动性还不能称为自由，只是动物的随意性。从随意性到自由的是提升一个一个过程，从低层次到高层次，从高层次到更高层次，理性它是一个有等级的、有程序的、从低到高的逻辑进程。你要有理性，要实现你的目的，你在一个很小的范围内实现了你的目的，你当然就可以说使用了你的理性，但范围再扩大你就适应不了了，你需要更高层次的理性。你实现你个人的小小的目的，然后你还可以实现整个社会、国家的目的，最后导致你的理性一直上升到了神。神就是最高的理性，也是最高的自由。神创造一切，创造了整个宇宙，所以神的目的是最高的，人的目的只是局限于自己的个人目的。神无所不能。所以人要像神那样尽可能多地达到自己的目的，就要运用自己的理性向神靠拢。所以神是最高的自动性、最高的理性，一说到最高，我们就要追到神那里去。人的理性和人的自由都是有限的，神才是无限的。但所谓神，后来马克思和费尔巴哈都指出，其实就是人，是理想化的人，甚至是异化的人。但是西方人把人理想化，使它异化成神，这是西方文化的特点。

那么，这个宗教，神，上帝，宗教意识，我们由此可以看出它有一个根本的根基，就是个体意识。西方文化的神不是哪个强加给它的，而是西方文化的个体意识对自己的自由、对自己的个体不断地探讨、不断地超升而必然得出来的。这个中间的关系很多人都没有看出来，就是西方人为什么有自己的信仰，有自己的宗教信仰，有上帝的爱，是不是可以把西方的上帝引进中国来，用基督教来救中国，使人人都具有爱心？这个想法当然好，但是他们没有看出，西方人之所以有宗教精神，之所以有超越精神，首先是个体的独立，首先是个体意识的形成，首先是自我意识的建立。从一个旁人的眼光、从另外一个自我的眼光来看自己，这就叫自我意识，但是你要把这个旁人当作自我，又需要一个旁人，一个更高的自我，来看这个自我，这样不断往上追溯，最后就推出一个绝对的旁人，一个绝对的自我，那就是上帝的眼光。所以西方人的上帝意识其实就是自我意识本身结构的展开，是自我意识的一个逻辑结果。所以你想横向地把西方的上帝移植到中国来，向中国人介绍西方的宗教意识、介绍上帝之爱，这么多年来都没有什么效果。大家觉得好奇，觉得西方人都是唯心主义者，西方人信上帝，但是我信不了，为什么中国人信不了？没有这个必要。为什么没有必要？因为中国人不太认识自己，不太思考自己，不太从一个旁观者的眼光来看自己。当然中国人讲"仁学"、讲"关系学"，也可以说是从旁人的眼光来看自己，但是这个自己被融化掉了，被融化在关系中了。所以这种眼光没有一种无穷后退，而是在有限性中一次性地就完成了。中国的人与人的关系不是一种"主体间"的关系，而是一种充实的关系，没有任何个人余地、没有任何个人的隐私、没有任何个人的要求，那么这种人就叫作实心实意了，所谓实心实意就是你已经用关系把你自己塞满了，没有任何余地可以装你自己个人的东西了。而西方的上帝之所以产生，就在于西方人的自我意识是一个张力结构，是一个自由意志的空灵的结构，我和他、我和你不是一个东西，但是我们能够互相理解，为什么能够理解？是因为有上帝。我不是上帝，你也不是上帝，但是有上帝，我们就能互相理解。这是一个主体间的空灵的结构，它不是完全充实的。

　　由此西方的道德意识也就形成了。西方道德意识的一个基础是自由意志。有了自由意志西方人就有了道德性。但是这个自由意志刚才讲了，它的最高体现就是上帝的自由意志，人的自由意志只不过是对上帝的自由意志的模仿。所以我们要了解西方的道德，首先就要了解西方的自由意志，因为西方的道德是建立在自由意志之上的。另外一个就是这个自由意志它有一个动态的上升的过程，上升为神。所以，西方的道德意识又是在神学的超越性之下形成的。西方人不光是中世纪，在中世纪以前，古希腊罗马时期，他们也是一谈到道德问题就提到上帝、谈到神的。为什么？因为神是最纯粹的个人，就是个人的理想，就是个人自由意志和个人理性的最高代表。所以西方的道德意识和宗教意识密切相关。当然也有一些无神论者，也可以提出一种无神论的道德，但那是比较个别的情况，像伊壁鸠鲁、斯宾诺莎，以及法国唯物论者。而一般情况下宗教意识和道德意识是不可分的，即便你不信神，但是道德在你的心目中仍然具有一种彼岸性和超越性，要超出个人，使个人的自由意志能够有一种理想化的体现。

　　西方的道德意识建立在自由意志的基础之上，我们可以对它进行一种分析，可以分析出来两个不可分割的要素。一是自由。西方人讲道德都要讲自由。如果一个行为不是自由的，那你就无法对它进行道德评价，因为你是被迫的，你是一个物。你不是一个自由意志，或者你得了精神病，那当然就不能对你的行为做道德评价了。如果你是清醒的，你有自由意志，那你就必须要为你的行为负责，我们就能够对你的行为进行道德上的褒贬。自由意志当然不一定肯定是道德的，自由意志也可以做不道德的事，但是道德中必须包含自由意志，必须承认自由意志；二是理性。讲道德就必须讲理性，单纯讲情感是不够的。即便你讲情感，这种情感也必须合理，必须合乎规范。所以理性就被称为"法"，道德就成了"道德律"，道德律也就是道德法则，道德的规律。所以道德中除了自由意志以外必须还要有规律。这两个方面，一个是自由，是自发地做出来的，另一方面就必须要有 logos，逻各斯就是规律了。我们今天所讲的逻辑，logik，就是从逻各斯发展出来的。就是你要讲逻辑，你讲道德就要讲道理，最高的道理就是逻辑。我们中国人也讲天道天理，好像也是讲理性，但实际上这种天道天理是由情感体现出来的，实际上是情感，人的情感就是合乎天理的，天理人情嘛，人情大于王法，中国人讲的理主要是建立在情感之上的。而西方人的道德固然也有讲情感的，但它必须体现在逻辑上，必须形成一种逻辑理性，它是能够计算的。

那么，这两种要素在古希腊就已经开始体现出两个不同的派别，一个是伊壁鸠鲁派，一个是斯多葛派。这两个学派在当时的古希腊伦理思想中是很有代表性的。伊壁鸠鲁派也叫作"享乐主义"，或者"幸福主义"。伊壁鸠鲁是一个哲学家，他主张最高的道德就是享乐，就是幸福，最幸福的就是最道德的。所以从幸福可以推出道德。当然后人对他这个原则有些误解，认为他是讲大吃大喝、荒淫无耻的，这个是完全非道德的了。但伊壁鸠鲁并不是这个意思。他认为，那种纵欲其实不能带来幸福，真正能够带来幸福的是我的感觉觉得非常舒服，比如说身体无痛苦，精神无纷扰，这就是最幸福的了。不需要大吃大喝，不需要满足自己的贪欲。那些都不是真正的幸福，真正的幸福其实是很平淡的。他自己也不是那种享乐主义、纵欲主义者，他的生活是非常清贫的。但是他很讲究一点小小的乐趣，他去世之前就是坐在澡盆里面，放上温水，然后叫仆人端来一杯葡萄酒，然后喝了那杯葡萄酒就去世了（笑声）。他认为自己是最幸福的一生，身体上没有什么痛苦，也不为财物所累，非常恬淡，但是人生该有的他都享有了，除了这种享有以外不追求更多的东西。所以伊壁鸠鲁的幸福主义跟我们一般所理解的纵欲主义还不一样，它里面实际上还是有理性的考虑和算计的。但是主要一点就是认为，这种快乐就是道德的。这是一派。

斯多葛派则认为，只有道德的才是幸福的。只要你按照道德律、按照理性去做你应该做的事情，那么这本身就是幸福的了。至于它能不能带来幸福那不管，它也许带来灾难，也许会使你丧失生命，但是你做了道德的事情，这件事情本身就是最大的幸福，其他的幸福都不在话下。不道德的幸福那不是幸福，只有道德本身才是幸福。这是另一个极端。所以斯多葛派后来发展为西方的禁欲主义。禁欲主义的道德观，就是你不要去追求什么报偿，你做了道德的事情你心里感到一种满足，这就是幸福了。我们通常也有这种感觉，我们做了一件好事，我们心里感到满足，哪怕人家不知道。为什么有的人做了好事不留名呢？因为他足够了，他觉得我做了好事我自己心里很愉快，那就足够了，我不需要留名。斯多葛派就是这样一种理念。但是他们也走向了另一个极端，就是禁欲主义，越是禁欲就越是显得他是道德的，越是不吃不喝，越是能够忍受痛苦忍受饥饿，甚至还比赛哪个能够把手放在火上烧得更久（笑声），那就是最有道德的人。最道德的就是最幸福的。这就是当时的两派，一个是幸福主义，一个是禁欲主义。

这两派在西方历史上一直到今天还有深刻的影响。从近代以来康德的道德主义，理性派的完善主义、义务论，讲究完善、讲究义务、讲究超越一切感性之上的抽象的道德律，这是接近斯多葛派的。另外一派就是英国的经验派所发展出来的幸福主义、功利主义、实用主义、合理利己主义等等一些伦理道德观。今天英美的道德观基本上就是这样的一种合理利己主义,每个人都是利己的,这是正常的,是应该的,是合乎自然的;但是利己要合理,你要懂得怎样才能利己。如果你一味地巧取豪夺、损人利己,那最后是害了自己,你最后会为社会所不容。只有懂得怎么样才能利己的人才能真正利己,那就是说你首先要利他,你利他才能最后利己。这就需要理性的计算和权衡。英美经验派的伦理道德思想基本上就是这样一种伊壁鸠鲁式的幸福主义观点。这两派今天还在争论,大陆理性派包括康德的伦理学和英美经验派的伦理学直到今天还在互相批判。但是实际上在这两派之间应该说体现了西方传统伦理精神的对立统一,谁也离不开谁。

比如说在中世纪,中世纪道德当然是一种宗教道德了,其中也有两派,一派着重于信仰,一派着重于理性。着重于信仰当然是着重于人的自发性的,信仰是不能强迫的,你必须自由地信仰;而着重于理性、认识的,是要着重于对上帝的思考和客观的考察。所以中世纪的基督教分成两方面,一个是启示的宗教,一个是理性的宗教。启示的宗教就是我信仰,我内心有一种神秘的启示,但实际上这种启示还是由于我信仰,只有我相信上帝,上帝才会给我启示,如果我根本就不相信,上帝怎么给我启示呢?另一方面理性的宗教主张要认识上帝,要通过逻辑的推理,如中世纪经院哲学就是这样,通过逻辑一直推下去,推到不能再推了,然后再诉之于信仰。但是首先要保持一种清醒的理智,来把自己提升,从一种感性的、低层次的、物质主义的灵魂状态提升到一种跟上帝越来越接近的状态,那就要靠理性。中世纪这两派实际上已经表现出两者的不可分了。就是说,启示的东西它已经不同于迷信了。启示为什么不同于迷信呢?就在于启示宗教里面已经有理性的因素。基督教不是反对偶像崇拜吗？偶像崇拜就是迷信。为什么不能有偶像崇拜呢？因为偶像崇拜是从感性的角度来理解上帝的，上帝就会被理解为这种形态或那种形态，这就变成多神论了。要达到一神论，你必须要提升到理性的角度去信上帝，上帝没有感性形态，上帝是"一"，这就需要理性来理解，因为理性是追求"一"、追求普遍性和统一性的。所以启示的宗教不同于迷信。那么理性的宗教也不同于非信仰，不同于无神论。我们说理性怎么会容纳宗教呢？一讲理性，岂不就把上帝当作一个认识的对象了，一旦认识不到，岂不就把上帝取消了吗？但是理性的宗教也不同于无神论，因为它推到最后是要诉之于信仰的。所以中世纪的道德就有这两个对立面，形成了一种张力。启示不等于迷信，理性也不等于无神论。基督教在这方面跟自然宗教是完全不同的，它对自然宗教有一种提升。它的提升就在于这两个基点，一方面它不是迷信，它已经有理性了；另外一个它也不是无神论，无神论那在基督徒看来就是可以为所欲为了，那就可以想干什么就干什么，想杀人就杀人，反正没有上帝嘛。但基督教不是这样，它运用理性运用到最后还是承认一个上帝存在，承认一个超越理性的彼岸世界存在。凡是在这两方面走过头了的，都被称之为"异端"。我们看整个中世纪谴责这个异端那个异端，但异端和异端是不同的，有的是在迷信这方面走过头了，有的是在无神论那方面走过头了。迷信就是"狂信"，基督教不讲狂信。我们通常以为基督教就是一种迷信，其实基督徒自己不认为自己是迷信，它排除那种迷狂，那种宗教狂热，它主张对上帝的信仰应该是冷静的、平心静气的、有修养的。所以基督教被人看作一种修养。

到了近代，这两派发展为刚才讲的幸福主义和道德主义，在康德这里把双方统一了起来，当然康德主要还是理性派的。从逻辑上我们分析一下，什么是自由？西方人的自由就是自由意志。什么是意志呢？意志就是做一件事要坚持到底，不能坚持到底就是缺乏意志。但如何才能坚持到底呢？必须要有理性。所以这个意志实际上就已经包含有理性了。这就是康德所讲的"实践理性"。这个理性不是用来认识，而是用来行动的。你要用自己的理性来控制自己的行为，才能够使自己的目的按计划实现。所以自由意志本身就包含有理性的成分，因此也包含有"法"的成分。这个"法"，你可以理解为"法则"，也可以理解为 right，即公平正义。当然自由本身它也是 right，就是权利。权利和公平正义，我们刚才讲了，它就是一个字。所以，权利既包含自由，同时也包含公平。公平就是法，也就是理性。这是从自由方面来看的。西方的道德，一是自由，一是法，法也就是理性的方面。那么从法的方面来看，它包含有一种平等的权利。这个权利为什么又被理解为是公平的呢？就在于这个权利是平等的权利，平等才有公平啊！我们是两个平等的人，你有权利我也有权利，那么我们相互之间就要公平，不能用你的权利侵害我的权利，也不能用我的权利侵害你的权利，我们要公平，要公正，要正义。这些概念都是从这个意思来的。法的方面，一方面它是一种规律，法则，这个法则它包含着个人的权利，也就是包含着人的自由。权利就是自由，就是自由权，权利归根到底是自由权。我有权干什么，就是说我有干什么的自由。西方的法是保障个人自由的，法的概念里就有权利的内涵，所以法的概念就包含着个人幸福、个人自由的内涵。当然在中世纪人们没有自由幸福的时候，人们就诉之于上帝，上帝的正义、上帝的法、上帝的公平，最后能够使每个人善有善报、恶有恶报，如此来保障每个人的自由、幸福和权利。

这两方面，一个是自由的权利，一个是法，形成了西方伦理精神的一个张力。而所有上面讲的那些概念在中国没有一样是合得上的。

当然我们是用中文在翻译，但是这些翻译都只是近似的，所以每个词都需要解释，我们不能贸然地拿过来就用。严复当年翻译穆勒（John Stuart Mil）的《论自由》，他想来想去不知道怎么翻，他觉得如果翻译成"自由"的话那就变成中国意义上的自由了，中国意义上的自由就是没有法（笑声），那就是为所欲为，想干什么就干什么。但是西方的自由它不是这样，西方的自由是"自由权"，自由权它是有"法"在里面的，是有权的自由。所以他最后翻译成什么呢？翻译成《群己权界论》，群体和个人之间的权利的界限。特别烦琐吧？"自由"，liberty，要用"群己权界"这么几个字来翻译。他是用心良苦，他是不想使中国人望文生义，而把这个意思传达出来。这个自由确实就是群体和自己的权利界限，我有自由，他人也有，那么就要划定这个界限才有自由；如果不划定界限，那就没有自由。孟德斯鸠也好，卢梭也好，都说过这样的话：如果有一个人能够超越法律之外有他的自由的话，那他就没有自由了，因为别人也可以超越法律，他的自由就没有保障了。你也超越法律，他也超越法律，那还有什么自由呢？那人与人之间就真的像狼一样了，所有人的自由都实现不了，大家都同归于尽。

中国的自由概念，我以前多次重复讲过，只有两种，就是儒家的和道家的。道家的自由简单说就是一种没有意志的自由，我放弃一切执着，跟自然合而为一，独与天地精神往来，逍遥于天地之间，没有责任也没有义务，也没有规范，想干什么就干什么。这在社会中是不行的，你在社会中想干什么就干什么，别人马上就给你回击，你就干不了了，所以只有到自然界去，在自然界里你随便想干什么都可以（笑声）。所以为什么道家要逃到自然界里去，就是因为他要实现他那种自由，那是一种无意志的自由。你想干什么就干什么，这个"想"当然是出自于你的本能了，出自于你所不知道的决定你的自然力量，而不是出于自由意志的执着。而儒家的自由是一种没有自由的意志,其实不能算一种真正的自由,只能算是一种意志。所谓"大丈夫精神""三军可夺帅,匹夫不可夺志""富贵不能淫,贫贱不能移,威武不能屈",这当然也是独立的品格,但这种独立是由一种不自由的意志坚持下来的。为什么说是不自由的意志呢?因为他所坚持的那种原则,也就是"周礼",不是他自由建立的,而是由圣人、由三皇五帝文武周公传下来的,他无可选择,只有坚持。你给了他,他就把它抓住,作为自己安身立命的原则。所以这是一种无自由的意志,它好像也是自由,但实际上是不自由的。

那么中国的法也有两种,一种是道家的,一种是儒家的,法家则是结合了两者。道家的法就是自然,"人法地,地法天,天法道,道法自然"。道家的法其实就是自然,自然跟人的自由是两回事了,自然不会因为你想要什么就能够满足你,自然界有它自己的规律,你得顺着它来。所以中国道家的道法自然是容不了自由意志的,它没有人的自由活动的余地,除非你什么也不想干,顺其自然。儒家的法也是这样,儒家的法是"祖宗之法",是"家有家法国有国法"。儒家的法到后来和法家的法合并,法家的法就是帝王自己任意制定的,口含天宪,皇帝说的话就是圣旨,就是最高法。那么你今天这样说明天那样说,朝令夕改,你死了以后你的继任者说的又不一样,那就没有什么一贯的法了。道家的法和儒家的法都没有权利,都与权利无关,所以中国没有确立起个体人格,法也好自由也好,都不是自由人格的体现。中国的伦理,我们通常讲"伦常",按照西文的理解还没有内化为人的道德。伦理和道德在西方是有区别的,当然在汉语里面没有什么很大的区别。西方的伦理主要就是伦常,就是风俗习惯;而道德是个人的,是建立在自由意志之上的,是内在的。在中国所讲的道德其实应该是伦理,也就是风俗习惯、公序良俗，是祖宗传下来的。戊戌变法之所以没有能够变过来，就是因为慈禧太后坚持"祖宗之法不可变"。为什么不可变？因为它是祖宗的，祖宗是至高无上的。所以这里还没有成为道德，还不是自由意志作为自己的一种法则来自愿选择、自由建立和自觉实行的。

所以中国传统的家庭、社会与国家和西方的家庭、社会与国家都很不一样。中国传统的家庭与爱情无关，中国传统的社会与权利无关，中国传统的国家与法制无关（笑声）。这里讲的法制当然就是西方意义上的"政治"了，所以说中国传统的国家与政治无关。这听起来很可笑，中国历来都自认为很讲政治，我们现在每天都在讲政治，但其实和西方意义上的政治无关。因为西方讲的政治是指法制程序。从这种角度来看，中国的国家历来不是政治性的，而是家族性的，它所讲的政治其实就是"家法"，国"家"嘛，讲的不是一种城邦的法制，而是一种风俗习惯，祖宗传下来的"规矩"，即伦理。

现在我们处于转型期，这个转型期从它的商品经济开始在国民经济中占据重要地位来看，我们是在走古希腊罗马的路。当然我们已经远远不是那个水平了，我们在现代社会和生产力的水平上要补回古希腊罗马的课，要"补课"。但是这个补课表现为商品经济市场经济对我们伦理道德的全面的冲击。我们受到了冲击，为什么？因为我们的传统太根深蒂固了，五千年的传统现在突然一下子要变成另外一种模式，很困难。所以我们想要"全盘西化"是不可能的，但是我们既然在转型，我们就必须要看清我们的前途。我们的前程何在？有些规律是不可违背的，比如说商品经济的规律，马克思在分析资本的时候所阐述的那些规律就是市场的规律。当然马克思最终是要推翻那些东西，但对于我们中国的现状来说，有些规律还不能丢，不但不能丢，还必须完善化。

有些规律是绕不过去的。因此我们的伦理精神肯定要变,变成什么样子?一时还不好预言,但一方面,肯定不是原封不动的原来传统的样子;另一方面,肯定也不是全盘西化的东西,肯定是在这两者之间的一种东西,要靠我们去创造。但创造要有一个目标,不能盲目。所以我们首先在观念上要有改变。

首先是自由。我们理解的自由,不能再是无法无天。我们通常讲的自由就是无法无天,就是"没有王法"了,要"造反"了,就是"自由化"。我们不能把自由作这样一种理解。我们理解的法也不是单纯的"刑"。我们中国人理解的法通常就是刑法,法家讲的"刑名法术"就是皇帝和父母官用来"治民"、实现吏治的一套技术手段。但是我们今天理解的法不能单纯是一种刑,而是每个人内心确立的自由之法。我们的权利不能单纯理解为一种"利",我们讲权利的时候往往会想到这是"利益",权利就是利益。其实不是的。权利除了"利"以外它还有"权",这个"权"里面就有"法"的因素。你有权他也有权,你凭什么有权?如果没有"法",你这个权从何而来?所以我们不要把权利简单化为利益关系。我们的"义务"也不要把它理解为替天行道的"义",中国传统的"义"的概念就是替天行道,"道义",这也是单面化的。义务是只有在权利的基础上才能建立起来的,如果没有权利,那也就没有义务。因为义务只有在法的基础上才有,是根据法来的,而法是根据权利来的。中国人讲的义往往是一种非法的概念,桃园三结义,七侠五义,"起义",都是非法的意思。我们要把义理解为在法的基础上的义务。那么我们理解的平等也不是平均主义,而是在权利的基础上每个人自由权利的平等,也就是刚才所讲的"群己权界",它不是一个和自由对立的概念,而是自由人之间的权利平等。我们都有平等的权利,但是我利用了我的权利干出了一桩事业来,你却没有好好利用你同样的权利,你浪费了你的权利,那么我们的后果肯定是不平等的,但是我们的起点是平等的。真正的平等不是后果的平等,那个有太多偶然性了;而是起点的平等、权利的平等。所以平等的本质是起点的平等而不是后果的平等,当然在起点平等的前提下我们也可以顾及一下后果的平等,但那毕竟是次要的。这不是为了培养懒汉,而是为更多人提供重新开始的机会。最后也是最根本的一点,就是中国人的个人要立起来。个人如何立起来,必须要有个立足之地。鲁迅讲"首在立人,人立而后凡事举",如何立人?就必须要有个体权利的意识,要有个人的自由意志,必须要有法的意识。只有把这些建立起来,我们才能对中国当代伦理的转型做出更为深入的思考。

谢谢大家!

提问环节

学生一:我看过您的一篇文章,讲康德的"德福一致",我想问一下,康德的观点与苏格拉底是否有某种渊源?另外,要保证德、福一致,我们除了信仰上帝,还可以信仰什么?您刚才讲神就是人的理想化形态,那么我们怎么样面对理想的残缺和命运的坎坷?

答:康德对上帝的重新设定,本来是否定了对上帝的一切证明,但是后来又把上帝恢复起来了,为什么呢?是为了由上帝来保证人的德行有与之相配的幸福,要完成所谓的至善。这个当然与苏格拉底是有联系的。苏格拉底说"美德就是知识",美德中就包含着人的幸福,善本身就包含人的幸福。但是在苏格拉底那里上帝的概念还未完成,他还是就人而言的,只是说一个人要有美德的话,他就必须有知识,有了知识他就会懂得什么才能使自己幸福，这就是善了。那么在柏拉图那里才把这两者分开了，他认为神跟人的世界是两个不同的世界，一个此岸一个彼岸，而只有在彼岸的神那里才会有最高的善。康德的两个世界的划分跟柏拉图有直接的关系，但是柏拉图的两个世界还没有完全划分开来，还有一种摹仿和被摹仿的关系，而康德就把它们完全分开了，一个是现象，另一个是不可知的本体。这与基督教也有关系，基督教把世界划分为世俗的物质世界和上帝的精神世界，我们只有在精神世界里才能找到一种心灵的安慰，物质的痛苦可以在彼岸的神那里得到补偿。康德在这点上是符合基督教的基本精神的，而这个基本精神在苏格拉底和柏拉图那里已有其萌芽了，只不过还没有通过希伯来的上帝观念完全建立起来。我们今天讲的中国道德的转型肯定不会是那样，我们也不可能划分出一个彼岸世界来让大家都去追求，我们中国人还是比较容易相信唯物主义、相信此岸世界的。但是我考虑中国人是不是也可以设想一个不同于西方人那样的彼岸世界，比如说我们追求真善美，我们把它当理想来追求。中国人也不是没有理想，但是中国人的理想往往停留在此岸世界，比如说治国平天下，今天讲的振兴中华，都是此岸世界的理想。我们可不可以有一种更高的理想，它是永远也不可能完全实现的，但又不是完全彼岸的，如绝对真理、绝对的美、至善等。当然一般说来，知识分子也许能够接受这种理想，普通老百姓暂时还做不到。但是如果知识分子能够做到，我想至少他们对民族文化会起到一种提升作用，也可以设想若干年后中国的老百姓也能得到提升。

学生二：费尔巴哈把宗教归结为人的本质的异化，把人的本质归结为理性、意志和爱，但是马克思批判费尔巴哈把人的本质看作唯心主义的，而认为人的本质是一切社会关系的总和，把人降到了一个现实的世界。是不是说，他就脱离了西方历来把个体自我意识作为人的本质的传统？如果不是这样，马克思又是如何继承西方文化传统的？

答：马克思的思想在西方思想发展的过程中是一个飞跃。人们说尼采提出了"一切价值重估"的口号，其实马克思就在重估一切价值。马克思对整个西方哲学的传统做了一个重新的诠释。一个最重要的重新诠释就是他把此岸和彼岸合而为一了，取消了彼岸，但此岸也不再是以前所理解的那样一种此岸了，或者说此岸也具有了彼岸的性质。这就是马克思所提出的实践唯物主义的特点。对于人的实践，马克思的理解不再像费尔巴哈那样，把它看成是一种低层次的赚钱活动，而是把它理解为一种追求理想的活动，是自由自觉的活动。人在实践中所追求的是自己的最高自由、自觉，人的本性就在于自由自觉的活动，但这个自由自觉的活动在整个人类历史发展过程中可以说从来没有实现过。人总是处在枷锁之中，像卢梭所说的，人生来自由，但无往而不在枷锁中。马克思也是这样认为的，人在原始社会中不用说，受自然界压迫；进入到文明社会就是阶级社会，阶级社会中的自由只是极少数人的自由，那不能叫作真正的自由，真正的自由应该是一切人都自由。那么少数人的自由不能叫自由，一切人的自由又怎么能够取得呢？马克思就设想出共产主义社会，共产主义社会就是每个人都自由，每个人的自由以一切人的自由为前提，它是一个"自由人的联合体"。但马克思当时提出的只是一个理想，而在我们今天看来仍然还是一个理想。所以马克思当他把此岸和彼岸合而为一的时候，他还保留了一个在现实中的理想的维度。但是这个理想的维度只有在历史的无限过程中才能不断接近，而不能在现实中完全实现；因为如果完全实现，那我想人类的历史就终结了，因为人类历史的最高目的就是自由。

所以我感到，马克思为人类设想共产主义，并没有设想出一个具体的共产主义制度来，他自己认为共产主义不过是工人阶级的实践活动，也就是追求自由的活动。马克思这样说是很巧妙的，为什么很巧妙？我们后来误解了，以为就是一个具体的社会制度，在那个社会制度里面吃饭不要钱，楼上楼下电灯电话，但我们现在已经是电灯电话了，但是我们还不是共产主义，我们把它想得太狭隘了。马克思实际上是留下了充分的余地，为将来的人追求自己的幸福和理想留下了余地。即使是将来共产主义实现了，肯定也有它自身的矛盾，在那种矛盾之中，人的自由还有待于去追求。有社会矛盾就是因为自由还没有完全实现。所以马克思对人的本质的这种规定，我认为是他在人的现实生活中所看出来的一个理想，这个理想是永远只能追求而不能完全实现的。就像绝对真理一样，一切相对真理的总和才是绝对真理，但是这个总和你永远也总和不了。人的自由的理想也是这样，人们追求自由的一切行动都在向这个自由靠近，但是最终的那个绝对自由只是一个理想。所以我觉得马克思的实践唯物主义是对西方传统的超越，就在于他把两个世界合而为一，同时又拉开了历史距离。他把主观和客观、思维和存在、自然和自由、物质和精神的统一当作一个出发点，不是说我先把它们分开了，然后再统一起来，他是当作一个人本来就应该是这样的；但是这个出发点是一个逻辑上的出发点，就是说我们只有这样来看人、看人类社会，才能抓住本质。然而，这个逻辑上的出发点不是历史上的出发点，不是说我们一开始是自由的，后来就越来越不自由了，不是的。我们可以说我们一开始就自由，那只是说我们有个目标在那里，这使我们不同于动物；但这个目的只有通过历史才能实现出来，我们永远在向自由的理想逼近，但永远不可能一劳永逸地完成。所以马克思是把人类的理想的东西内化在人的现实生活中了，虽然是二者合一的，但合一并不是就完全是一码事了，而是在历史中展示为一个过程，一个从现实到理想的追求过程。体现在自我意识中，就是人类的自我不断地认识自身、深化自身的过程，自我意识也动态化、历史化了。所以从这个角度看，马克思又没有完全抛弃西方传统，他是对西方传统的一种另类的总结，一种另类的集大成。而这种另类的集大成在马克思以后，包括尼采、海德格尔、法兰克福学派，也包括后现代，其实走的都是这一方向。我跟赵林老师写的《西方哲学史》就把马克思归入"向现代西方哲学过渡"这一章，就是说马克思开辟了现代西方哲学很多流派的方向。现在很多时髦流派你要追溯，你会发现最开始还是马克思最先谈到的，当然还有费尔巴哈。从那以后，西方哲学就开始转向了，就再也不是那样一种截然分裂的此岸和彼岸，而是注重现实、注重当下、注重人的存在、此在，再不是以前那种封闭的哲学体系了，而是开放的体系。这是我的观点。

学生三：伊壁鸠鲁认为只有幸福才是道德的，斯多葛派认为只有道德才是幸福的，不管从哪一派来说，好像都认为道德与幸福是有联系的。但是从现实生活来看，道德和幸福常常是分裂的，就是虽然一个人很讲道德，也许他并不幸福；而另一个人很幸福，却不一定是通过道德的方式得来的。但是，这些哲学家认为幸福和道德是一致的。我想问他们衡量这种一致性的标准是如何得来的？另外我想请你谈谈你的幸福观。

答：道德跟现实肯定是有差别的。如果现实中善有善报恶有恶报，那么道德也就不需要了。道德之所以需要，就在于现实中不是这样的。

所以道德的维度与现实的维度是两个维度，一个是应然的维度，一个是实然的维度。正因为现实中不是这样，行善的人往往得不到好报，这就使道德行为很宝贵很稀少，才会有对道德行为的赞扬和道德楷模的树立。楷模肯定只是少数了，这恰好说明现实是不尽如人意的，所以一个时代越是讲道德，越是说明这个时代缺少道德，这是一个规律。但是道德的必要性就在于它能够在一个不道德的社会中给人类指出方向，能够使人类社会不道德的事情受到谴责而慢慢变得少起来，做道德的事情的人逐渐多起来。一个良好的、良性发展的社会应该是这样的，我们说一个社会每当它向上发展的时候，它的道德水平都会随之而提高。中国古代也有"路不拾遗，夜不闭户"的时代，那个社会正在欣欣向荣，大家都不需要去做不道德的事情。如果大家都做道德的事情，那就会形成一个善有善报的环境。虽然现实总是不完美的，但道德的作用也是不可忽视的。我们可以设想现代西方人如果没有基督教，那会怎么样？他们有那么强大的军事力量，可以毁灭整个世界，如果他们不信上帝，那就很可怕了。所以道德看起来是彼岸世界的事情，看起来很软弱，只是"应当"的事，没有什么用，实际上是很有用的，它和人类的幸福终究是分不开的。至于我本人的道德观，我还是刚才那个意思，完全西化是不可能的，但是我们要有一种反省精神，当我们按照中国式的道德原则做事的时候，我们要意识到还有另外一维，我们要尽量克服自己由传统惯性带来的影响，吸收西方道德的一些观点和价值判断，使我们这个社会不至于笼罩在一种过时了的、停滞的道德之下而没有透气的地方。我们这个时代是一个转型的时代，而且这种变化有其社会物质基础，这就给我们带来了信心。虽然只是一种应当，好像你可以这样评价也可以那样评价，但你无形中会受到影响。如"以人为本""人是目的"这样一些提法就是从西方来的，当然你可以附上中国式的理解,如"民为邦本"什么的,但毕竟这个提法是从西方来的,会有人思考它的意义。

学生四:您讲的是道德观,但是刚才我问的是幸福观而不是道德观。

答:我自己还是有一点伊壁鸠鲁的观点,也有一点斯多葛的观点的(笑声)。我还是一个中国人嘛,我觉得生活中自然应该有的东西都还是应该要有。当然每个人的运气不一样,有的人运气不好,他所拥有的东西就要少一些,有的人甚至很少很少。但是自然分到你头上的,你都应该抓住,不要采取禁欲主义态度。但是要提高,自然分到你头上的东西有低有高,低层次的东西是凭运气,高层次的东西更多地靠努力,是你能够凭自己的自由意志争取到的。低层次的东西不要放弃,高层次的东西要拼命去追求,你要在你自由意志能够支配的范围之内获得你真正想要的东西,这就是最高的幸福了。

学生五:您刚才讲我们要认识自己,西方人认识自己的方法是通过一个外物来界定自己的内在,但我想这个方法不是唯一的方法,我想也可以通过自省的方法来认识自己。

答:对。这是很关键的一个差别,是一个中西文化的分别。西方人通常是通过一个外物,通过与外物打交道来认识自己的,这是怎么形成的呢?就是西方人在日常生活中的个体性使他只有在他自己创造出来的东西上才能认识自己。在与他人的关系上也是如此,我影响到他人,然后我在他人的反应上就可以认识我自己了。这是西方人通常的自我意识的形成方式。我把这称之为一种镜子结构，人只有在镜子里面才能看到自己。但是中国人通常不是这样，因为中国人缺乏这种个体独立的意识，所以他一开始总是已经在一种关系中、在一种群体结构中找自己的位置，而不是自己努力去做一件事情，然后从它的后果来给自己定位。比如我从小什么都还没有做，我就已经定位了，我就是爹妈的儿女。实际上这个"自己"就变成了一种关系或身份。通常中国人的内省是用来认识他与世界的关系网的，而不是用来认识他自己的。我从自己内心所认识到的其实就是天道、自然，通过反省在自己内心看到的是整个宇宙，"我心即是宇宙""尽心知性而知天"。这就是心性之学，我的心性就是天道天理，在这种天道天理之中我自己倒是被遮蔽，显不出来了。我把这称之为自我意识的失落，因为我们中国人的心本身是一面镜子，很多人都标榜这一点，整个宇宙都反映在我心中这面镜子里面，但却没有想到，镜子本身是看不见的，镜子里面出现的都是镜子外面的东西。西方人的镜子则是外物，它是我创造出来、用来体现自己的本质的。西方的上帝创造世界也是这样，上帝在他的造物上看见自己，把人当作他自己的镜子，所谓上帝按照自己的形象造人。所以真正的自我意识只有通过创造一个外物才能显现出来，只有在自己的作品里才能认识自己。而与此同时，人的社会关系在这种结构之下也被纳入进来了，我只有在别人对我的行为的反应那里才能看到我的本质，我是个什么人要看我怎么做，对他人，也就是对另一个自己造成了什么效果。我如果不让别人自由，我自己也就不能自由，只有让别人在和我的关系中成为自由的，我才能看到我自己也是自由的。这就产生了社会契约学说。而中国人的自我意识是要看我处于关系中的哪一个环节上，我是个什么身份就是个什么人，而不在于我做了什么，我只能按照自己的身份去做人。所以中国人的自我意识设定了一个不可再追究的底线,那就是"诚"。只要我真心诚意了,那么再后面就不能追究了。我从诚出发,就可以对天下万物做出正确的判断,"诚者天之道也,诚之者人之道也","诚则明",我就能够对万物的规律加以把握,整个宇宙都在我心中。但是西方人在这个"诚"底下还可以追究,西方人的自我意识可以无限地深入,可以不断地重新认识自己,因为西方人的自我意识不是一次性地认识到的。我造出一个作品来,我通过这个作品认识了自我,我再造出一个作品来,我在它身上更深刻地认识了自我,我跟不同的人打交道,就可以从不同的方面认识我自己,所以对我的认识是一个无穷的过程。因此"寻找自我"对于西方人来说是一个课题,不断地要寻找自我;中国人不用寻找,"反身而诚,乐莫大焉",你就到底了,你就在那里了。但是反身而诚,你看到的并不是你自己,而是天道,你只要把你自己内心彻底打扫干净,没有任何自己的东西,破除私心,天道就在那里了。

(该文据作者 2005 年在武汉大学讲演的录音整理而成)

东西方四种神话的创世说比较

日本古代神话在公元 8 世纪成书的《古事记》中有系统的描述。关于创世纪，或世界的起源，《古事记》中是这样说的：

很久很久以前，世界还是刚刚开始。那时，虽然还没有天地之分，天之御中主神就已经在天的最高处高天源诞生了，他是世界的中心。接着诞生的是高御产巢日神和神产巢日神，这两个神在世界上担任着要职。

世界之初，高天源在最高处。地呢？就在水上，好像油漂浮在水面上那样的东西。它像海蜇一样到处漂流，无依无靠。在这里又有两个神诞生了。他们生气勃勃往上猛长，就像沼泽边的芦苇芽，到了春天就一齐往上冒一样。同时，那像油一样黏糊糊的地也渐渐凝固起来，直到最后变成像土地一样的东西。在这之间，男神和女神不断出世，经过了七代。最末出世的，是一个叫伊邪那歧的男神和一个叫伊邪那美的女神。

这时，高天源最伟大的天之御中主神就命令这两个神说："地面还像油一样没有完全凝固，你们要把它改造好，让人能够居住。"说着，送给他们一把漂亮的天沼矛。接受命令后，这两个神站在天地之间的浮天桥上俯瞰海面,把长矛戳进像油一样漂浮着的地上,不停地搅和。那些地方本来稀如清水,后来慢慢凝固成形,像冷却了的油脂。最后,当他们把长矛从海里一抽出来,一滴滴浓浓的海水从矛尖上滴落下来,不断地堆积,终于积成了一个岛,他们把这岛叫作"自凝岛"。

后来,这两个神在这里结了婚,生下了一连串的岛屿和具有专职的神(家神、河神、海神、农神、船神、食物神等等)。[1]

在这段神话里,要特别注意的是:

(1)最高的神天之御中主神是在世界刚刚开始时和世界一起诞生的。

(2)他诞生在天的"最高处"(高天原),又是"世界的中心",因此可以把整个世界想象为一个圆锥体(如同富士山):从上面看,其顶点是圆的中心,从旁边看,则是最高处。

(3)地是后来产生的,产生后,仍随波漂流,且不成形,须待天神们来将它固定起来。

(4)早期的神们并不一定有(或不强调)血缘关系,天之御中主神并没有说是谁生的,也没有说生出了别的神,后来的神是"像沼泽边的芦苇芽,到了春天就一起往上冒",是自己长出来的,血缘关系一直到伊邪那歧男神和伊邪那美女神结合后才明确提出来。

(5)这些神具有等级关系,如天之御中主神有权"命令"伊邪那歧和伊邪那美去改造地面,并以天沼矛作为授权予他们的标志。这种权力似乎不是来自血缘、辈分,也不是来自实际的武力征服,而只是由于时间上在先、空间上"最高"而固有的。

---

[1] 福永武彦:《古事记故事》,东京:岩波出版社,1962年。

我们再来看看中国古代的创世神话。其中最著名的是"盘古开天地":

> 天地混沌如鸡子,盘古生其中。万八千岁,天地开辟,阳清为天,阴浊为地。盘古在其中,一日九变,神于天、圣于地。(《三五历记·艺文类聚》卷一)
>
> 盘古死后,化身为万物。(《述异记》)

中国著名神话学家常任侠、袁珂均认为,盘古即人类的始祖伏羲氏。[1] 关于伏羲氏与女娲氏,有以下传说:

> 昔宇宙初开之时,有女娲兄妹二人,在昆仑山,而天下未有人民。议以为夫妻……其妹即来就兄。(《独异志》卷下)

而女娲也是一位创造的女神:

> 娲,古之神女也,化万物者也。(《说文》卷十二)

据袁珂解释,"化"即"化生",孕育。[2]

> 有神十人,名曰女娲氏之肠,化为神,处栗广之野,横道而处。(《山

---

[1] 袁珂:《古神话选释》,人民出版社,1979年,第47页。
[2] 同上,第19页。

海经·大荒西经》)

又传说女娲氏"抟黄土做人"。(《太平御览》卷十八)

在这几段神话里,应该注意以下与日本神话之不同点:

(1)世界最初一片混沌,状如鸡子,无所谓高、低,最初的神生于其中心,由他来分出世界的高低,他本身并不居于高处,而是居于天地之间。

(2)盘古并不因其居高位而获得其神圣性,而是因为他是天尊地卑的设立者、创始者,才"神于天、圣于地",他的权力不在于命令别人改造天地,而是身体力行,是一位劳动创造之神,他的崇高性则在于他(或女娲)是化生万物者,是一切自然、神、人的祖先神。

(3)强调最初的神们及他们与自然万物(包括人类)之间的血缘关系、化生关系,等级关系则是建立在自然血缘关系之上的。

但有几点是共同的:

(1)天与地本身并不是神,而是神活动的环境、地方,是大自然。

(2)神也没有创造出大自然,而是居于大自然之中,改造了大自然。

(3)神之权力和崇高性主要体现在为人类谋福利之上,如天之御中主神命令伊邪那歧和伊邪那美改造地面,"让人能够居住";盘古开天地,女娲补天,伏羲画八卦、结绳记事及制作各种工具,都是为人类造福:神具有人类的道德观。

上述几点,只要将日、中神话与希腊和犹太神话作一对比,即可进一步明了。

希腊神话中关于世界诞生是这样说的:世界在产生之前存在着混沌的空间,即卡俄斯(Chaos),它生出了地神盖亚(Gaea)、黑暗神厄瑞玻斯（Erebus）、爱神厄洛斯（Eros）、地狱神塔耳塔洛斯（Tartarus）、黑夜神倪克斯（Nyx）；盖亚生乌剌诺斯（Uranus）即天、蓬托斯（Pontus）即海以及时序女神；盖亚与乌剌诺斯结合（这是首次男女神结合生育）生提坦神族（Titanes），其中包括克洛诺斯（Cronos）。传说乌剌诺斯把自己的孩子们囚禁在地下，孩子们呻吟不已。盖亚很伤心，她怂恿小儿子克洛诺斯起来反抗父亲。克洛诺斯用神力的镰刀阉割了乌剌诺斯，扔进海里，取代父亲成了天神。乌剌诺斯的血形成复仇女神，其肉激起的浪花中产生了美神阿芙洛狄忒。

以克洛诺斯为首的提坦神族统治后来被以宙斯（Zeus，克洛诺斯的儿子）为代表的新神们推翻。提坦神之一普罗米修斯（Promethus）为了报复而支持人类反对众神，传说他用泥土造人，教给人各种技艺，并盗火给人，因而受到宙斯惩罚。[1]

在这里须注意的是：

（1）自然界不是神所居住的地方，它本身就是一个神的家族。每种自然现象就是一个神，每个神代表着一种自然现象，甚至本身就是一种自然现象，其中不仅包括实体性的自然现象，也包括某些抽象性质（时间、空间、黑暗、爱等等）。每个神都具有这种自然现象的性质和个性。

（2）这些神都是人格化了的，他们通过生育而构成严格的家谱（神谱）体系，具有普通人的情感、思想、行为和相互关系。神、人同形同性。

（3）位置最高的神（天神）权力也最大，地母和地狱之神则是受难受压迫的象征。但天神的权力不仅来自他的地位，更主要来自他的

---

[1] 以上参看M.H.鲍特文尼克、M.A.科特：《神话辞典》，黄鸿森等译，商务印书馆，1985年。

威力，因此他有可能被更强大的力量所推翻，其地位因而就被取代。

（4）神虽与人同性，但不具人的道德性。他们并不有意造福人类。普罗米修斯造福人类只是为了跟宙斯作对。

犹太圣经（《旧约》）中的创世记则与此又有不同：

> 起初上帝创造天地。地是空虚混沌，渊面黑暗；上帝的灵运行在水面上。上帝说："要有光！"就有了光。上帝看光是好的，就把光暗分开了。……
>
> 上帝说："诸水之间要有空气，将水分为上下。"上帝就这样造出空气……事就这样成了。上帝称空气为"天"。……
>
> 上帝说："天下的水要聚在一处，使旱地露出来。"事就这样成了。上帝称旱地为地，称水的聚处为海。上帝看着是好的。……
>
> 上帝说："天上要有光体，可以分昼夜、作记号、定节令、日子、年岁；并要发光在天空，普照在地上。"事情就这样成了。……

第五天上帝创造了动物。到了第六天，"上帝说：'我们要照着我们的形象、按着我们的样式造人，使他们管理海里的鱼、空中的鸟、地上的牲畜和全地，并地上所爬的一切昆虫。'上帝就照着自己的形象造人，乃是照着他的形象造男造女。""上帝看着一切所造的都甚好。"第七天上帝就休息了。(《旧约·创世纪》)

这里有几点明显的不同：

（1）整个世界、天地万物，全是万能的上帝七天之内从"无"中创造出来的。上帝创世不用劳动，也不靠生育，只需一句话、一个念头、一个意志。

（2）上帝是唯一的神，是一个精神的本质，他的权力和威力不体现在雷、电等自然力量上，而主要体现在精神力量如语言和意志之上。

（3）上帝与人同性，但不同形，上帝没有物质的肉体，他"照着自己的形象"造人指的是精神的形象。

（4）上帝具有超越人的道德性，他不是为了人而创造世界的，相反，他造人是为了派他们去管理他所造成的世界。上帝创世没有目的，只是他"看着是好的"，他的意志是绝对自由的。

由这些可以看出，希腊神话与犹太神话的区别在于：前者是多神的，后者是一神的；前者是自然的神，后者是纯精神的神；前者是力量型的神，后者是意志型的神；前者的神与人同形同性，后者的神与人同性而不同形；前者是世界本身的自然的象征，后者是外在于世界的创造者。

但二者也有相同之处：

（1）世界、天地、自然并不是神活动的舞台，它们要么人格化为神本身，要么整个是由神创造出来的。

（2）神并不有意识有目的地"改造"大自然，自然一旦产生和创造出来，就是如此，除非自己产生了矛盾，或触怒了神，才被改变或毁灭（如洪水的神话）。神不为人类服务，只按自己的意志行事。

（3）神不具有人间的道德，或只具有超人的道德。人的道德要服从超人的道德。神的行为不需在人面前为自己辩护，它建立在超越道德的力量和意志之上。

现在我们可以将这四种神话作一番更仔细的对比了。

首先，我们可以把日本神话和中国神话看作一个大类，称为"远东神话模式"；把希腊神话和犹太神话看作另一个大类，称为"远西神话模式"。这两种模式按照神、自然、人三者的关系而有如下区别：

（1）在人、神关系上，远东的神虽然是至高无上的，但却是以人为目的、为人服务的，神总是首先引起人道德上的崇敬和爱戴；远西的神则并不以人为目的，也不为人服务，但却具有无上的威力，因此神首先引起人对力量的恐惧感，人将一切都托付于命运和神的好意。

（2）在神和自然的关系上，"远东神话模式"中的自然界总是神的恩惠的象征，因它是经过神的改造而适于人生存的，神并不用自然界作为单纯的惩罚工具；在"远西神话模式"中，自然界是神的威力和万能的象征，它是神所交代的义务（管理）或惩罚的工具（雷电、洪水）。

（3）因此在人和自然的关系上，"远东神话模式"中的自然界是亲切的、日常的，它本身并不神秘，是可以按人的意志来改造的；"远西神话模式"中的自然界则充满了令人恐惧的奇迹和灾异，具有分裂的面貌：它要么代表神的权力和力量，带有非日常的神圣性；要么则是对神的叛逆，因而带有罪恶的色彩，因此人在自然面前是小心翼翼的、陌生的。

其次，我们还可以看出，这四种神话又各自有其不能纳入任何一个模式中去的个性特点：

（1）除犹太一神教无从谈神的血缘关系外，其他三种神话都谈及神的血缘（神统）。中国人讲神统是为了排定其尊卑次序，血缘关系是等级关系的基础；希腊人讲神统是为了把握历史线索，等级关系来自血缘却不受血缘关系的限制（儿子可以比父亲更尊贵）；唯独日本神话是先有支配关系，后来这种等级支配关系才体现为血缘关系。

（2）所有这四种神话中都有"天尊地卑"的观念。但中国神话最初的神处于天地之间，死后也化为天地之间的万物，后来的神才专门选择天上作为自己的住所，祖先比天更尊贵；犹太神话中神最初在天地之外,《旧约》中上帝的一切奇迹和惩罚都是从天上降下的,但并未说明上帝住在天上,"天堂"的概念是《新约》中才明确的;希腊神话中天(乌剌诺斯)是地(盖亚)的儿子,后又成为她的丈夫,天压迫地,但天神可以被其他天神所推翻取代,无绝对的尊严;只有日本神话,一开始只有天而没有地,天既是时间上最先,又是空间上最高,因此又是地位上最尊的,天之御中主神是一个没有任何作为,又永恒不变的神,除了"命令"外他没有做过任何事(如同日本天皇)。只有日本神话,把天奉为绝对的尊严。

(3)创世的过程:

中国:混沌—天、地—万物—人。

希腊:混沌—地(黑暗、爱、地狱)—天、海、时序—提坦神族—新神、人。

犹太:天—地、水、黑暗、光—天—海与陆、植物—天体——动物、人。

日本:天—地、水—岛—与人生活有关之诸神。

日本神话尽管一开始就提到神为了人的生存而改造世界,但一直没有"造人"的传说,这是独一无二的。

(4)创世的方式:

中国神话是通过神的劳动,将世界改造成适于人生存的基本结构;

希腊神话是通过神的生育繁殖,产生了人类所见到的世界结构;

犹太神话是通过神的意志和万能,变出了包括人类在内的世界结构;

日本神话是通过神的指令和授权,将世界调节成为适于人类生存的结构。说"调节"是因为,它虽然也是"改造"世界,但不像盘古开天地那样是世界变化的最初动力,而只是在世界已发生了变化,有了天地之分、有了地面的漂浮和凝固的情况下，对这一变化过程加以控制和调整。

从上述四种神话的比较中，我们可以引出这四个具有典型意义的民族在后来的发展过程中所形成起来的民族精神的基因结构，这正是有待于我们进一步探讨的问题。

（原载于《湖北大学学报》2001年第6期，署名为"邓晓芒、肖书文"）

《康德〈论永久和平〉的法哲学基础》序

2004年，正当全世界纪念康德逝世200周年、诞生280周年之际，我收到了不知谁从德国寄来的一大卷用挂历大小的铜版纸印刷精美的宣传资料，每一张上面都密密麻麻地印着英文的《论永久和平》的全文，以及人类自古以来所发生的所有的知名战争的名称。分送完这些资料，我陷入了深深的思索。永久和平是人类的终极理想。我们常说，中华民族是"爱好和平的民族"，其实平心而论，哪个民族又不是如此。人与动物的不同，就在于他可以不凭借武力的争夺而能够在"安居乐业"的和平环境中无止境地发展自身，战争则总是一些别有用心的人发动起来的，它并不能够代表一个民族的真正的本性。这个道理其实并不难理解，只要看看在最近的历史经验中，日本靠穷兵黩武而从别国掠夺得来的财富，实际上远远不如战后通过和平发展经济和贸易而获得的财富，就足以说明问题了。然而，要把这类经验的事实置于理性的基础上加以彻底的论证，却并没有那么简单。这其中一个很重要的原因，就在于人类并不是只有理性，特别是往往并不听从理性的教导，而总是有各种狂热的情感和情绪的因素，以及五花八门的愚昧的想象力的因素，在干扰理性的正常思维，从而把人类引向违背自己本性的歧路。所以在这方面，康德的建立在纯粹理性基础之上的《论永久和平》对于我们今天反思战争与和平的问题就具有了极其独特的、不可替代的意义。

赵明博士的这部专著[1]，作为他的博士后工作报告，是国内学者首次就康德的《论永久和平》而展开的全面系统的专题研究。他在两年的博士后研究期间，以康德的法哲学思想为重心，广泛涉猎了康德的基本著作，掌握了康德批判哲学和先验哲学的大体思路，为他透彻理解和分析康德的《论永久和平》及其他法哲学作品奠定了深厚的根基。而由于他的本行是法哲学和法理学，对西方法学史有相当系统深入的了解，这就更使他在讨论康德的法哲学思想的历史渊源并进行纯粹专业性的法理分析方面占尽了优势。不过，本书的重点并不在于过分专业的法理分析，而更加侧重于哲学分析，这与他所研究的对象也有密切的关系。因为正如书中所指出的，康德在西方政治思想史上的重大推进是把霍布斯等人强调的"政治科学"提升到了"政治哲学"的高度。政治哲学和法哲学从本质上说并不是一种有关自然规律（自然法）的实证科学，而是一门有关人的本性的哲学学说，对于康德而言则属于从先验意义上来理解的人类学。只有从这一角度来理解康德的《论永久和平》中的哲学思想，我们才能避免对其陷入通常的误解，也才能彰显出它对我们今天的现实生活的巨大的启示意义。而这种启示意义正是赵明博士本书所努力加以揭示的。

本书的一个核心主题，就是通过对西方政治哲学史线索的追寻以及对康德《论永久和平》的文本分析，凸显出康德对人类历史和社会政治关系的一个基本的哲学构想，这就是：人类的社会政治生活的基

---

[1]《康德〈论永久和平〉的法哲学基础》，赵明著，华东师范大学出版社，2006年。本文为该书序言，文中引文页码均为该书页码。

础是法权（或译"权利""公正"，Recht），而法权的基础是道德。道德作为纯粹实践理性的法则是自由意志的内在规律，法权则是自由意志的外在规律。人类历史由此而和自然界过程严格区别开来了。因此，我们不可能用研究自然过程的经验的眼光来研究人类历史，也不能把人与人的政治关系建立在人的生物学和动物性需要之上，而只能用先验的方法从人的自由本性中推出隐藏在自然现象背后的法权关系。显然，这种法权关系用科学实证的眼光是看不见的，但用人性的眼光、哲学的眼光看却又是无处不在的，它不是自然规律，而是自由的规律。所以康德《论永久和平》的副标题是"一项哲学性规划"。他秉承柏拉图的理性主义传统，凭借理性的理念及其语言和逻辑来预测未来，"因为未来是没有到来的，是没有经验可言的，未来是我们在道德理念的指引下建立起来的"，例如"永久和平"就是这样。永久和平的未来前景已经包含在以往和当前的经验事实中，但却不能用经验事实的规律来预测，而只能用道德法则来预测。"经验事实既然与人的自由理性相关，其中就必定潜藏着一种具有道德价值的方向，人类现实经验生活一次一次地、一步一步地朝这个方向趋进，其现实的可能性不是从经验中推导出来的，而是由实践理性的自由精神和逻辑来加以保证的。人们对未来的或者对于一种方向的建立，只能依靠语言和逻辑，语言和逻辑建构起来的语词秩序是人类面对未来的信念根据"。（第116页）

长期以来我对于社会关系的结构都有一种困惑，弄不清它到底是如何形成起来的。流行的马克思主义将它归结为生产关系和财产关系，似乎这种"物质关系"就像自然科学一样可以加以精密的规定并具有不可动摇的必然性。但我总觉得这里面还有不够通透的地方。由人所承担的物质关系和由物表现出来的物质关系是有某种根本的不同的，因为后者是一种自然必然性，而前者里面却有一种自由意志在起支配作用。那么,自由意志所体现的物质关系是如何构成其"必然性"的呢?例如,我如何能够相信在一个有"秩序"的社会中,我的财产就是"应该"属于我的,我在街上碰到的随便一个陌生人"一般不会"对我谋财害命呢?显然这不能凭我拥有过人的力气或我紧紧抓住我的财物来解释,它是凭一种"法权"及由法权所构成的人类社会行为规范所保证的。当然,如果我当众遭到抢劫,就会有警察或见义勇为的人来干预,形成多数人对少数人的力量优势,单是这种可能性就足以预防抢劫的发生。但他们为什么会来干预?还是由于他们头脑中的法权观念及由此制定的语言逻辑规范支配着他们的行为。用经济关系来解释法权关系是很深刻的,但如果以为这种解释只是单方面的,就像用光的波长解释颜色的感觉一样,那就错了。经济关系本身也是由法权关系来维系的。政治关系更是如此。一位领袖登高一呼,应者云集,无数的人甘愿为他牺牲。他并没有运用什么物质手段或"特异功能",而只是拨动了每个人心中普遍藏有的法权观念,哪怕是被歪曲了的法权观念。一切社会运动,包括战争在内,即使有时表面看来是由物质关系所驱动的,其实都折射出人心中的某种法权观念,即认为这种物质关系"应该"加以改变。

康德正是抓住了人类这种法权观念来做文章的。他认为人之所以有这种法权观念是因为人有理性。人的理性是一种超感性的能力,即使它包含在经验中,成为经验知识之所以可能的条件,甚至可以被感性经验加以利用,它本身也仍然有自己的法则和使命。这就是纯粹实践理性的道德法则,以及以这种道德法则为标准而在现实社会生活中所建立起来的权利(公平)法则和宪政体制,它们最终指向全体人类的社会理想——永久和平。诚然,一个稍具现实感的人完全可以把这种权利法则还原为人的动物性的需要关系和利益关系,把宪政和国家理解为一种较为明智的谋生或谋福利的工具，而把"永久和平"斥为一种不切实际的空想。无论是根据历史经验还是根据通行的带有实证性的政治哲学，人们都会认为人类的战争是不可避免的，和平只可能是战争之间的间隙，顶多只能延长这个间隙，或把毁灭全人类的战争化解为破坏性较小的战争，因为人与人之间、国与国之间的利益冲突是不可消除的。然而在康德看来，这一切都不妨碍我们人类建立起对一个永久和平的"世界公民"共同体必然实现的信念，因为这并不涉及事实判断，而只涉及应然的价值判断，即每个有理性者都必然会把这当作一个不可推卸的历史使命去努力接近它和实现它。"不管经验的历史事实如何，作为有健全理性的道德主体都必须朝着和平状态去行动和努力，而不能凭借任何经验历史的依据去为战争做出道德价值的肯定和辩护。"（第271—272页）

作者在书中进一步指出，在康德看来，虽然永久和平的理念只涉及实践理性的"应当"而不是经验事实，但也并非与事实毫不相干，而是对未来的事实有方向上的指导和决定作用。"实践理性的自由本体为永久和平提供了超越于经验历史事实的根据，但并非悬置经验历史事实，而是要建立一种新的经验事实"。（第227页）如何去建立？当然不能凭空建立，而是要从以往的经验历史事实中引出一种新的可能性来。于是康德便引入了一种自然目的论的眼光，即人类的自然欲望和自私倾向在其实现过程中并不一定总是导向罪恶，而是可以在罪恶中、在频繁的战争中逐渐形成法权上的规范，从而为人类道德上的自觉和善的权威开辟道路。作者写道："大自然利用人类的'恶'推动人类历史前进的一个最明显的例证就是战争。人类所承担的最大灾难就是不断地被卷入战争之中，即使已经进入国家政治生活状态，各民族却依旧被战争所严重困扰，因此而仍然处于政治的自然状态之中，这是大自然为了实现自己的目的而使用的一种最为残酷而强悍的手段。但自然的合目的性恰恰在于通过战争、通过极度紧张而永远不松弛的备战活动、通过每个国家因此之故哪怕是在和平时期也终于必定会在其内部深刻感受到的那种困境而做出种种尝试，以便在经历了多次惨痛教训之后，终究能够倾听理性的告知——脱离野蛮人的没有法律状态而走向各民族的联盟。"（第291页）我们看到，欧洲在经历了好几百年的战争频仍的苦难、特别是两次世界大战的苦难之后，今天已经习惯于不用战争来解决大国之间的争端了，欧盟的建立已经在一定范围内接近于康德当年所理想的国际自由联盟；而中东目前正处在难以忍受的无法无天之中，在旁观者看来，这种无休止的缠斗固然有宗教信仰上的根源，但未尝不可以归于一种实践理性的"功课"。历史有的是时间，只要耐心等待，人们还是可以指望从这种血与火的洗礼中培育出一代具有成熟的实践理性的新人来，最终实现理性的和平共处。

康德"永久和平"的理念最为奇怪之处在于，他并不认为这种永久和平要靠一个"世界政府"或"国家的国家"来维持，甚至也不认为各个民族国家在这样一个联合共同体中有必要和有可能消除自己的文化个性和特色，他只是诉诸各个主权国家的自愿的联盟。但这样一来，这种国际法的效力靠什么来实现就成了问题。今天的"联合国"就处于这种尴尬境地，如果没有大国的强权和武力做后盾,联合国的许多"决议"就等于一纸空文。但康德自有他自己的考虑,这就是诉诸"世界公民"的法权意识的共识。在这里，"世界公民的法权就成为保障国与国之间永久和平的重要补充。"（第293页）这种法权意识在他看来最充分最直接地体现在（今天已经席卷全球的）"商业精神"中，而最符合商业精神的不是战争、不是武力，而是永久和平。当然康德并不赞同功利主义的政治学家把经济利益解释为政治关系的基础，他只是强调这种经济利益中所体现出来的法权原则和公平原则,并从中看出:"'自然'(他律)与'自由'(自律)的贯通才是真实的人的世界。从自然到自由展现的正是人之理性所创造的历史世界,它是一部不断趋近于永久和平的实践理性的历史。"(第294页)国际的和平实际上取决于每个国家的人民是否都能在现实生活中自由地伸张自己的权利。

"9·11"以来,全球爱好和平的人士越来越被一种绝望的情绪所笼罩,人与人之间的仇恨以及国与国、民族与民族之间的敌对已经不能够单纯用贫富分化或经济利益来解释,而被归之于不可通约的宗教和文化冲突。现实的格局似乎取决于,要么全球在宗教文化上达到统一,要么就永无宁日。康德的《论永久和平》却给我们提出了另外一种考虑的维度,他并不要求国家和文化间的无差别的融合,恰好相反,他认为正是这种无法融合、不可通约的差异性,构成了各民族之间和平共处的前提。这种差异性甚至是"大自然"的一种善意的安排,"它利用两种手段来阻止各民族之混合,而将它们分开,此即语言与宗教之不同",而这种不同导致了"统治全世界的帝国政治企图成为不可能"。它固然容易成为仇恨和战争的借口,但"大自然正好悄然利用人类政治的过度欲望,使得各国政治相互之间随着文化的进步,'而人类在原则方面逐渐接近较大的一致时,便导致在一种和平中的协同。'……'自然目的'使得国际法——建立国际秩序——的理念必将成为现实,最终将导致世界和平的出现。"(第292页)人类不需要放弃和抹杀他们各自的文化特色和民族个性,而只需要发挥任何民族固有的理性,就有希望在对话和相互宽容中实现永久和平。在这一过程中,康德的永久和平的信念正因为并不是基于任何一种文化或宗教的经验之上,而能够成为一切民族、一切文化都有可能接受的共同目标。

也许,正是这种广阔的文化包容性,使得今天人们对康德的永久和平的理想越来越感兴趣,它并不是初看起来那么空洞和虚幻,而是比任何立足于狭隘种族偏见之上的和平方案更具有可行性。但它也不是今天人们所热炒的"文化相对主义"或"文化多元主义",而是有一个人类普遍的理性原则作为前提的,这种理性原则绝不是后现代所谓的"白人中心主义"或"理性霸权主义"。说只有白人有理性,其他人种则没有理性,这绝不是对西方中心论的克服,倒是为西方中心论提供论据,甚至是与霸权主义的共谋。本书对康德永久和平思想的法权基础的分析,则为我们今天透彻理解纷繁复杂的国际政治问题和"文化间性"问题提供了一个清醒的视角。

(原载于《博览群书》2006 年第 11 期)

信仰三题：概念、历史和现实

我曾在"中国人为什么没有信仰？"一文（载《价值论与伦理学研究》2009年卷，中国社会科学出版社，2009年）中讨论了中国人的信仰问题，并以"中国人为什么没有真正的信仰？"为题，在一些高校作过多场学术报告。显然，在这两个标题中，都存在一个预设的前提，就是我所指的信仰是"真正的"信仰，与通常可能会误解的迷信、盲信等无关，也与通常称之为"信仰"的各种"主义"有别。严格说来，在将"信仰"的概念加以澄清以前，这样的标题是有其含混之处的。本文将对信仰的概念加以清理，并由此考察一下信仰的历史和现实。

什么是信仰？

"信仰"这一概念基本上是一个现代汉语频繁使用的概念，在古代典籍中用得比较少，主要见于佛教文献。[1]20个世纪初的新文化运动中，

---

[1] 2014年商务印书馆出版的《古代汉语词典》未收"信仰"条；唯1993年商务印书馆出版的《辞源》（合订本）有"信仰"条："信服尊敬。《法苑珠林》九四'绮语'引'智报颂'：'生无信仰心，恒被他笑具。'唐译《华严经》十四：'人天等类同信仰'。"估计该词是唐代就有的佛典译语，并未在民间流行。

中国知识界从西方引入了大批"主义",这些"主义"的信奉者为了抬高自己的层次,常常把自己相信的理论绝对化,提升为类似于宗教那样的"信仰"。而他们相互之间又往往把对方斥之为"迷信"或"盲信",所以信仰有时又和迷信混为一谈,被用来指下层民众那些愚昧的崇拜和祭祀活动。与此同时,中国传统的儒家和道家(道教)也在各种新式"主义"的冲击下,自我标榜为一种"信仰"以自保,这就造成了对于信仰到底意味着什么这个问题的一种模糊甚至混乱的状态。其实,中国传统中除了佛家来自于西方(印度)之外,儒家和道家并不用"信仰"来称呼自己所相信、所奉行的道理,儒家用得最多的是一个单音字"诚"。如《中庸》里面讲的:"诚者天之道也,诚之者人之道也"。而"诚之者"则可以解释为另一个单音字"信"。许慎《说文解字》对"信"的解释是:"信,诚也,从人从言,会意。""信"是一个单人旁一个言字,两相会意,就是信,信的原意就是言行一致,一个人的言和他的行动相符合,这就叫作"言而有信"。"五伦"中的"朋友有信"也是这个意思,就是说话要算数,许诺要兑现,这个朋友就"可信",而信即诚。也有两字连用,即为"诚信"。《礼记·祭统》曰:"是故贤者之祭也,致其诚信,与其忠敬。"但诚和信比较起来,诚更强调主观动机,而信则更强调客观效果。所以和"诚"相比,儒家的"信"并不是第一位的价值,孟子甚至说"言不必信,行不必果,唯义所在"(《离娄》下)。没有信果,义在何处?曰:在心诚。道家则甚至连"诚"字都不大用,他们喜欢用"真"字来标榜自己的理想目标,所谓返璞归真,成为"真人"。真人不喜欢说话,而是"处无为之事,行不言之教"(《道德经》第二章);也不喜欢和人打交道,而是"独与天地精神往来"(《庄子·天下》)。所以对于"信"字的"从人从言",道家一边都挨不着。

在现代汉语中,与"信"字相关的有一系列的双音词,如相信、置信、确信、自信、迷信、盲信、狂信、崇信、信念、信仰、信赖、信任、信奉、信心、信托、信守、信服……使得"信"字带上了极为丰富的含义。相比之下，西文就要单调得多。例如英文就是一个词 believe 或 belief，代表汉语中的相信、信任、信赖、信条、信仰、信念等等；德文 Glaube 也具有同样多的意思。它们的近义词很少（只有如英文的 faith、trust；德文的 vertrauen、überzeugung 等两三个词）。由此看来，如果要对与"信"相关的词汇进行一番更细致的分类，采用现代汉语要比西文方便得多，更有利于我们搞清楚到底什么是"信仰"，信仰和其他那些相邻词汇的区别究竟何在。而要从西文来处理好这个问题则几乎是不可能的。所以，我想在这里先从汉字的字义上对这些近义词进行一番分类或分层次的考察。

毫无疑问，"信仰"这个词在与之相类似的一系列词汇中，应该是处于最高等级的。"信"而至于"仰"，一般说来就是最高的相信了。"仰"的意思是从低处向高处仰望、仰视，有仰慕、崇仰之意，通常用于宗教的含义。其他词项则都处于信仰这个等级之下，我们可以将它们大致划分为这样三个层次。

一、一般日常的**相信**。这是最低层次的相信，凡是人的行为都是有目的的，凡是目的都包含着某种相信，即相信它是有可能实现的。如果没有这种最起码的相信，人就做不成任何一件事。所以这种相信能够决定一个人的日常行为，但它也就是一次性的，是与这件行为的目的直接相关的。我相信明天会出太阳，所以我准备明天出行；但如果早上起来阴云密布且有零星雨点，我就会撤销我的相信并取消这次出行。或者我相信某次行动一定会成功，我相信某人说的话，我相信一个传言是真的，这都是一些临时性的相信，它们都是有可能动摇和取消的。正因为如此，这种相信是不可靠的，它随时有可能变成不相信。

但是，不相信也是一种相信，当一个人说："我绝不相信他说的话"时，这就意味着这个人相信他说的话都是假的。所以，相信的反义词不是不相信，而是怀疑。

唯一能够消除怀疑的是行为的有效性或者效果，在事实面前，怀疑就自行消失了。但这时也就谈不上相信了，在亲眼所见的事实上面加上"我相信"纯属多余，相信总是在事情尚未得出最后结果的时候才会提出来，也才会起作用。对一件事情，我们要有信心，才有希望把它做好、做成功。因此，相信永远也摆脱不了怀疑的纠缠，任何坚定的信心都是充分考虑到怀疑一方才能建立起来的，并且随时伴随着怀疑、动摇的可能。所以相信本身也就多少带有怀疑的成分、不确定的成分。有时候我们说："我相信你能做到！"并不一定表示我完全相信，而只是表示一种鼓励或希望；甚至有时候相信还可以成为一种辩解或者推诿的借口，比如我做错了一件事，我为自己辩护说：我就是不该相信了他的话，我以为……古代帝王自责的方式总是说自己"听信谗言"，实际上多少是在为自己减责或免责。这都说明，这种日常的相信虽然是一切行动的动机，但它是不可靠的，是随时可以随着情况的改变而变化的，是以对后果的估计为转移的，因此也是一次性的和完全功利性的。属于相信的这个层次的有置信、确信、自信、信赖、信任、信心、信托等等，都是就事论事的，时过境迁就可能变化，不要求、也不一定会坚持到底。

二、世俗的坚定的**信念**。这属于相信的更高层次，它与前一个层次不是对立的，也不是与之无关的另外一类，而是从前一个层次中升华出来的一种持久的、坚持到底的相信。前一个层次是随时可以动摇的，但如果其中有某种相信被我们当成了不可动摇的，这就从一般的相信变成了信念。信念的特点就是执着性、一贯性、不可动摇性，因而有一定的超功利性，不为眼前的失败而取消其信念。信念是人类的特点，动物的目的行为失败一次就会吸取教训，再不会有第二次了，人却可以屡败屡战，甚至"知其不可而为之""虽千万人，吾往矣"，还可以"杀身成仁，舍生取义"。通常我们所讲的"共产主义理想"也属于这个层次，它是共产党人应当具有的终生信念。然而，所有这些坚定的信念都还是世俗的，顶多是历史性的，它只在一定限度内是超功利的，但就其本质来说仍然是功利性的。文天祥相信"人生自古谁无死，留取丹心照汗青"，马克思主义者相信"英特纳雄耐尔就一定要实现"，都具有一种历史的功利性。这种功利性不是为着一时一事，而是为了人类崇高的事业，比如为了国家民族的利益，或者为了人民的最终利益，造福于人类，推动历史进步。一个具有这种信念的人，不会为眼前的失败而放弃自己的信念，而会一直用自己的理想来改造整个社会，为此不惜流血牺牲。这种精神固然很崇高、很伟大，但如果过于理想化，不看眼前的现实条件，不从失败中吸取经验教训，也会变得很可怕，甚至会适得其反。中国革命中受"左"的思想危害远大于"右"的思想，到"文革"达到极致；"红色高棉"的社会实验则是彻底失败的，这都是典型的例证。当我们信赖一个人，相信一个人说的话，按照他的指示办事觉得有信心的时候，这都是正常的；但如果我们把他的话当圣旨，"一句顶一万句""句句是真理"，不容许怀疑，或者鼓吹相信领袖"要到迷信的程度"，这就走火入魔了。这种盲目的迷信在历史中留下的将不再是理想的光辉，而是愚昧的教训。

所以，世俗的坚定的信念由于和世俗利益仍然有不可分割的关联，它就总是有正反两面。从正面看，这种信念的确是人类一切伟大事业成就的前提，如果没有千百万人为着共同的理想而前赴后继，历史就不可能有任何进步，人类也不可能发展到今天。但是从负面看，执着于一个超功利的功利目标，如果眼界过于封闭和狭隘，也会造成恐怖主义这种全人类的毒瘤。搞自杀性爆炸袭击的恐怖分子一方面是出于复仇的冲动，另一方面也是相信死后在天堂可以享福，所以其实并不具备他们所标榜的超功利性和道德上的纯洁性，他们只不过是对自己的生命下了一个更大的，甚至是最大的赌注罢了，并没有超出世俗的范畴。另外一些不那么极端的迷信者，比如相信轮回而吃斋念佛、"修来世"的人，虽然比那些临时抱佛脚的急功近利之徒要更有信念一些（那些人还属于前一个层次），但本质上仍然是世俗性的。综合两方面看，属于这种信念层次的还有信奉、崇信、盲信、迷信、狂信等等。

三、彼岸的**信仰**。严格说来，真正的信仰是完全超功利的，在现实中唯有那种纯宗教性的信念可以当得起信仰之名。从自然的眼光来看，这种信仰甚至是超人类的，因为是人类就离不开肉体和利益的考虑。但是由于人类除了肉体之外，还有精神，而纯粹的精神是超自然的，所以人类为自己精神上的需要而发明了一种超越于任何世俗之上的追求目标，这就是信仰。信仰完全是彼岸精神的，那么作为人的信仰，它靠什么来支撑它自身呢？不是靠任何世俗的利益，包括对历史效果的预期，而是单凭自己心中的精神理想，它是纯粹由精神的东西来支撑的信念。所以，信仰是最高的信念，信念还有种超功利的功利，信仰则已经消除了任何功利，完全着眼于人类精神性的理想。在这种严格的意义上，马克思主义不能说是一种信仰，而只能说是一种信念；或者说，共产主义自从它从空想变成了科学以后，它就不再有可能成为一种信仰，而只是一种世俗的信念了。而既然是科学，既然是世俗的信念，它就必须接受实践的检验，至少必须接受历史实践的检验。按照卡尔·波普尔的说法，不可证伪的就不是科学，凡是科学都是有可能加以证伪的。如果我们把这门科学变成一种不容置疑的教条，那并不能使它成为真正的信仰，反而会使它堕落为一种迷信。因为根据上述信念的两面，对科学的信念是有可能转化为对科学的迷信的。

对彼岸的信仰在历史上虽然是由一些宗教流派所发起的，但并非所有的宗教都具备这种真正的信仰，有的是在这种信仰之中还掺杂了一些其他的因素。或者说，像基督教、伊斯兰教、犹太教、佛教这样一些高级宗教都包含有真正信仰的成分，但也还有其他世俗信念甚至一般相信的成分混杂其中，比如说，相信奇迹、相信特异功能、相信神直接插手人间的祸福。通常这些成分主要是在下层信众中蔓延流行，只有最高层的僧侣才有可能探讨真正信仰的原理。但是，这些少数僧侣对民众所起到的教化作用也是不可忽视的，在一定的历史条件下，这种作用甚至可以塑造一个民族的精神形象。

信仰的历史形态

从历史上看，真正的信仰是从那种包含大量世俗功利成分的宗教学说中逐步发展出来的。人类最开始的宗教是原始宗教或者说自然宗教，包括萨满教、巫术、图腾崇拜、祖先崇拜、天地崇拜和各种禁忌等，里面混合着由于无知而带来的恐惧、集体无意识的幻象、暗示和热狂、远古记忆、固定联想、出神状态、白日梦、灵感激发等等各种非理性的心理状态，也暗藏有某些科学道理。而所有这些，都是为了原始族群的生存发展，是凝聚部落意识不可缺少的精神活动，具有一定的功利性。但这种功利性与那种急功近利的功利性还不一样，在个体行为上它往往显示为非功利的，而饱含着对整个传统的族群精神的感情。所以这种宗教是介于那种完全功利而无操守无持久性的相信与真正的信仰之间的一种信念，它向上可以升华到纯粹精神性的信仰，在这方面它包含有真正信仰的种子；但向下也可以堕落为迷信活动，甚至成为以虚假的信仰为幌子的投机性的经济活动,成为完全功利主义的赚钱谋生手段,就像我们在旅游地到处可以看到的"民俗村"景点那样。中国古代的天地崇拜、祖先崇拜和图腾崇拜在先秦就已被利用,而变质为政治功利主义的一套操作代码,这种信念已经失去了升华为信仰的可能;而民间的自然宗教和原始巫术也降为了临时求得眼前利益的一种技术手段,对于各种不同的偶像崇拜,甚至对于一切外来宗教信仰都以"诚则灵—灵则诚"的功利主义标准加以接受或淘汰。这就从上、下两个方面都杜绝了走向纯粹精神性的信仰的通道。中国传统一切上层意识形态和下层集体无意识很早就陷入了要么是政治实用主义、要么是技术实用主义的狭隘眼光。所以,我们在今天所失落的并不是什么精神性的信仰(因为以前从来没有过),而是以往曾有过的较为长远的信念,主要是对世俗历史的政治信念(如天道天理)。因为我们的道德信念不是植根于宗教信仰之上的,而是植根于政治信念之上的,也就是植根于政治实用主义之上的。

西方宗教所走过的路则和我们大不相同。古希腊最早的神话当然也是从自然宗教中派生出来的,其中那些古老的神都是些自然神,天、地、山、河、日、月、大海和森林,都各有自己的神灵。但随着希腊社会的发展,在他们的神话中逐渐产生出一批新神,他们是专门负责精神性的事务的神,如法律之神、婚姻之神、文艺之神、智慧之神、理性之神、诗神和爱神、商业信息和交通契约之神。黑格尔认为,"新神和旧神的斗争"是古希腊艺术所表达的一个最重要的主题,它表明古代希腊人的神话正在从技术实用的信念向社会关系和精神性的高度升华。[1] 但由于希腊神话的"神人同形同性",这些精神性的内涵毕竟

---

[1] 参看黑格尔:《美学》第二卷,朱光潜译,商务印书馆,1979年,第190页以下。

还没有脱离自然力的束缚,新神不过是在更高的精神层次上掌握了自然力并因此而战胜了旧神。真正开始摆脱自然束缚而把纯粹精神性的内容作为信仰对象是从希腊哲学中开始的。希腊哲人中很多例子都表明他们已经开始把精神生活当作自己的一种信仰,例如毕达哥拉斯第一个提出"爱智慧"(philosophia)这个概念,他毕生献身于对数学智慧的探讨,并由此建立起一个宗教教派,曾因发现"毕达哥拉斯定理"(即我国的"勾股定理")而举行了一场"百牛大祭"的宗教仪式来庆祝。赫拉克利特出身贵族,本来可以成为国王,但他放弃了,将王位给他弟弟,自己献身于哲学研究,最后穷困潦倒,饿死在牛粪堆上。德谟克里特的名言是:发现一个定理比做波斯人的王还要好。亚里士多德身为"太傅",却并不跟随亚历山大大帝四处征战,而是坐在雅典做他的哲学,并吩咐皇帝每打到一个地方,都把当地的奇珍异兽送一份标本回雅典来供他做研究,皇帝居然一一照办。这些哲学家认为,和智慧打交道就是和神打交道,这是比任何世俗的事务(不论是政治还是历史)都要无限崇高的事业。

真正从理论上划定了彼岸精神领域的是柏拉图。柏拉图的现象世界和理念世界的二分,不但使现实事物成了彼岸纯粹理念的摹本,而且使世俗道德和政治生活成了善的理念的摹本,而作为万事万物的原型的理念世界则是不带有任何感性经验色彩的纯粹概念的王国,它的原则就是逻各斯的等级结构,即种、属、类的概念关系。亚里士多德后来把这种关系的思考称之为"对思想的思想",其对象就是"神",即没有质料的纯形式。但柏拉图的神似乎比这种唯智主义的规定更为丰富,在他所设想的"理想国"中,统治者即"哲学王"被称之为"爱智慧者、爱美者、诗神和爱神的顶礼者"。这种"柏拉图式的爱"实际上是对纯粹精神性的东西的追求,这种追求是不计回报、不图功利的,可以配得上称为信仰。柏拉图明确地说,他的"理想国"是不可能在地上实现的,之所以要设计出来,只是为了让地上的人们在建立一个国家的时候有一个理想标准作参照,力图去不断地接近它,但永远也不要妄想把它变成现实。[1] 所以柏拉图又在《法律篇》中,在他的遵行"共产主义"公有制的理想国之外,设计了一个在私有制下遵守民主法制的现实国家的蓝图。无论如何,柏拉图的空想共产主义成为后世一切共产主义乌托邦的鼻祖,而他的法制国家的设想则为后世民主政治的思想开了先河,所以"现代许多学者都认为不仅罗马法许多思想源自《法律篇》,而且近代资产阶级启蒙思想家如洛克、孟德斯鸠等提出的代议制、分权制即三权分立和相互制约的学说都可以上溯到《法律篇》"。[2]

全靠精神性的东西来支撑起一个信仰,这种模式经过新柏拉图主义和犹太教结合而传入基督教里,便被赋予了(犹太)一神教的形式,从而使得信仰具有了能够深入每个人内心的凝聚力。实际上,精神性的东西只能以"一"的方式存在,即使是许多人的精神,也只是一个精神,否则就还带有某些外在的、自然的或者肉体的区别。[3] 所以,多神教的信仰还不是真正纯粹的信仰,因为你用来区别那些神的外在标志只能是非精神的。基督教里面长期以来争论不休的一个重要的教义问题就是"三位一体"的问题,也正是源于这一点。但即使是基督教也长期未能解决自己在什么意义上是一神教的问题,它与同属一神教并且连《圣经》文本都是同源的犹太教和伊斯兰教之间,始终没有能够协调好

---

[1] 参看柏拉图:《国家篇》,见王晓朝译:《柏拉图全集》第二卷,人民出版社,2004年,第459-461页。
[2] 汪子嵩等:《希腊哲学史》第2卷,人民出版社,1993年,第1108页。
[3] 这个道理古希腊的哲学家塞诺芬尼就知道了,他论证的是:"神是一",而且只能是"一"。

关系，以至于总是具有发动"十字军"对异教甚至异端进行"圣战"的企图，这就还缺乏真正意义上的"一神教"的气度。直到启蒙运动时代，基督教中才产生出了宗教宽容的思想（如莱辛的《智者纳旦》），当然这是以 16 世纪宗教改革为前提的。宗教改革使信仰完全成了个人内心反省的事情，这才使它成了纯粹精神性的，因而也成了具有最大包容性的。宗教改革的意义在于首次确立了真正信仰的对象是纯粹精神的王国。在此之前，基督教已经知道自己所追求的精神生活就是爱，在"三主德"——信、望、爱中，爱是终极目标。这爱首先是爱上帝，其次是通过爱上帝而爱一切人，包括"爱你的仇敌"。但在宗教改革以前，这种爱还不是纯粹的圣爱，而是披上了一件世俗的感性的外衣。文艺复兴时期的大量宗教画都是以"圣母"的母爱形象来诠释圣爱，清教徒们则在宗教意识中摒弃人间的温情，而以严肃自律的精神在内心中追求真、善、美的目标，并努力将它们在客观现实世界中作为彰显上帝荣耀的神圣事业而实现出来。新教徒们以出世的精神做着入世的事业，即使是最卑微的工作，他们也当作自己的"天职"而认真对待，因为他们从中看到的是精神的意义。上帝既然在我心中，上帝就无所不在。基督教只有走到这一步，才能够将其教义中本来具有的精神信仰提升到纯粹的高度。基督教对世俗事物具有双重眼光，能够在面包和酒中看出基督的肉和血来，在世俗的人际关系中看出人的尊严和上帝的正义来。但在很长时期内，基督徒还把希望寄托于上帝再临人间，施展奇迹来建立地上的天国。而经过宗教改革，人们不再仰望天空，而是回到内心，这时他们的信仰才真正成了超越时空的彼岸信仰。

这种真正的信仰有三个特点，首先是它的纯精神性，它本身绝不掺杂世俗的标准，它是完全超功利、超世俗的。它在世俗生活中高高在上，并不因世俗的利害而受到影响、遭到修正，如耶稣基督讲的，恺撒的归恺撒，上帝的归上帝。其次，它虽然只在人的内心建立自己的坐标，但却又是入世的，它的入世并不是要在人间建立天国，它只是用这个坐标来衡量、评价和批判世俗生活。所以，虽然它并不妄想在地上建立天堂，它却对现实生活有切实的影响力，因为它改变了人性，使人具有了一个"应当"的维度，仅就这一点而言，它就是克服虚无主义的一剂良药。最后，这种信仰也是谦虚的，它从不标榜自己是绝对的真诚，而是有强烈的自责和忏悔意识相伴随，希望上帝赐给自己以坚定的信仰，这就给自己向内心的深入并不断清除自欺和伪善打开了无限的空间。当然，这种信仰本身仍然有其局限性，就是它所信仰的精神价值主要限于对上帝和人类的爱，以及上帝的绝对正义（神义论），而对科学和艺术方面并没有特别的提倡。然而，它也并不特别排斥科学和文艺。中世纪是排斥的，但是文艺复兴以来，包括新教，都把科学和文艺当成为上帝增光的事业，是附属于爱人类的精神价值上的。所以科学和艺术（技术）在教会和教徒们眼里并不只具有实用的价值，而是本身就是值得追求的精神价值，只有这种精神价值才能够引导科学和艺术不断发展。这就是"为真理而真理"的科学精神和"为艺术而艺术"的纯艺术精神的起源，是缺乏宗教信仰的中国传统文化中所不具有的。

　　正是由于基督教在近代以来这种向纯粹信仰的提升，促使西方文化开始形成了一系列的普世价值原则。其中当然还有其他方面的原因，但基督教的信仰无疑起了重要的作用。例如宗教宽容或信仰自由的原则，真正的一神教是主张宽容的，它相信"条条大路通罗马"，相信任何一个人所自由信仰的神必然和自己信仰的神是一致的，只要你把神的精神内涵从那些具体的崇拜仪式和外在形式中抽出来就能看到这一点。又如博爱的原则，真正的一神教也肯定是主张博爱的，必然主张摆脱仇恨而爱一切人,包括爱你的敌人,因为敌人都是世俗生活的利害关系造成的,真正超越世俗的精神信仰是没有敌人的,在这种信仰看来,复仇是没有意义的行为。再如,真正的信仰对纯粹精神事物的追求导致个体人格的独立和自由,而在世俗生活中导致对世俗事物的双重眼光:即平等不是为了平均财产、利益均沾,而是为了个体人格的尊严;自由不是为所欲为,而是争取和捍卫权利;法治不只是为了安居乐业、保障安全,而是为了普遍公正。现代政治哲学的正义、契约、宪政和民主等等价值的后面,其实都有宗教信仰的精神支持,而不单纯是一种治国的技术性方略或谋求现实幸福生活的手段。反过来,只有上升到精神信仰的高度,这些普世价值的法则才能得到出自内心的遵守,并成为渗透在一个民族血液中的文化基因。

马克思主义:信仰还是信念?

当今时代的信仰问题,在西方并没有大的改变,仍然是宗教改革以来由启蒙运动所奠定的基本原则,虽然已有很大的松动,并纳入了很多以前没有想到过的内容(如文明冲突),但并不危及根本。在信仰上问题更严重的是文化转型中的中国,由于我们历来没有真正的信仰,而过去能够取代信仰发生作用的儒家信念又已经显得陈旧过时,不再符合当今现实社会的需要,所以我们现在不但缺少一种为健康发展的市场经济、法治社会所需要的信仰,甚至缺少可以填补道德空白的世俗信念和历史信念。曾经一度,马克思主义成了这种填补剂,但由于一系列政治运动损害了这种信念在现实中的可信度,这就迫使我们必须重新思考马克思主义作为信念或者信仰的问题。

罗素曾在其《西方哲学史》中,把马克思主义作为一种信仰,而和基督教的信仰作了一种横向对比，他认为其中有一脉相承之处。[1] 然而众所周知，马克思正是从青年黑格尔派的宗教批判中走出来，而上升到政治批判的，他从无神论的基地上创建了自己的历史唯物主义的思想体系。在早年的博士论文中，马克思就推崇希腊神话中的普罗米修斯的名言："说句真话，我痛恨所有的神灵。"并这样评价："这是他的自白、他自己的格言，借以表示他反对一切天上的和地下的神灵，因为这些神灵不承认人的自我意识具有最高的神性，不应该有任何神灵同人的自我意识并列"，还称普罗米修斯为"哲学的日历中最高尚的圣者和殉道者"；而唯物主义者伊壁鸠鲁则是"最伟大的希腊启蒙思想家"。[2] 当然，早期基督教的信仰和马克思的信念还是有某种可比性的，这就是想要把自己的某种理想通过某种方法（十字军，或者阶级斗争）在地上实现出来，但那只是由于中世纪的基督教尚未展示出自身信仰的真正根基，还显得好像是一种世俗的政治团体和政党派别的缘故。因此，这两种思想的类比只是在同为信念的层次上的类比，但基督教除了信念外，还有信仰的含义，这方面马克思主义是没有的。

基督教宗教改革以后的纯粹信仰则已经超越了这种世俗的层面，或者用恩格斯的话说，这时人们已经发现"任何宗教教义都难以支撑一个摇摇欲坠的社会"了。[3] 这句话从另一方面也正说明当时的宗教教义已经从世俗政治生活中退出，专注于灵魂的内省和纯粹精神的事情了，这时把这种宗教教义和马克思的社会理想相提并论就是不恰当的了。伴随着宗教中对世俗政治事务的这种超越，在世俗政治事务本身中也"产

---

[1] 参看罗素：《西方哲学史》，何兆武、李约瑟译，商务印书馆，1981年，上卷，第447-448页。
[2] 马克思：《博士论文》，人民出版社，1961年版，第2-3页，第48页。
[3] 恩格斯：《社会主义从空想到科学的发展》英文版导言，载《马克思恩格斯选集》第3卷，人民出版社，1995年，第717页。

生了相应的理论表现",比如"在16世纪和17世纪有理想社会制度的空想的描写",即莫尔的《乌托邦》和康帕内拉的《太阳城》,"而在18世纪已经有了直接共产主义的理论(摩莱里和马布利)",这些人的禁欲主义的"斯巴达式的共产主义"显然还受到柏拉图理想国的影响,它们完全是空想的,并没有设想过如何实现出来的技术手段,甚至也不打算在现实中着手实现它们。而到了19世纪,"出现了三个伟大的空想主义者:圣西门、傅立叶和欧文",他们的共同点是:并不是作为某个阶级(无产阶级)的利益的代表,"而是想立即解放全人类""想建立理性和永恒正义的王国",[1]所以他们的观点带有某种超政治性或非政治性。

  不过圣西门、傅立叶和欧文三人各自还有所不同。欧文是身体力行地成功创办了一个实行社会主义原则的企业,并到美洲去进行了一场失败的共产主义实验;而圣西门则只是通过他的著作和言论而表达了"天才的远大眼光",以至于"后来的社会主义者的几乎所有并非严格意义上的经济学思想都以萌芽状态包含在他的思想中";最后,"我们在傅立叶那里就看到了他对现存社会制度所作的具有真正法国人的风趣的,但并不因此就显得不深刻的批判",[2]但他并没有做什么事情来改造这个社会。因此,如果要说他们都是空想社会主义者的话,那么严格说来欧文并不是空想的,他的主观意图恰好是想要在地上实现他的理想,甚至客观上也取得了部分的成功,他的失败则是由于观念上的不成熟而导致的技术性的失败。如果仅因这种失败而说他的思想是空想的,那么马克思的理论在其原生态中也从来没有成功过,是否也

---

[1] 恩格斯:《社会主义从空想到科学的发展》,载《马克思恩格斯选集》第3卷,人民出版社,1995年,第721页。
[2] 同上书,第726-727页。

因此而是"空想的"呢？至于圣西门，则虽然并没有把自己的理想付诸实行，但他毕竟有过如何实行的经济学思想的萌芽，所以可以说是"半空想的"。三人中真正称得上是"空想社会主义者"的应该只有傅立叶，他的理想对现实社会的关系主要表现于"批判"，虽然也有关于"法朗吉"劳动协会的疯狂构想，却并不认真实行。并且他把全部世界历史分为"蒙昧、宗法、野蛮和文明，最后一个阶段就相当于现在所谓的资产阶级社会",[1]然后人类就走向灭亡了，这有点福山所谓"历史终结"的意味。傅立叶的空想社会主义只是他用来批判社会的一个超现实的标准，并未致力于实现这种主义，因此大致可以称得上是一种纯粹精神性的"信仰"，而其他两人则仍然只限于"信念"。信仰可以不成功，信念则必须成功，否则就会破灭。

所以，当恩格斯说"社会主义从空想变成科学"的时候，严格说来是由莫尔、康帕内拉、摩莱里和马布利以及傅立叶的信仰，变成了马克思恩格斯的信念。当然，由于信仰和信念这两个词在西文中不分，所以这样表述只对中国人有意义，或者说只有中文才能从语词上将这两者严格区分开来。恩格斯的"科学社会主义"的说法在一个崇尚科学的时代固然可以提高马克思主义的地位和声望，但与此同时也就面临一种可能的危机，就是一旦这种主义在现实中遭到挫败，它的科学性就会受到质疑，甚至被当作为一种已经证伪的科学命题而遭到抛弃，就像科学史上一度流行的"地心说""热质说"和"以太说"的命运一样。不过在今天，虽然西方的马克思主义者几乎已经没有什么人把马克思主义看作一门"科学"，但仍然有不少人、包括许多左派学者信奉马克思的学说。显然，这些学者并不一定把马克思主义当作一种要在今天

---

[1]《马克思恩格斯选集》第3卷，人民出版社，1995年，第727页。

这个现实社会中实现出来的信念，而只是当作对现实社会不满的一种批判，这倒是更加接近傅立叶的那种空想社会主义的信仰。

最先敏锐地看出这一点的，是法兰克福学派的马尔库塞，他在20世纪60年代，也就是在1968年巴黎"五月风暴"的那个年代，就提出了社会主义运动要"从马克思退回到傅立叶"的口号，这一口号被新左派们评价为"一个战略性的和政治的概念，一个深入到新左派"文化革命"旋涡的核心的概念"。[1] 其实，新左派们的这一思想与其说是政治性的，不如说是美学的。当年巴黎五月风暴中那些街头骚乱的学生，并没有提出什么改造社会的可行的政治措施，他们打出的旗号是"个人的解放"，这是一个"政治-色情的乌托邦概念"。[2] 正如一位新左派青年所说的：单是政治上激进是不够的，"只当有一种新生活方式之感，在工作上、在恋爱上、在思想上、在感情上、在吃喝上、在开玩笑上都是激进的，才行。是激进的：即是我自己。……我变成一个革命者，因为美国尽管愿意把一切东西卖给我，却不愿意让我是我自己"。[3] 他们认为，只有这样才能打破"单面人（单向度的人）"的限制，实现真正的"人的解放"。比如他们可以在街头大白天做爱，甚至砸烂一切现存的东西，至于社会应该如何正常运行却不管。他们也崇尚中国"文革"的造反精神，却压根不考虑"文革"对中国社会和人性的摧毁。[4]

---

[1] 徐崇温：《法兰克福学派述评》，三联书店，1980年，第144页。

[2] 江天骥：《法兰克福学派——批判的社会理论》，上海人民出版社，1981年，参看第75页。

[3] 同上书，第68页。

[4] 这完全是一场文化误会，正如左派们当年对苏联的误会一样，他们以为他们的理想在西方得不到实现的机会，也许可以在东方获得这种机会，而全然不考虑理想有可能成为别的东西的借口而被亵渎，也不考虑就算是理想，一旦实现出来将会是怎样一幅漫画。

对政治的这种拒绝在理论上体现为马尔库塞对圣西门的"三阶段"的颠倒。圣西门提出全部历史的三阶段是"神话的""形而上学的"和"实证科学的",马尔库塞对此质疑道:"但这个顺序就是最终的顺序吗?或者对世界的科学改造包含了它自己形而上学的超越吗?"[1] 他认为在当代,"转化成政治力量的科学理性"将迎来自己的自我否定,而"这将意味着科学和形而上学向传统关系的倒转",也就是"'三阶段律'的倒转及在对世界进行科学和技术改造基础上使形而上学'重新合法化'"。[2] 他对"转化成政治力量的科学理性"抱有恐惧,认为这种做法"能把形而上的转变为形而下的,把内在的转变为外在的,把精神探险转变为技术探险。'灵魂的工程师''精神病医师''科学的管理''消费的科学'这些可怕的术语(和现实)以一种不幸的形式集中概括了反理性的东西、'精神的'东西渐进的合理化——对唯心主义文化的否定。"[3] 他相信这一过程必将转化为自身的对立面,即在此基础上建立一种新的有关正义、自由和人性诸观念的形而上学,最终倒转回到神话的起点。但正因为如此,他并不想触动这个基础本身,而只想从乌托邦的审美维度对现存社会秩序采取"大拒绝"的批判态度。"社会批判理论不具有任何概念,能把现在与未来沟通起来;它不承诺,也不炫耀成功,它始终是否定性的。因而,它想要继续忠诚于这些人:尽管没有希望,他们已经而且继续在把生命献给那伟大的拒绝。"并以瓦尔特·本雅明的话作结:"只是为着那些没有希望的人,我们才被赐予希望。"[4] 这是马克思主义从一种现实的历史科学的信念向一种纯粹信仰的

---

[1] 马尔库塞:《单面人》,左晓斯等译,湖南人民出版社,1988年,第196页。
[2] 同上书,第197、204页。
[3] 同上书,第200页。
[4] 同上书,第220页。这句话明显包含有犹太教的背景。

回归。尽管人们可以不同意他的观点,但必须承认,如果马克思主义不满足于有可能被证伪的实证科学的信念,而想要成为一种不受现实条件的改变所触动的永恒的(因而是真正的)信仰,那么成为一种单纯的"社会批判理论"也许是唯一的选择。

(原载于《马克思主义与现实》2015年第4期)

消费时代与文学反思

主持人：傅小平，《文学报》

对话背景：贾平凹推出讲述"文革"记忆的长篇小说《古炉》。他在小说"后记"中发出了已经很少有作家感兴趣的对"文革"的责问，再次把暂被搁浅的"文革"叙事推入读者视野。由此引发争论：对"文革"的反思，是否达到了相应的高度？既有的文学反思是否存在误区？在当今消费时代，文学反思如何深入？[1]

傅小平：但凡重大灾难性的历史事件，注定是一个永不过时的命题。这就好比"二战"，已然过去了半个多世纪，却依然吸引着人们强烈的兴趣。刚引进出版的美籍法裔作家乔纳森·利特尔写的《复仇女神》，这部深刻反思"二战"的严肃作品，就不仅包揽了法国各项大奖，而且深受国内外读者欢迎。在国内，"文革"叙事一直是近年文学写作的热点。前些年引起广泛关注的《兄弟》《后悔录》《平原》《空山》《启蒙时代》，这两年出版的《蛙》《河岸》等作品，虽然并不都是全面描写"文革"，但"文革"至少是故事发生的重要背景。尽管如此，这些作品对"文

---

[1] 本次采访对象共有七位学者，题目相同，因版权问题，此处只收录了本人的回答。

革"的反思,是否达到了相应的高度,在文学界内外一直是很有争议的。推及其他表现或反映辛亥革命、抗日战争、改革开放等重要历史事件的作品,也是如此。你怎么理解?

邓晓芒:我认为,凡是把文学建立在"反映"什么东西之上的文学观,都是陈腐的文学观。我不反对文学要反映什么,但我也不主张文学一定要反映什么,以为文学家担负着社会历史使命,要来反映某个历史时代和事件,这是对文学家的苛求,甚至是贬低。文学要有更高的使命,它不是反映,而是开拓,对人心的开拓。当然有时候它需要借助于反映来开拓,比如写"文革",这的确是一个对于开拓极为有效的题材,但也还有其他的题材。经历过"文革"的作家,即使只是面对一只狗、一朵花,甚至一种感觉、一种幻觉,也能够开拓自己的心灵。关键是你找不找得到那种感觉,那种全新的、以往没有人经验过的感觉。

这不在于你有多少社会历史经历,搜集了多少现实发生的故事,而在于你的心胸是否开阔和深沉,能够容得下人类各种连自己都感到陌生的情感。用这种眼光来看,反思"文革"就不是一个要为历史下结论的事,而只是一个深入自己内心的契机,从这个契机入手,我们几乎可以每天都看到"文革"在我们眼前发生。我曾说过,我们何曾走出过"文革",我们每天都生活在"文革"中。这种感觉,作家有吗?如果有,他写的任何一件事,其实都在写"文革"。因为写"文革"就是写我们自己,包括那些从来没有经历过"文革"的,甚至"文革"后才出生的人。如果没有这种眼光,反思"文革"题材的作品再多、再有高度,也只是表面化的,甚至是非文学的。

傅小平:抛开单纯的艺术性不讲,衡量文学作品的重要标准,就是看蕴含其中的反思和批判的力度,它几乎决定了作品思想的深广度。这让我想起几年前思想界与文学界的论争。当时,有部分"思想界"人士认为,中国作家已经丧失了思考能力、道德良知和社会承担。文学界部分作家在针锋相对指出思想界缺乏"常识""阅读量""感知力"等之余,同时强调文学有自己的特性,而非简单的表达思想的载体。应该说,这样的辩护有一定道理。如此看来,是否在文学写作中展示出一种反思和批判的态度,就显得特别重要。就拿近年的"文革"叙事来说,这些作品要么止于缅怀、感伤的表达,要不就是对那个时代做诗意或扭曲的呈现。作为一种写作态度的反思很大程度上是缺席的,或说是可以存疑的。

邓晓芒:前几年所谓思想家对作家的质疑,我也参与了,但很明显,我是"思想家"中的一个另类。我对当代作家的批评,所针对的也是缺乏思想性,但我所谓的思想性,并不是其他人所习惯认为的道德良知和社会责任,而是对自己习以为常的人性、国民性的拷问。这种思考不是单纯理论上的,更不是用一些抽象的概念和大帽子来强求作家遵守,而是诉之于作家对时代精神的感觉。当代作家普遍的问题是感觉的迟钝、陈旧甚至腐朽,他们以为用现代搞怪的手法来搬弄一些耳熟能详的话题,就能够生产出创新的作品来。他们绞尽脑汁搜罗一些奇奇怪怪的故事,或者虚构出一些"魔幻"来,为的是能够继续吸引读者的眼球。还有一些作家回归日常生活的俭朴,沉醉于老一套的乡情、亲情、友情和爱情("纯情"),名为"现实主义复归"。其实,经历过"文革"以后,所有这些看来毫无疑问的人之常情都需要做一番彻底的批判和怀疑,它们根本不可能成为人性的最终归宿,而恰好有可能成为人性的欺骗性的面纱。

今天的"文革"叙事作品最大的缺憾就在于,作家们似乎都是站在岸上回头观赏过往的沉浮,为那些没有能够游到岸上的人们抱恨唏嘘;要么就是庆幸还有某些人性的角落没有被"文革"的大潮席卷一空。其实最应该反思的恰好是我们今天所站立的这片看来坚实的土地,它说不定什么时候突然又会再次塌陷下去。当然也有一些作家把自己悬在虚无主义的空中,标榜自己的玩世不恭,他们自以为看破了红尘,似乎比前面两种人要深刻一层。但他们的致命的病症是自我感觉良好,没有真正的痛苦,因而也没有追求,只有逃避和自欺,甚至是扬扬得意。现实中的一口风就可以把他们吹得无影无踪。西方的虚无主义是在痛苦中追求的虚无主义,中国的虚无主义是及时行乐的虚无主义,是精神上的甘于沉沦和乐于沉沦,甚至沉沦得"有理"、理直气壮。人们一想,对啊,不这样,又能怎么样呢?

傅小平:如果说国内的文学缺乏反思,难免会招来激烈的批评。最典型的例子,当是20世纪80年代盛极一时的反思文学。无可否认,这一文学思潮在当时的历史背景下,推进了文学对"文革"、"十七年"以至更早历史事实的思考。遗憾的是,它很快又被其他思潮所淹没。回过头去看反思文学,有人直言不讳质疑它的真实性,认为其服务于新的意识形态建构和社会转型的需要,结果反而是歪曲了历史。

如果我们对中华人民共和国成立后的文学做一回顾就会发现,文学的反思似乎并没有真正剥离开功用、实利的色彩。这不仅体现在文学的整体,即使是在同一个作家身上,也很少有一以贯之的。而事实上,反思并不是一个单向度的过程,它是有多面向、多维度的。任何反思都是一个需要层层剥离,并由此不断向深处掘进的动态过程。从这个角度看,我不以为当下的文学写作,真正达到过它可能抵达的反思。

你是怎么理解的?

邓晓芒：在我看来，20世纪80年代的"反思文学"充其量只是一种"吾日三省吾身"式的反思，即检讨自己哪些地方背离或丢掉了既定的天经地义的原则，现在要把它找回来。曾子曰：为人谋而不忠乎？与朋友交而不信乎？传不习乎？"文革"中我们失去了忠、信和道德的传习，失去了几千年的亲情孝道，现在悔不该当初。这种反思非常肤浅，它不是对这些天经地义的原则本身的反思，而只是以这些原则为标准的反思，但这些标准难道不正是"文革"的原则吗？"文革"虽然破坏了小家庭的亲情，难道不是建立起了对全民共同父亲的亲情吗？忠不就是更大的孝吗？由此推出"母亲打错了孩子"不是顺理成章的吗？所以这种反思必将落入"文革"思维的圈套，而不可能有新的突破。

现在写农民和底层的作家多，写知识分子的作家比较少。农民和底层当然要写，其实中国知识分子骨子里也是农民；但知识分子是对中国农民意识表现得最为深刻和淋漓尽致的一群人，作家不写他们，实际上是回避写自己，对自己的内心深处"无可奉告"。当然写自己也不一定就是反思了，也可能是粉饰自己，自欺欺人。人们以为写自己是最容易的，许多作家都是从写自传开始的，但其实真正要写出自己的灵魂来是最难的。而一旦写出来，就具有普遍意义，如鲁迅的阿Q，其实写的是鲁迅自己，但又是整个国民的国民性，中国人谁敢说自己身上没有一点阿Q精神？

傅小平：在现代文学史上，知识分子曾在不同作家的笔下扮演了复杂的角色。自20世纪八九十年代以后，知识分子则成了被解构的符号。于是,在很多作家的写作中,知识分子成了被戏谑的对象,而没有被知识所"污染"的人物,倒还保留着某种纯真和自知,甚至寄予了作者所谓的理想。与此形成鲜明对照的是,在西方带有浓厚反思色彩的作品中,担当反思主体的多是知识分子,而且这种反思不仅仅是面向历史的,它同时也是针对自我的,正是从对自我的无情解剖中,作者建构起了抵达历史深处的路。如何看待这种反差?

邓晓芒:依我看,中国知识分子和西方知识分子有一个最大的区别,就是他们与底层百姓没有根本的区别,他们就是代表底层"为民请命"的士大夫,本身出身农家,靠苦读走出山村,载负着乡亲们的嘱托而为天下国家谋利益。而他们为之服务的对象,往往是极其愚昧昏庸、缺乏素质的,但只要是大权在握,知识分子只能无条件服从。因此中国知识分子对自己的知识缺少高贵意识,这些知识只是政治实用的工具,不被权力所用则毫无用处,叫作"怀才不遇"。像孔乙己这种怀才不遇的知识分子连老百姓也是看不起的,他们自己更看不起自己,所谓"皮之不存,毛将焉附"。他们对世俗权力有种本能的膜拜。

西方知识分子则自始就有一种高贵意识,他们自认为是和神直接打交道,对世俗权力有种不屑。而他们唯一能够与神沟通的就是他们的内心灵魂。所以他们的反思是摆脱了一切外界世俗目的干扰的自我拷问,一切外界环境和外部命运都成了这种内心拷问的刑具。今天我们很多自称为独立知识分子或自由知识分子的人其实都还远远没有达到这种境界,就更不用说一般的作家们了。

大部分中国作家关心的只有两件事,一件是在官方眼里怎么样,在官方媒体中的排名怎么样;一件是在老百姓眼里怎么样,书卖得怎么样。所以他们的作品多半不是媚上就是媚俗,媚俗也包括对底层百姓生活的美化和赞扬，很少有像鲁迅的《故乡》那样真正揭示出底层的真相的（据最近的研究，闰土在鲁迅笔下的确是做过偷窃周家碗碟的勾当的，不过写得隐晦一点而已）。所以当有人出来攻击鲁迅时，作家们恐怕都松了一口气。

傅小平：从文学的角度，对十年"文革"，或是更为漫长的战争做一检阅，我们会不自觉地拿苏联来做对照，并问这样一个问题：苏联产生了《静静的顿河》《日瓦戈医生》，产生了索尔仁尼琴、布罗茨基……为什么中国百年来经历了那么多翻天覆地的变化，竟没有产生出任何一部堪与比肩的作品？这一被称之为中国文学百年"天问"的追问，自然会牵扯出很多的缘由。但有人试图对此做出解答的时候，常常会忽略非常重要的西方宗教背景。

随着神性时代的结束，写作的视角普遍下移，但在不少西方作家的写作中，依然葆有一种神性的光辉。所以，在阅读他们作品的过程中，尽管作者使用了一种平视的视角，依然可以感觉到一种"俯视"的姿态。这种隐身于作品之后的姿态，也让作家的反思有了必然的空间。相比之下，当下我们的写作，比如反映"文革"，采取的同样是平视的视角，但写作的姿态是形而下的，作品往往只是"还原"了"文革"时代的生活状态。这其中是否存在问题？

邓晓芒：宗教其实是一种灵魂的操练，它让人相信某种彼岸最高的绝对的东西，不管这种东西叫作神还是什么别的，总之是超越世俗生活而值得追求的价值。中国人由于缺乏这种训练，也就缺乏对终极价值的追求，中国人一旦超越，就成了虚无主义，没有任何是非善恶的区分标准。这种虚无主义在现实的社会生活中是根本不可行的，于是只有要么躲进深山老林隐居起来（如道家），要么躲进自己内心装糊涂（禅宗）。这两种态度对人世的不公、不义和不平没有任何影响，也没有给人提供任何值得追求的价值目的，所以剩下来的只有儒家世俗化的权力诉求。儒家所讲的道德其实不过是家庭宗法体制的一层温情的面纱，它最终落实到世俗政治生活的泛化和无孔不入，把家庭亲情关系也变成了一种政治关系或权力关系；而国家政治生活也把赤裸裸的权力统治关系纳入到"大家庭"的服从范式中，使人的眼界始终超不出黄土地上这一群人的情感恩怨的纠葛。所以我们的战争文学所谈的始终是我们这一群人的"家务事"，而并没有全人类和普遍人性的维度。

我们可以设想在将来把"家"的范围再加以扩展，最后可能包括整个"地球村"，但如果境界没有根本性的提升，这种扩展只不过是量的扩大而已。这种状况不限于作家和文学界，而是包括思想界、学术界和科学界的所有中国知识分子共同的局限。凡是为真理而真理的学者、为正义而正义的律师，为美而美的艺术家，在中国都遭到嘲笑。文艺界只要吸引眼球，哪怕出乖露丑而在所不惜，还自以为风光。中国传统的儒、道、禅没有一家是提倡绝对超越的真、善、美的，因此靠传统文化我们的价值观无法得到真正的提升。

但我这样说，并不是主张从西方引进基督教信仰来改造我们国民的灵魂。我知道这是很难做到，甚至是不可能的。我只希望随着与西方文化的广泛接触，中国人也许可以意识到超越性的价值理想的重要性和高贵性，至少不再局限于世俗价值而自满自足。

傅小平：以反思为主导的作品，因为面对的是历史，往往被认为是指向过去。在我看来，这是一种误解。事实上，只有对过去、现在和未来的整体性理解,才可能有真正的反思。以此观之,我们又必然会遇到一个难题,当下所处的消费时代本身就支离破碎,在后现代的社会语境里,人已然被撕裂成了碎片。在这样的背景下,该如何建立起对生活的整体性理解,进而对过往的历史进行深入的反思?

邓晓芒:的确如此。真正的反思是面对永恒的,西方19世纪的文学就已经达到了这一洞见,而我们至今还停留于历史相对主义和《资治通鉴》的水平,即借用历史的反思来解决眼下的一些具体问题。当前的消费社会使一切深层次的思考都被边缘化了,这其实是一切历史的通例,试看历史上那些振聋发聩的思想家,哪一个不是在对当时社会的普遍沉沦敲响警钟?倒是在那种真正的太平盛世,文学反而没落了,这就是所谓"国家不幸诗家幸"。

我倒认为,今天的中国社会正是诗家幸运的时代,中国人的人心从来没有像今天这样被各种不同文化撕成如此不堪收拾的碎片,因而在时代精神的深处已经发出了这样的呼唤,即要求作家重新对中国人的精神生活建立起全新的整体性理解。但遗憾的是,少有中国作家意识到自己所处的这样一个文学土壤肥沃的时代,他们太喜欢媚俗了,他们历来只以老百姓对自己生活的整体性理解为创作对象。一当这个对象本身分崩离析,他们就无所适从。

和其他国家比起来,当代中国充满着文学创新的各种契机。其他国家已不再有多少全新的东西可供作家们去开拓,只有不断地旧话重提,或做点形式上的翻新,文学越来越"好莱坞化"。中国不同,西方那些已经显得陈旧的观念如果不限于那种口号式的鼓动的话,在中国还是全新的;而这些全新的观念与中国特有的传统和国情的结合更是前所未有的,不但中国没有,全世界都没有。所以,当此世界文学日显衰落之际，其实是中国文学崛起的最好时机。但中国的作家由于思想境界太受局限，又不爱学习，至今还没有接过时代的机遇，他们整体上辜负了他们的时代。

傅小平：随着网络、影视等新媒介的发展，文学表达的空间正在不断受到挤压。与之相关的是，传统文学，特别是小说所赋有的反思和批判的功能，有一部分正被别的载体所替代。或许，正是在这个意义上，卡尔维诺预言小说的未来必然是轻逸的。反思却往往意味着沉重，同时，反思还意味着我们必须得做出诸如善恶、美丑等价值判断。这似乎也不符合文学特别是小说发展的趋势。至少我们当下的很多作品，常常以"人性是复杂的"为由，把一切的"判断"都悬置起来。如此，固然可以让小说变得圆滑，却也增长了思想的惰性。联系到小说令人忧虑的前景，文学的反思如何深入？

邓晓芒：卡尔维诺的"沉思之轻的东西"不是说不要反思，而是经过了沉重的反思才达到的境界，即"举重若轻"。这种沉重的反思不是要沉陷于对世俗道德和善恶的称量，而是要在灵魂的根基处升华，成为"宇宙智慧的一部分"。因此他与米兰·昆德拉的"生命中不可承受之轻"并不矛盾。当你俯视芸芸众生时，你感到生命之沉重；而当你仰望天空时，你会有种解脱的轻松。卡尔维诺要为未来"新千年的文学"做"备忘录"，当然必须轻装上阵，高蹈轻盈，他的肉身虽然一样的沉重，他的精神却早已飞向了一个不受物质拖累的灵明的世界。今天仍然保持这种理想主义的激情的作家已经不多了，人们更欣赏的是昆德拉式的愤世嫉俗。昆德拉可以占领影视，但必须把文学留给卡尔维诺。

自从有文字记载的历史以来，文学符号就成了文明的主要载体，这是有其必然性的。因为文字本身是表达思想的，它的外形只具有象征性而不具有形象性，汉字虽然起源于象形文字，但本质上也是象征思想的。而思想是一个文明的精髓，是一切有形物质文明的灵魂。所以我不认为网络和影视能够完全取代文学的功能，它们只不过表明今天的人们在审美意识方面有了更多的选择空间而已。而以往那种全民关注文学的现象也并不是一种理想的状态，有太多的附庸风雅，而现在那些人都去关注网络媒体了。现在读小说和诗歌的人多半是对网络和影视还不满足的人，他们的口味更高。

至于文学中的价值判断，倒不一定与文学的发展背道而驰，问题是这种价值判断的深度如何。老生常谈的价值判断当然是不适合于文学的，它们可以到影视文化中去尽情表达，老百姓百看不厌。但文学的长处是能够振聋发聩，甚至与世俗相对抗。这就是思想性，这种思想性不是说教，往往一个有思想性的作家不见得自己能够意识到这种思想性，但他有敏锐的饱含思想的感觉。例如托尔斯泰写《安娜·卡列尼娜》，本来想写一个"堕落女人的故事"，结果写到最后，为了忠实于自己的感觉，不得不写她自杀，成就了一个俄国文学史上最具思想启发性的典型形象。但所有根据这部小说拍出的电影都未能把小说的这种思想性拍出来，只能拍出托翁最初的那种构思，即"一个堕落女人的沉沦"，观众们看了后自然得出"向卡列宁同志学习"的结论。这说明了文学的不可替代性，但只有一个有思想的民族才能意识到这一点。如果有一天，文学完全被影视和网络所取代，就证明了这个民族的彻底沉沦。

（原载于上海《文学报》2011年1月13日）

关于《红楼梦》答傅小平问

傅小平：说《红楼梦》伟大是几无异议的了，说到怎么伟大，却可以有很多的角度。其中一个很重要的衡量标准，认为它是"天书"与"人书"的完美融合。遗憾的是，后世凸显的还是，《红楼梦》作为无与伦比的"人书"的一面。作为"天书"的一面何以被相对忽略呢？曹雪芹对女娲造人等神话，可以说做了前所未有的、堪为完美的再造。而且，自《红楼梦》以后，神话叙事似乎从小说中撤离了，后世所能做的似乎只是重述神话，即便鲁迅作《故事新编》实际上也是重述神话，但神话确乎不再被作为一种结构小说的更为有效的资源，这是为何？

邓晓芒：中国文化的"天人合一"传统几千年来没有变化，到《红楼梦》可以说达到极致。我并不觉得它的"天书"的一面被忽略了，近代以来人们对它的"人书"的一面强调得有些过分，这与西方文学观念的强势进入中国文学有关。从纯文学的角度看，这种强调是应该的，人们不再把各种不同的角度混在一起来一唱三叹，而是开始有了"文学理论"。但是从中国文学本身的特点来说，这又是不完全合乎实际的，中国从来都是"文史哲不分家"，甚至与神话也不分家，直到20世纪90年代，也还是"魔幻现实主义"最合中国人的口味。所以另一方面，你要从中国神话中寻找纯粹的神话或"天书",恐怕也会白费力气。中国的创世神话、造人神话等等,历来都不只是神话,同时也是政治伦理道德,是历史,当然也是文学("人书"),像希腊神话和日本神话中那种乱伦、弑父和不雅的情节,在中国神话中是大大地弱化、净化和作了伦理化处理的。可以设想,中国神话很早就被大一统的政治权力利用为伦理教化的维稳工具了,中国历史也是如此,所谓"孔子作春秋,乱臣贼子惧"的"春秋笔法"是后来历代史家所坚持的"史德"。至于中国文学则更是"文以载道""文章者经国之大业,不朽之盛事"(曹丕),后面都要归结到政治伦理意图,这就是"天道"。所以《红楼梦》出来以后,冒出了那么多的"索隐派",并不是从纯文学来读它,其中有的是政治索隐。如最近武汉作家郑梧桐的《〈红楼梦〉密码》由长江文艺出版社出版,提了些惊世骇俗的观点。据她考证,曹雪芹很可能不是一个人,而是一个地下团队,《红楼梦》中的人物个个都有影射,暗指明清易代之际的一些政治人物,如王熙凤暗指吴三桂等等。前不久周岭(1987年版《红楼梦》编剧)来汉,对这些说法不屑一顾,认为荒唐。我倒觉得不妨聊备一说,"利用小说反党"从来都不是什么"发明",而是中国文学的传统,从《离骚》就开始了,《红楼梦》也许做得更隐晦一些。这其实并不妨碍从"纯文学"的角度来评价《红楼梦》,反而更能凸显中国文学的多面性特色。所以我们今天把中国精神文化划分为文学、历史、政治伦理、哲学(性理道气之论)和神话等等各个不同的领域或"科目",其实是受了西方学术和"科学"的影响。当然,如果不受这种影响,中国文化永远分不了"科",无法开展真正的学术研究。把西方实证科学精神带入《红楼梦》研究,才有可能建立一门"红学"。但我们要有文化上的自觉,真正的中国文化精神就像七宝楼台,拆开不成片段。

傅小平：我总感觉，神话叙事的遁形未必只是源于中国小说发展有什么缺失，或许也因为中国神话本身缺少阐释的空间。就我的印象，神话叙事在中国经历了一个递减的过程。就拿四大名著来说，《三国演义》《水浒传》，且不说借用神话，里面的人物也是半人半英雄，带有神话色彩，《西游记》把神话叙事推向了巅峰，《红楼梦》则是"天书"与"人书"的完美融合，但此后神话叙事就像刚我们说的遁形了。这在一定程度上是可以理解的，毕竟整个中国文学的语境发生了很大的变化，不过在同时期西方文学中，神话传统依然充满活力，很多西方文学经典正是借助神话建立起深度模式。何以如此？我只能约略想到，中国神话，尤其是创世神话，更近乎一种精神、理念的象征，不像西方神话，尤其是希腊神话那么有人性的色彩。要没有曹雪芹这般的天纵之才，很难把它们转化成叙述的资源。

邓晓芒：中国文学历来都不缺少神话色彩，只不过这种神话色彩只是一种"色彩"而已，它是为别的东西服务的。例如孔子从来都不指责神话是什么"迷信"，而是要么"不谈"（子不语怪力乱神），要谈，就把它扭向其他方面。他解释"黄帝四面"（黄帝有四张脸）的神话，说那只是指黄帝面向四方施行统治；又解释"夔一足"（夔只有一条腿）说，"夔"这样的怪物，一个就已经"足矣"。历代传奇、志怪、小说，直到《三国演义》《水浒传》《西游记》《封神榜》，神话和魔幻长盛不衰。明清公案和武侠（《包公案》《施公案》《彭公案》《狄公案》《三侠五义》等）将魔幻进一步市民化，现代则有金庸、古龙、梁羽生等人的武侠小说（号称"成人的童话"），都是带有魔幻的。陈忠实、莫言、贾平凹的魔幻看似受到了外来的影响，其实从创作到读者的接受都是植根于传统文化心理之中的。但这种魔幻不可能转变为宗教或信仰，而总是政治化和实用化的，要么是某种道德警示，要么成为一种"奇技淫巧"，归入儒家固化了的政治人伦和道家神秘化了的自然秘籍，恰好不是作为精神和理念的代表，而只是底下的工具而已。反之，《荷马史诗》和希腊悲剧中的神话则是政治伦理的塑造者甚至超越者，神话使得政治伦理相对化了，具有了可塑性，从而为人的理性思考留下了地盘，但本身却正好不受现实政治伦理的拘束，从而有可能提升到彼岸的宗教信仰。西方文艺复兴以来的近代文学中的神话因素正是起了这种作用，即将传统伦理道德更新为以人为中心的人道主义（如《神曲》《失乐园》《哈姆莱特》《麦克白》《暴风雨》《浮士德》等），这种人道主义甚至有逆袭神话本身的倾向（如《堂吉诃德》），但终归为宗教信仰保留了一个极大的空间，也为新神话的复兴提供了丰厚的土壤。《红楼梦》中的神话则没有对传统的人伦道德做出新的突破，它以"补天"意象切入儒家仕途经济的主题，又以绛珠仙草偿还神瑛侍者的情债来象征儒道均认同的人间赤子之心或"如水柔情"，最后又以回归无情之玉（顽石）来了断情缘，走上精神自杀的"逃禅"之路。这些神话不能说没有人性色彩，而是集中凝练地表达了一种自相矛盾和自我消解的中国人性（国民性）色彩，这种人性的成熟就代表着它的衰亡，本身是没有前途也缺乏历史动力的。所以《红楼梦》的神话只是为中国人性指明了一种绝望的处境，既不能改变既成伦理秩序，也不能上升到彼岸信仰。

傅小平：不能不注意到的一个现象是，中国神话缺乏体系性。想到过往的神话故事，我们会感觉它们更像是四处散落的珍珠，难以形成一幅完整的图景。不仅如此，在这些神话与神话之间，也似乎难以找到内在的联系。像女娲补天、大禹治水、后羿射日、精卫填海，我想大概能提炼出一种类似锲而不舍的精神，但它们之间能联成一个前后接续的叙事吗？但这恰恰是西方神话故事的特点，就不说圣经故事吧，《伊利亚特》《奥德赛》经荷马的整理也成了叙事诗。从小说作为一种叙事的角度，我们确乎是有先天的难度的，像《红楼梦》这样融合神话，近乎是奇迹了。那我们有可能给中国神话增强叙事的黏度吗？或者说，虽然中国神话有断片化的特点，但其实我们是可以扬长避短，找到自己独特的叙述路径的？

邓晓芒：缺乏体系性的根源是缺乏理性。希腊人很早就有种理性的冲动，要将一切杂乱无章的东西作一番系统的清理，所以唯有他们才能建构出像欧几里得几何学这样的纯理论体系。在神话方面，最给人以启示的倒不是荷马，而是赫西俄德，他构造了一部《神谱》，将当时流行于希腊和周边地区的、本来甚至也许毫无关联的诸神安排进了一个按照血缘关系井然有序的体系之中。之所以如此，是因为希腊人真的把神话"当真"了，他们把神话传说当成一种知识，不仅是神的知识，而且是自然和社会的知识以及人性的知识。所以《荷马史诗》在当时被看作一部无所不包的"百科全书"，是每个有教养的青年都必须背诵的。而当他们把这些"知识"加以穷尽追溯、企图归结为"一"时，他们就到达了理性思维的边界，这也就是真正的宗教信仰的起点。中国神话则由于缺乏理性而导致不成体系，因而也上升不到真正的宗教信仰，只能是碎片化地为其他目的服务。所谓"东方神秘主义"，其实并没有西方人所以为的那么"神秘"，而是完全日常的"实用理性"。你看《红楼梦》中随时拿神话传说说事，信手拈来，并无半点神圣感，甚至还有点调侃意味，"满纸荒唐言"都是为了表达作者自己心中的那"一把辛酸泪"。我觉得，在今天，想要为中国神话建立一种叙事的"黏度"基本上已不可能，或者说为时已晚，这等于说，要想让中国人运用自己本来就极屡弱的理性思维和逻辑思维（至少不要自相矛盾）去做一件自己本来就不相信的事情。谁要想这样做，连他自己都会觉得是"玩物丧志"，他那点理性主要是用来坚定自己既定的"志"而防止异端邪说的侵入的（如孟子所做过的，但他为此辩解道："余岂好辩哉，吾不得已也。"）在当代文学中，我们中国作家的独特的神话叙事路径就只能是这样了，即打破任何神圣的界限，对古今中外的神话传说素材实用主义地拿来，用得着就用，能够歪曲就大胆歪曲，需要误读就毫无顾忌地误读，根本不考虑神话叙事的"黏度"，就像张远山在《通天塔》中所做的。

傅小平：事实上，我们说《红楼梦》伟大，也在于它同时也是中国文学、中国文化的集大成之作。《红楼梦》对《金瓶梅》的借鉴与扬弃就不消说了，它自然还融合了更大的包括儒、释、道等中国思想在内的大传统。曹雪芹对传统文化的消化吸收，对如今我们继承包括《红楼梦》在内的文化传统，有什么启示？

邓晓芒：如果说《红楼梦》仅仅是继承融合了中国传统儒、释、道的思想文化传统，那它的"伟大"是要打折扣的，其实它不光是中国文化和中国文学的集大成之作，而且还应该看到它也是突破性的尝试之作。对此我在拙文《文学冲突的四大主题》（载于《中国文学批评》2015年第2期）中作了这样的定位：《红楼梦》是中国文学中第一次把文学冲突的聚焦点不是放在"现实与现实的冲突"和"现实与心灵的冲突"上，而是提升到了"心灵和心灵的冲突"之上（但还没有达到"心灵的自我冲突"这一主题）。这种心灵和心灵的冲突在儒、道、禅之间辗转往复，将中国人性的深层次悖论赤裸裸地展现出来，并点出了这种人性最终的归属——即人性的隳沉和泯灭。数千年中国文化的秘密全在这里了，这就是《红楼梦》的真正伟大之处！

傅小平：当真说来，从显在的层面上看，《红楼梦》作为世情小说的一面，实际上是一直为后世传承，并发扬光大的。清代就不用说了，民国时代不也盛行深受《红楼梦》影响的鸳鸯蝴蝶派？只是新文化运动以后，这样的世情小说被遮蔽了。但这一源流实际上一直没有断过，这可以从如今一些网络小说里看出来，如《甄嬛传》等，对《红楼梦》的模仿是显而易见的。（有意思的是，也是在网络小说里，更多保留了中国神话的元素。）当然这种模仿，更多停留在形似的层面。相比而言，作为雅俗共赏的《红楼梦》自有其特别纯文学的一面吧，但在纯文学领域，大体上看，《红楼梦》的影响却是弱得多，怎么看这种影响的不平衡？

邓晓芒：《红楼梦》没有被超越，也不可能被超越，正如马克思评价希腊艺术一样，它至今仍然是一种"高不可及的范本"。这主要不在于这部作品在技术上（结构、语言、形象描绘等等）的登峰造极，而在于它的艺术精神对一个古老民族精神的如此深刻的呈现，这种呈现只有在这个民族的精神已经达到过熟但又还没有完全崩溃腐烂的节点上，才有可能。但《红楼梦》对后世的"影响"，不能单从那些模仿者的成就来看，今天如果有人写一篇模仿《红楼梦》风格或题材的小说，注定不会有什么震撼力，因为时代精神早已经变了。但现代作家如果连《红楼梦》都没有读过，或者虽然读过却看不出它的好来，那种作家也是注定不会有什么大的成就的。这就是《红楼梦》的价值和影响之所在。这正如现代艺术家都要去巴黎卢浮宫观摩历代艺术经典作品，但如果他自己的作品被人看出不过是某某前辈艺术家风格的"发扬光大",那差不多就证明了他作为艺术家的失败一样。现代艺术家真正有本事,就必须自己创作出自己独特的"高不可及的范本"。这种范本和前代艺术家的范本不具有可比性,这是我们评价顶尖级艺术品的一条原则。具体的技法风格当然可以比较,但就作品本身总体上看,只要它表达了人性中某一方面的极致,那在等级上都是不可比的。这里面的道理,就像任何两个人的人格是平等的一样。我们今天达到了《红楼梦》同样等级的纯文学作品并不是没有,例如我以为,史铁生的《务虚笔记》就具有这样的水平,只是缺少像"红学家"这样一大批解释者和阐发者,将里面的好处尽可能地挖掘出来而已。但我们仍然不能说,它"超过了"《红楼梦》,或者它"不如"《红楼梦》。

傅小平:很显然,我们今天借着程乙本"回流"出版这个契机来谈《红楼梦》,我们不是要把它作为历史上的一个文学标本来谈,而是希望能过谈论来增进我们的阅读,让《红楼梦》成为常读常新的源头活水。但《红楼梦》确乎被塑造成了某种难以企及的文学标本,这或许与文学史的构建有关。我们文学史机械地把文学分为古代、近代、现当代,《红楼梦》属于离我们颇为遥远的古代文学的范畴。而对于今天不少读者,尤其是年轻读者来说,他们更喜欢读现当代文学,或外国文学。但如果换个角度打破这种时代阻隔会怎样呢?比如布鲁姆在《西方正典》里,把整个西方文学划分为贵族时代、平民时代、混乱时代,同时把莎士比亚作为经典的中心。如果以地位和影响力而论,曹雪芹和他的《红楼梦》,即使不说作为东方文学经典的中心,作为中国文学经典的中心该是恰当的吧。这样一种由中心向边缘的辐射力,该是能增强《红楼梦》的向心力的。照这么看,以《红楼梦》作为一种观照,正统意义上的文学史书写是否有值得反思的地方？

邓晓芒：文学史如果还要发展的话，我想恐怕很难把一部作品或一个人的作品确立为所谓经典的中心。我还是那句话，文学作品在顶尖级别上不管立足于哪个时代、哪个民族文化的土壤，都是平等的，都是一些不可企及的范本。布鲁姆当然可以独尊莎士比亚，但也要允许别人崇拜荷马、但丁或歌德，如果只用地位和影响力当标准，未免有点势利眼。中国文学史中，除《红楼梦》以外，推崇《诗经》《离骚》、"李杜"和《金瓶梅》的也大有人在，鲁迅甚至把《史记》称作"千古之绝唱，无韵之《离骚》"。我觉得，对于"正统"文学史，除了那些受到非文学因素干扰的地方应当视为败笔之外，不应对作者的文学品位过于指责，因为在这方面，并没有一种可以称作"正统"的标准，只要没有让那些艺术上不够格的作品也误入了文学史，谁偏爱哪部作品或哪一类作品都应属于正常范围。当然，既然是文学史，还是要对你为什么偏爱这些作品讲出道理来，例如我偏爱《红楼梦》，是因为我认为它代表文学主题上的一次历史性突破（所谓"心灵和心灵的冲突"），但这种道理不是排他的、绝对的，有人就偏喜欢那种更加古朴的、含蓄的，这取决于各人的情感倾向和欣赏品位。

傅小平：就像我们习惯说的，一切历史都是当代史，我们读《红楼梦》，赋予的也只能是当下性的理解，即使红学界探轶派非要复原《红楼梦》人物情节与曹雪芹生活时代的关系，他们的理解也脱不开当下的坐标。我们也知道，《红楼梦》没有写到具体时代，但它似乎又很难超越那个封建时代，因为要不是还原到那个年代，不要说西方读者，就是当下中国读者，也很难理解《红楼梦》里的情感和思维模式。这从一个侧面可以反映出何以《西游记》会在西方读者中有更大的影响，因为《西游记》整个表意系统，在任何时代、任何国度里都是容易理解的。同时，诸如《三国演义》里的权谋、《水浒传》里的忠义，无论东西方读者读来，也不会有太大的隔膜。有这样的对比，不妨谈谈该怎样理解《红楼梦》的当代性？

邓晓芒：《红楼梦》的当代性，以及一切文学作品的当代性，只能是人性的当下性。文学是人学，或者用我的话来说，文学艺术是在一个人性异化的社会中促进人性同化的媒介。由这一最高抽象的本质规定来看，一切文学艺术的阶级性、民族性、地域性、历史性或时代性都只是相对的，全体人类的共同性和相通性才是绝对的。好的文学作品一定是可翻译的，但也一定是个别性的，符合"越是个人的就越是世界的"这一原理。时代的变迁的确使得不同时代的人们之间感到陌生，但通过读那个时代的作品，我们才理解和体会到当时人们的内心世界和外在生活，这是每一个人都可能经历的。我们不可能再生活在古代，但通过读古代的诗歌和文学，我们可以触发思古之幽情，和古人相通。当然也不可能与古人完全一样，我们有当代人的视野，我们只是与古人进行"视野融合"（伽达默尔）；但也绝不是不可沟通，而是把古人的人性提升到普遍人性的大背景下来理解，因此我们可以比古人更好地理解古人（这里的"古人"也可以置换成"异国人""异族人"等等）。这些道理现代解释学美学谈得很多、很透。

傅小平：说到这里，想起迟子建老师在南京一个讲坛上谈到的三块"石头"，她谈到《红楼梦》里的石头、泰戈尔《饥饿的石头》里的石头、加缪《西绪福斯神话》里的石头，当然还有《聊斋志异》的石头、其他各式传说中的石头。虽然她说这些"石头",是想说明文学该如何借助想象的翅膀,却给了我另一种豁然开朗的感觉。这么说吧,通过"石头"这个意象,就把中西方文化贯通了起来,通过这样一种比较,也可以为不同渊源的文学找到一种共通的文化原型。简言之,引入一种比较文学的视野,会否增进读者对《红楼梦》的理解,同时让世界范围内的读者,得以从一些共通的层面,来理解像《红楼梦》这样特别中国的文学?

邓晓芒:沟通中西文化的当然不只是石头,这只是一种象征。人类最早就是从石器时代走过来的,当人赤裸裸地站在大自然面前时,他就折腾那些石头,最终将它变成了自己的一部分("延长的手"),从此变得无所不能。所以石头在人眼中具有终极的魔力,而在文学家笔下,当然就成了人类文化最贴近的象征,因而成了沟通中西文化时最让人心领神会的意象。迟子建的讲座我没听过,估计她讲的《聊斋志异》中的石头是指《石清虚》中的那块人人都想夺取的异石,爱石如命的邢云飞其实已和石头合为一体,死后都要共葬一处。这构想与《红楼梦》中的"通灵宝玉"类似,都将石头设想为有灵性之物,甚至是人的命运之符,这显然与中国文化中天人合一的基本模式相合。而在西方文学艺术中,不论是大卫战胜歌利亚的投石器,还是西西弗斯的滚石上山,都只是把石头当作人的操控对象,似乎没有在天然石头上寄托魂魄灵性这一说,除非经过人工雕刻成了男女神像。但我们设想史前人类对人和石头的关系,恐怕这两种情况都有,在原始人墓葬中曾发现有石器陪葬,也说明石头既是人的工具,也是人不可分割的一部分,是人寄托情感和爱恋的对象。我历来认可人类文化同源论,但我特别感兴趣的是,不同文化模式是如何从同一个源头中分化出来,继而朝不同的方向分道扬镳的,这对于我们返回到源头来理解对方有重要的意义。

傅小平:就我的感觉,要是以现代的眼光看,《红楼梦》更像一部非典型小说。我这么说是因为,我们习见的典型的小说,越来越成为一种单纯的叙述体。但《红楼梦》不只是叙述,它综合了多种文体,尤其是其中包含了很多诗词。我听过一种说法,判定后四十回是不是续作,有一个比较简单的标准,就是后四十回诗词少了,而且诗词水平远不如前八十回。且不说这样的判断有没有道理,很多读者也未必太过介意,他们很可能会跳过诗词不读,部分原因正在于,我们习惯读纯叙述的小说了。但小说之可贵就可贵在它的包罗万象,中国古代作家就善于把主流的经史子集也好,诗词歌赋也好,还有不入流的各式边角料,都转化成小说的素材。从这个角度看,我们今天该怎样来读、来学习《红楼梦》?

邓晓芒:中国文学的正宗是诗,小说是明清以来才蔚为大观的,但仍然被视为政治伦理和历史的"通俗教科书"(袁行霈),如《三国演义》原名为《三国志通俗演义》,是不登大雅之堂的市井读物。这种情况直到《红楼梦》才发生改变,这部小说成了上流社会贵族子弟们的宠爱,争相传阅。但中国小说仍然要借助于诗词来提高自己的档次,不单是《红楼梦》如此,其他小说无不如此,动不动就是"诗曰""有诗为证"(《红楼梦》中这种抬头语倒是少见了)。现代青年读多了西方小说以及"五四"以来模仿西方小说而创作出来的大量中国现代小说,大都已经失去了对文学的诗性感觉,特别是对汉语本身的诗性感觉(如音韵格律等),这对于汉语文学的创作和欣赏来说是特别可惜的一件事。好在还有《红楼梦》在,可以作为现代青年学习几千年积淀下来的汉语诗化功能的最佳教科书。我建议，年轻人如果要读《红楼梦》，就要有目的地先做一点准备，即复习一下中国传统诗词格律的一般规范，感受一下汉语字词的抑扬顿挫和语感，而不要一味地只关注情节和人物命运。否则的话，不如直接去看《红楼梦》的电视连续剧（1987年版的）。所以，忽视《红楼梦》中的诗词，甚至跳过去不读是不对的，这种图轻松的心态只配看电视剧。

傅小平：同样，《红楼梦》有着怎样复杂的意蕴，是自不待言了。不过，我们现在很多写作恰恰走在相反的方向上，形式是复杂的，意蕴是简单的。简言之，小说复杂性的精神，确乎是被大大弱化了。扩而言之，像小说这样的复杂性是不宜低估的，它不只适用于写作、阅读，它也会拓展我们看待世界的视界，因为它本身也包含了一种民主的精神、自由的精神。要这么说成立，该如何看待《红楼梦》留给我们的丰富的精神遗产？

邓晓芒：小说的复杂意蕴主要和时代精神的思想的丰富性有关，值此中西文化深度碰撞之际，中国当代文学有极其复杂而丰厚的文学土壤，理应产生出足以成为世界文学经典的大量作品来。但现实的情况却不尽如人意，尤其在作品的复杂意蕴方面，很少有能够和陀思妥耶夫斯基的《卡拉马佐夫兄弟》那样的巨著相媲美的作品。《红楼梦》的文学土壤得益于中国传统文化几千年的积淀，以及最后一个大一统王朝由盛转衰的历史契机，曹雪芹把握了这个时代的精神脉络，对其中所蕴含的思想营养进行了几乎是一网打尽的吸收，才成就了这样一部旷世名作。而当代中国作家在时代转折的这个重要的历史关头，却缺乏一副吸收丰厚思想营养的肠胃，原因何在？我认为，主要是在于当代中国作家普遍都怀有传统文人的士大夫情结,由于他们所受到的教育和自身学养,预先形成了"达则兼济天下,穷则独善其身"的(儒道互补的)人格模式,严重阻碍了他们用自己艺术的眼光去挖掘现实生活中新冒出来的美的元素。这种模式在曹雪芹的时代是适合于创作的,因为他面对的正是一个将传统中国人性的内在结构都暴露无遗的时代,这种人格模式给他凭借自己的体验和感悟深入到中国人性的灵魂深处提供了极大的便利。当代作家则面对着一个崭新的时代,这是一个古老文明在新的基础上重新起步的时代,重要的不是我们以前曾经是什么,而是我们将要成为什么。这时,旧的人格模式就会限制作家们的眼界,妨碍他们以新的眼光对新的现实生活做出新的思考和新的评价。所以我们看到很多作家,在面对社会发言的时候暴露出思维模式的陈旧,有的甚至比普通百姓还不如。如果这些都是他们的真心话,我们就不必指望他们能够创作出什么有思想含量的作品来,尽管在形式上可以搞得花里胡哨,内容上却是可以一眼看穿的老套。所以我常说,他们辜负了自己的时代。

(原载于上海《文学报》2011年1月13日)

现代艺术中的美

经常听人们谈论说，现代艺术已经不再关心美的问题了。说这种话的人，有不少也是艺术家。还有的美学家认为，美学以往只谈美的问题，而忽视了丑的问题，所以有必要建立一门"丑学"，用来解读现代艺术。这些说法听起来似乎有理，但其实似是而非，因为他们都没有搞清一个最根本的问题：什么是美？

什么是美？

美的本质问题是一个自从古希腊以来无数哲学家和美学家都在议论纷纷而莫衷一是的问题。雅典最有智慧的哲学家苏格拉底曾经和希庇阿斯讨论什么是美的问题，希庇阿斯说，这还不知道？美就是一个漂亮的小姐。苏格拉底问，那还有其他美的东西，难道都不是美的吗？希庇阿斯就承认，美也是一匹漂亮的母马、一个漂亮的汤罐……苏格拉底就说，我问的是美本身是什么，而不是问什么东西是美的。希庇阿斯就答不上来了。其实苏格拉底自己也不知道，他先是说美是合适，后来又说美在效用，又说美就是善，最后的结论居然是："美是难的。"

倒是毕达哥拉斯从数学和音乐的角度确定了，美就是和谐。这个观点一直延续到今天，从中发展出对称、均衡、多样统一、黄金率、完整、鲜明等一系列法则，这些法则都是客观事物的法则，即客观美学；艺术则要求对这些美的事物进行惟妙惟肖的模仿，这就是亚里士多德开创的模仿论美学。到了近代，这一古典主义原则虽然在康德和黑格尔等一些大哲学家那里从客观事物的关系深入到了人的内心，如康德认为美就在于人的各种认识能力的自由协调活动，黑格尔认为美是理念的感性显现，但其实都还是和谐说的一种变体。

进入现代艺术，上述对美的本质的定义几乎全都遭到了颠覆，黑格尔提出的"艺术衰亡论"是种预示，理念的感性显现从古希腊的双方和谐一体变成分道扬镳，感性显现走向形式主义的碎片化，理念走向神秘主义的宗教，这就是艺术的衰落。不论客观事物的和谐还是主观心灵的和谐，都不再是现代艺术所要表现的。但现代艺术中丧失了美，将导致人类真、善、美的三位一体价值体系缺少一维而失去平衡。因此，如何应对现代艺术的革命性变革，而提出新的适合于更广阔的美学现象的定义，是摆在当前美学家面前的任务。

但是，全世界的哲学家和美学家们自从20世纪下半叶以来对于美的本质问题集体噤声，都自称为"反本质主义"；这就导致中国的美学家们由于没有了追随的对象，也纷纷对美的本质保持沉默。恰好中国古代也没有探讨美的本质的传统，所以中国美学界这样做也更加理直气壮。21世纪以来，美学由于失去了基本概念的探讨而处于奄奄一息的状态，顶多有些零敲碎打的小问题，再没有高屋建瓴的体系。面对现代艺术，我们不能赞一词。

我的美学观

我的美学观其实是很草根的,是从我个人对文学艺术从小到大一直保持着的兴趣爱好中萌生出来的。我年轻的时候自学哲学,学到一定程度,忽然想用哲学思维方式来解决一个长期困惑的问题:到底什么是美?是什么在打动我、吸引我,让我在艺术作品中感到极大的享受?当时的想法很简单,就是要找出一个能够解释一切美感现象的结构模式,这个结构模式就是美的本质,或者说美的本质结构。

从哲学上说,美不可能是客观事物的一种属性,否则就可以用物理化学或者其他科学来做出定量检测了;凭直觉我认为,离开美感,美什么都不是,美的本质必须从美感中寻找。经过对自己的美感反复的内省,我最初想到的美的本质定义是:美肯定是一种情感,但不是一般的情感,而是寄托在一个对象上,又从对象上再感到的情感,所以美就是一种共鸣的情感,或"对情感的情感"。那是1978年,我为此写了一个3万字的《美学简论》,在朋友圈中传阅。1979年,我考上了武汉大学哲学系的硕士研究生,经过进一步的哲学训练,我把我的美的定义修改得更加哲学化了:美是对象化了的情感,艺术是情感的对象化,美感是从对象化了的情感中感到的共鸣,审美活动则是一种传情活动。这其实还是当初那个定义,但借助于哲学术语,不再那么草根,而是具有了逻辑的严密性。

我又对情感作了更严格的规定,什么是情感?不是一切情绪激动都可以叫作情感,有些情绪激动是下意识的、无对象的,只有那种有对象的情绪才可以称为情感,如爱、恨、怜悯,都是指向一个对象的,因而也是有意识的。而由本能、疾病或环境等因素导致的下意识的情

图 1. 康定斯基（Wassily Kendinsky，《构成第八号》（*Composition Ⅷ*）

绪波动则不能叫情感，只能叫情绪。当然这只是汉语的区分，在外语中没法区别开来，emotion, sentiment, feeling, 都没有严格区分这两层意思。所以美学做到深处和细微处，只能用汉语来做。而情绪和情感的区别在我的美的定义中是最具关键性的。

但有意识的情感在审美活动中，本身也带有无意识的情绪，这不是本能带来的，而是由精神的享受所激发起来的，如神清气爽、痛快淋漓的感觉，甚至不自觉地手舞足蹈打拍子（如听音乐时），还有对某种情感对象的精神性的感觉，如"通感"（图1）。我把这种高级的情绪称之为"情调"。对于有艺术修养的人，情调有时候可以在一定程度上脱离情感而相对独立地起作用，这就是我们在艺术欣赏中经常遇到的"打动人"的"第一印象"，未经反省，我们觉得那后面蕴含着深意，包藏着一个情感世界，不知不觉地趋之若鹜。传情主要是传达情调，这正是现代艺术所极力追求的审美效果。但情调的这种相对独立的作用最终还是立足于精神性的情感之上的，并不能完全脱离情感，否则就成了低级的情绪。

现代艺术中美的特点

用我的美学观和我对美的新的定义，我们不但可以顺理成章地解释古典艺术，而且可以透彻地解释现代艺术。现代艺术不再是那种直白的情感传达，而是致力于传达情调。但这种情调并不等同于本能和生理上的情绪，而是最终由情感引发并且是建立在情感之上的，所以仍然是精神性的，它是更高层次的、形而上的感动，甚至可以提升为"人生感"和"世界感"，常常有宗教背景。所以黑格尔说现代艺术衰亡的结果是走向宗教，也有一定的道理。

因此现代艺术和传统艺术不同，它对观众有更高的要求，因而往往是小众的艺术，只有一部分人能够欣赏。其实传统艺术也有"阳春白雪"和"下里巴人"之分，如传统"文人画"就不是人人都能欣赏的。但现代艺术更是个人化色彩浓厚，在艺术趣味上更具有超前性。它既是对观众艺术口味的一种训练或磨砺，同时也只在某一特殊艺术趣味的一小批人中得到欣赏。即使某些经过专业训练的艺术评论家，如果气质不和，也可能对某些作品无法欣赏。

因此现代艺术是对人类艺术趣味的一种精致化、丰富化和深刻化。现代艺术致力于从各个不同民族文化的情调中吸取营养，从小孩子和原始人类那里倾听精神的形式（如高更，见图2），甚至从疯狂、梦幻和性格怪戾的人身上展示人性深处的痕迹（如梵·高，见图3），它展示了人性的垂直深度、无限可能性和多种多样的形态，使欣赏者更深刻地了解到自己是什么人和可能是什么人。看高更的画，总让我们想起晚期海德格尔的天、地、神、人一体。在宁静质朴的生存状态后面，有神圣的天光照耀着。所以那些人的表情才如此安详自在、心安理得。

图2. 保罗·高更（Paul Gauguin），《我们从哪里来？我们到哪里去？我们是谁？》（*D'où venons-nous? Que sommes-nous? Où allons-nous?*）

图3. 梵·高（Van Gogh），《星夜》（*De sterrennacht*）

缺乏宗教的一维，你很难理解他的画中的寓意。

梵·高也是如此，只不过他不是宁静安详的，而是躁动不安的，他的上帝是一位匪夷所思的创造者，他画的不是上帝创造的成品，而是创造的过程。他对《星夜》的解释是："我一定要画一幅在多星的夜晚的丝柏树。……然而我的脑子里已经有了这幅作品：一个多星的夜晚，基督是蓝色的，天使是混杂的柠檬黄色。"

当然，现代艺术也是社会历史的产物，每个现代艺术品和艺术家都要结合当时的时代精神和时代背景才能得到准确的理解。弥漫于一个时代的氛围在另一个时代也许就烟消云散了，但每个时代都是从前一个时代发展过来的，每个时代都能够激发起对以往时代的回忆，其实也是对人性的成长过程的回忆。我们今天还能欣赏古希腊的雕塑，就像欣赏人类童年时代的单纯，尽管今天已经没有人再去创作那样风格的雕塑了，但这并不妨碍某些艺术家把这种单纯融化在自己的具有现代思想的作品中。

今天每个人的精神生活中都积淀着整个传统，它就是生长着的人性。米洛的维纳斯是人类童年时代对人的美的发现和惊叹（图4）；罗丹的"欧米哀尔"则是饱经沧桑的老人对残酷人生的悲叹（图5），它表现的不是一个妓女，而是人，是人生的象征。你可以想象，米罗的维纳斯到年老色衰的时候就是欧米哀尔，她们其实就是同一个人的青春时代和老年时代，是人生的开始和终局。今天我们还能欣赏米罗的维纳斯；但你抱着人类童年的眼光是绝对欣赏不了《欧米哀尔》的，也欣赏不了蒙克的《呼号》。

图 4. 米洛的维纳斯（Ἀφροδίτη τῆς Μήλου）。屠格涅夫说，她比法国大革命的《人权宣言》更能体现人的尊严

图 5. 罗丹（Auguste Rodin）《欧米哀尔》（*La Belle qui fut heaulmière*，又译《老妓女》），另一种美：一颗仁慈的心

图 6. 蒙克（Edvard Munch），《呼号》（*Skrik*）。世纪末的恐慌（上帝死了！）

现代艺术与美的关系

按照我对美的上述定义,我们可以说,现代艺术正如传统艺术一样,所要表现的主题仍然是美。因为现代艺术仍然要把艺术家自身的情感,连同这情感所带有的情绪或情调,表达在一个对象上,并且通过这个对象使这种情感和情调在人们心中造成共鸣。所以,只要现代艺术在观众中造成了情感或情调的共鸣,它就是美的。通俗地说,你的情感和情绪情调被它所打动,它就是美的。

印象派、表现派、立体派更多地表现某种情绪,但不是本能的情绪,而是某种世界感的情调,带有对这个世界的爱和惊讶,于一般的世俗情感上反倒看不出有什么触动了。他们的情感是形而上的,具有抽象性。塞尚的静物表现的是物体的永恒性,他热爱这个宁静的世界,对一切浮躁和喧嚣感到无法忍耐(图7)。他画的那些人物也都是那么本分、安静,甚至看起来有些木讷,但忠实可靠。

毕加索说:"我的每一幅画中都装有我的血,这就是我的画的含义。"他的漫长的一生画风多变,这种变化反映了他的生活的色调给他带来的世界感。"蓝色时期"是他对世界感到忧郁的时期;粉红色时期则是爱情初次袭来;原始主义和立体主义时期是对世界的本原有种追根溯源的好奇,想要以全视角的眼光来看这个世界(图8);以及当人类的愚蠢和疯狂对这本原结构造成破坏时发出的抗议(图9)。

但现代艺术中同样也是鱼龙混杂,充斥着赝品。如何辨别?我的标准是,看它是不是表现了人类的情感,以及附着于这种情感上的精神性的情调,而不是只表现了人的动物性的情绪。比如说,有的作品表现爱情,而有的只表现了色情。表现爱情和表现色情如何区别?表

图 7. 保罗·塞尚（Paul Cézanne），《静物》（*Nature morte*）

图 8. 毕加索（Pablo Picasso），《亚维农的少女》（*Las señoritas de Aviñon*）。他解释说："物品被移位，进入了一个陌生的世界，一个格格不入的世界。我们就是要让人思考这种离奇性，因为我们意识到我们孤独地生活在一个很不使人放心的世界。"

图 9. 毕加索，《格尔尼卡》（*Guernica*）

现爱情的作品无疑里面也可能、有时也需要包含有一定的色情的因素，但这色情的因素是经过爱的净化了的，是以精神性的爱情作为自己的分寸和度的。例如罗丹的《吻》就是如此（图10），那两个男女形象在激烈的狂吻中仍然是有分寸的，他们的身体隔开一定的距离，增之一分则太多，减之一分则太少；太多则减少了情感的强度，太少则偏于色情。爱情作为精神性的情感，是以对于对方人格的尊重为前提的，具有对象意识；情欲或色情则没有这个前提，它只是尽量地寻求发泄。一个人缺少这种精神教养，则会把一切表现男女关系的作品都看作色情，甚至去为那些伟大的作品穿上裤子。他们只有在作品的色情因素中才能引发本能的激动。

也许有人会认为，现代艺术就是要展示丑恶，而不是从丑里面看出美来。如果真有这样的艺术，那就会导致对艺术的践踏和扼杀，可称之为"反艺术"。法国艺术家杜尚1917年把一个建材市场买来的小便池命名为《泉》，送到美国独立艺术家展览会上展出，这被称为"改变了西方现代艺术进程"的大事件。两年后，他又在达·芬奇的《蒙娜丽莎》上加上两撇大胡子，这一"作品"据说也"成了西方绘画史上的名作"。我认为这种事绝不能算作艺术，而只能算是艺术事件；这些"作品"也不是艺术作品，而只是艺术主张的符号。没有人去认真研究它们的"创作手法"，因为根本没有创作。

可以称作艺术品的是他的《下楼的裸女二号》，虽然意思是对毕加索他们的立体主义的颠覆（未来主义），但毕竟是他自己画出来的，表达了他有关万物运动不息的世界感。然而他所做的许多"装置艺术"都只不过是宣传自己的某个观念的道具，没有任何美感可言。国内20世纪90年代有一段盲目跟风，做了很多不知所云的垃圾。

图 10. 罗丹（Auguste Rodin），《吻》（*LE BAISER*）
图 11. 杜尚（Marcel Duchamp），《下楼的裸女 二号》（*Nu descendant un escalier n°2*）

另一种倾向则是过度解释。现代艺术需要解释，但并不是过度解释。过度解释的典型例证是海德格尔，例如他对梵·高的《农鞋》（图 12）的著名的诗化解读：

> 从鞋具磨损的内部那黑洞洞的敞口中，凝聚着劳动步履的艰辛。这硬邦邦、沉甸甸的破旧农鞋里，积聚着那寒风料峭中迈动在一望无际永远单调的田垄上的步履的坚韧和滞缓。皮制农鞋上粘着湿润而肥沃的泥土。暮色降临，这双鞋在田野小径上踽踽而行。在这鞋具里，回响着大地无声的召唤，显示着大地对成熟的谷物的宁静的馈赠，表征着大地在冬闲的荒芜田野里朦胧的冬眠。这鞋具浸透着对面包的稳靠性的无怨无艾的焦虑，以及那战胜了贫困的无言的喜悦，隐含着分

图 12. 梵·高（Vicent Van Gogh），《农鞋》（*Shoes*）

娩阵痛时的哆嗦，死亡逼近时的战栗。这器具属于大地，它在农妇的世界里得到保存。[1]

这段描写被无数的人引用和咀嚼，其实跟梵·高没有什么关系，与梵·高画的《农鞋》也没有什么关系。有人考证，这其实根本不是什么农鞋，更不是"农妇"的鞋，而是梵·高自己的鞋；还有人说，这双鞋其实是梵·高和他相依为命的兄弟的象征。无论如何，即使是农妇的农鞋，这段话作为对这幅画的解读，也是发挥过度了。我曾经在中国美术学院 2002 年 10 月在杭州召开的第五届现象学年会上对海德格尔这段话进行了戏仿，我以这种方式解读杜尚的《泉》，以说明只要有足够的诗人热情，对任何事物都可以过度解释：

---

[1] 海德格尔：《艺术作品的本源》，载《林中路》，孙周兴译，上海译文出版社，1997 年，第 17 页。

从小便池的底部那黑洞洞的出水口中，凝聚着人类新陈代谢的艰辛。这垢迹斑斑、沉渣泛起的陈旧小便池里，积聚着那寒风料峭中奔波在高耸入云永远单调的摩天大楼之间的步履的急促和仓皇。陶瓷的池边上留下了潮湿而难闻的尿迹。暮色降临，这小便池在洗手间里寂寞而立。在这洁具里，回响着大地在忙碌的城市喧嚣里朦胧的躁动。这器具浸透着对股票的稳靠性的无怨无艾的焦虑，以及那度过了熊市的无言的喜悦，隐含着破产时的哆嗦，跳楼前的战栗。这器具属于大地，它在男人的世界里得到保存。[1]

当时我在会上读了这段戏仿的文字，引起哄堂大笑。我当然不是要嘲笑海德格尔，我只是要嘲笑那些把海德格尔的借题发挥当作对艺术作品的评论的流行做法。如果真正要从艺术上评论这双"农鞋"，我就会这样来评论：它是梵·高那艰难的艺术探索的象征，多年来，它陪伴着主人走过了泥泞的小路和雨雪风霜，已经磨损得破旧不堪，但主人仍然舍不得扔掉它，也不愿意换一双新的，画中每一个笔触都浸透了作者的温情和眷恋，和对自己立足的大地的执着。这大地不是什么出产谷物的田野，而是梵·高特有的世界感，他不想放弃。

至于行为艺术，如果没有一种情感的形而上的支撑，也会变得无聊。我们天天都在行为中，什么是日常行为，什么是带有艺术性的行为，什么又是哗众取宠或广告行为？不太容易区分。我曾在巴黎街头经历过一次真正的行为艺术，有人把自己全身涂成雪白，一动不动地站在街边，陡一看好像一尊大理石雕像。巴黎到处都是雕像，我最初并没

---

[1] 参看《梵·高的"农鞋"》，载于个人文集《中西文化视域中真善美的哲思》，黑龙江人民出版社，2004年，第494页。

注意，只觉得这尊雕像有点不同，不是立于高台上，而是就站在路边。但是就在即将擦肩而过的时候，"雕像"突然动了一下，把我吓一大跳，并和朋友一起大笑。但看那位艺术家，眼神中却带着忧郁。我一下想起了黑格尔对希腊雕像的评论：静穆的哀伤。为什么哀伤？因为那些希腊的神们不得不被束缚在有限的人体形象中，这是对神性的一种贬低和屈辱。

那是1998年，行为艺术还没有普及到全世界，现在这种东西已经到处泛滥，不足为奇了。现在一讲行为艺术，就是裸体、搞怪，为了一点小小的理由，环保啊、关爱动物啊、防病啊，就上街，或者以性解放来宣泄压抑，我不太认同这是艺术，如果不是炒作的话，顶多是宣传，相当于街头活报剧。鲁迅讲一切艺术都有宣传作用，但并非一切宣传都是艺术。能否将所宣传的理念变成震撼人心的情感共鸣才是关键。

综上所述，在现代艺术中，只要运用上面的美和艺术的本质定义作为审美标准，就有可能结束目前艺术"脱美"和失范的乱象，使艺术和科学、道德一起，成为人类超越自身的动物性而走向真、善、美三位一体的人性理想的不可或缺的桥梁。

（原载于《名作欣赏》2017年第4期）

关于城市雕塑的文化反思

最近读到一篇网文:《城市雕塑为什么那么丑》,作者归结为几个原因:一、不懂雕塑的领导从各个方面规定了条条框框,迫使设计者必须按照他们的思路和想法去做;二、设计师被迫弱智化,在台湾可以设计出上乘之作,在大陆却全是低劣作品;三、对于何种雕塑能够安放在街上并不清楚,网友认为"雷人"的雕塑,施工方认为很美;四、没有由雕塑家来做,连街道主任都可以操刀;五、把雕塑当作捞钱的手段,垄断雕塑业务;六、盲目学习和抄袭外国优秀作品,生搬硬造;七、未充分考虑大众审美趣味……2012年,网上还评出了"全国十大最丑城市雕塑",其中第一名就是武汉的"生命"。

我基本上同意所有这些分析,它们可以归结为两个方面,一个是意识形态的限制和官方外行的介入,一个是雕塑者和欣赏者趣味的低下。但是本文不想在这两方面多说什么,而是试图从另外一个角度来探讨中国城市雕塑落后的文化根基,因为归根结底,前两方面都是由于这种文化根基所引起的表面现象。

"生命"(武汉)

一

首先我认为,中国的城市雕塑是20世纪革命年代以来,特别是1949年以来,受到俄罗斯(苏联)文化的影响而出现的一种新的文化现象。在中国漫长的历史时期中,严格说来并没有城市雕塑这一说。中国古代只有象征皇权的华表、九龙壁和皇家陵园的石人石马,官府和衙门前的石狮石鼓石鱼,以及王府花园中经过稍微加工的假山等等。这些遗迹在今天勉强可以看作古代的"城市雕塑",但其实它们只是作为皇家和王府建筑群的附属部分,并不具有今天城市雕塑的面向社会的意义。

真正面向社会的古代雕塑作品,今天我们可以看到的唯有跪于岳飞墓前的秦桧夫妇造像,但那也不过相当于古代的"爱国主义(忠君)教育基地",并不是作为城市雕塑的目的而设立起来的。当然,还有庙宇里面的众多菩萨和神像,但这些塑像的作用也并不是装饰城市的街道或广场,而是供人在庙里膜拜,不能算城市雕塑。

换言之,中国古代的雕塑,从来就没有像音乐、绘画和文学作品那样独立起来,成为单纯为了美的欣赏而创作的艺术门类,而总是附属于政治伦理宗教的意识形态,顶多作为家族豪宅和庄园的等级象征物而成为一种仪仗,渲染一种威势。至于民间社会,基本上是一盘散沙,没有形成一种可以用雕塑形象来体现的民族精神,龙凤之类不是独立的民族精神,而是皇家权力合法性的象征,所谓"龙的传人"其实是龙的佣人、仆人。

在西方,城市雕塑应该是从古希腊罗马就已经发展起来了,这与他们城邦社会的形成有关。在这样的社会中,即使不是实行古代的城邦民主制的地方，公共的社会生活也要比东方社会多得多。最典型的就是古希腊的奥林匹克运动会，这种运动会甚至在战争期间也会让双方停战而按期举行。在这种运动会上，人们可以公开地展示和近距离地观察大量的男女裸体，从中获得人体雕塑的丰富灵感。

当然，这也与地中海的南方温暖气候有关，由于（埃及）希腊文化的扩展，西方文化大体上是由南向北蔓延形成的文化。反之，中国文化则是由北向南扩展的文化，历朝历代的惯例，北方总是强势而南方总是弱势。所以不穿衣服的人在中国人眼中不能算完全的人，而衣服样式则是等级身份的代表。不过，气候只是中国传统政治文化的外部条件，更重要的原因则在于，中国古代没有像希腊罗马城邦那样的公共的政治生活和社会生活，也就没有像希腊罗马的运动场、市政广场和公共浴场那样公开展示雕塑作品的地方。

西方文艺复兴以来，以教堂为基地，公共雕塑开始兴盛起来。米开朗基罗的《大卫》《哀悼基督》等宗教题材的作品，以及《日》《夜》《晨》《暮》等墓地雕塑，都不单纯是为了宗教崇拜，而是为了宣扬人性、塑造人文理想。教堂、墓地在这时不再只是发挥宗教的功能，而是公共空间的一部分，人们在这里谈论的是与每一个人的灵魂有关的事，与世俗的日常生活没有直接关系。后来的凯旋门、埃菲尔铁塔、自由女神像等城市建筑和雕塑则更是借助于历史事件来弘扬民族精神和普世价值的壮举。所有这一切，都要以成熟的公共空间为前提，这些作品都要经受住人们的公开的评议和讨论，特别是由知识精英们来阐发其含义，才最终确立为一种民族精神或普世价值的象征。

但在中国，从来就没有成熟的公共空间，甚至不存在独立自足的公共社会，只有家庭（家族）和君王两个层次，而且实际上是一个层次，即"家国一体"，国就是"大家""官家"或"公家"。虽然小家和大家都是"家",但并没有可以讨论或商谈的公共空间,只能牺牲一方而成全另一方,所谓"忠孝不能两全"。有人说,中国先秦是有公共空间的,例如"百家争鸣",只是后来被秦始皇的大一统给扼杀了。我认为百家争鸣也不是真正的公共空间,我把它叫作"百家争宠",每一家都游走于诸王之间,努力想成为权力者的宠臣或"帝师",让官家变成"我家"。他们争的并不是学术问题,而是对权力的争夺,只要大权在手,立马把学术问题变成政治问题,用残酷的手段消灭对手(如孔子杀少正卯,以及李斯促成秦始皇焚书坑儒)。后来的儒法关系同样延续了这种依附君王的本性。只有当皇权被打倒、政治文化从皇帝的家务事扩展为全社会的公共事务的20世纪,为了公共的政治生活和社会生活而创作的现代城市雕塑才有可能产生出来。当然,这种雕塑虽然是从西方(苏俄)引进的,如伟人雕像、工农兵雕像以及政治符号的雕塑(纪念碑上的浮雕等),却也带上了中国固有的特色。这种中国特色很大程度上是由中国传统雕塑风格带来的。

正是由于中国现代城市雕塑仍然是一种雕塑,所以我们也有必要考察一下中国传统雕塑的一般特点,以及它给现代城市雕塑造成的影响。

二

一般来说,中国传统的雕塑不是给人欣赏的,而是用来吓唬老百姓的。为了达到这个目的,这些雕塑总要摆出一副威严赫赫的样子,营造一种威武肃穆的气氛。这就是摆放在衙门和王府门前的中国正统雕塑的总体面貌。另一方面,佛寺道观中的那些雕像,例如作假寐状的释迦牟尼、笑口常开的弥勒佛、温润悲悯的观世音、怒目圆睁的金刚、

灵岩寺十八罗汉

慈眉善目的老子，还有罗汉堂里那些表情各异、形态不一、各有神通的五百罗汉，虽然偶尔也为展示人性的百态留了一个小小的特区（根据雕塑家的理解而定），但都不是人间的形象，而是按照一定的程式塑造出来的概念表达，因而免不了夸张扭曲（如千手、长脚、大耳之类）。

人们可能会以为中国古人不懂人体比例，其实不然。我曾在泰安的灵岩寺见到过一组宋代的十八罗汉雕塑，个个都是一米八的匀称个子，神态动作栩栩如生，严格符合人体比例和结构，具有现实主义的风格，在我参观过的所有古代庙宇中仅此一例。但这组雕塑在古代好像并不怎么有名，老百姓也并不欣赏。

与正统雕塑相比，这些宗教性的雕塑的作用虽然不是让老百姓畏服世俗权势，但也是使人感觉到自己的渺小和无奈，从而由反面对正统的雕塑文化做了补充。一般来说，中国佛寺和石窟中的雕塑不表现什么打动人的情感的东西，而是把人引向恬淡无为之境，对人间的苦难有种消解和麻木；而福禄寿三位大仙和财神爷的形象则是赤裸裸地表达着人间的世俗欲望（升官发财多子长寿），诱惑着人们以吃小亏占大便宜的心态去和神仙做交易。现在象征这种交易心理的雕塑已泛滥

河北天子大酒店，又称"福禄寿大楼"

到整个社会的大街小巷，几乎每个商店进门就是一尊财神菩萨。这与基督教堂中那种悲怆压抑和内向沉思的气氛简直是天壤之别。

从形式上说，中国传统雕塑，尤其是正统雕塑通常都遵守所谓的"正面律"，就是说，即使是做圆雕，那雕塑的意图也只是让人看正面，而不考虑侧面和背面。这一点至今在领袖像上还可以看得出一些端倪，在正式场合下的领袖总是目视正前方，姿态威严。在西方，正面律是古埃及雕塑的通行法则，但到了希腊雕塑中，这一法则就被废除了，虽然仍然有一个面是最佳观赏角度，但其他角度都是必须仔细考虑并从整体上加以权衡的。所以，希腊雕塑讲究一个雕塑必须能够360度转着看，就连一个背影也要做得优雅迷人。米罗的维纳斯是要置于大厅的中央，让人转着圈子从各个角度来欣赏的。只要是人体雕塑，通常都要使身体形成一个或几个转折，以打破或避免过于正面的呆板性。

但中国古代雕塑没有这样的，而总是靠墙坐或站着，全部表现力都集中在正面，背面则草草收场甚至不作处理，基本上没有立于大庭广众之中或大厅当中的。中国圆雕的原则骨子里还是浮雕的原则。所以中国的人体圆雕大不如浮雕发达，而浮雕则不如石刻和线画，总之是有一种越来越平面化的趋向。

古代赫赫有名的帝王如秦始皇、汉武帝、唐太宗、康熙、乾隆等，都只留下了画像而没有雕像（而古罗马的恺撒、奥古斯都等则都有著名的雕像，而且不止一尊），说明在中国雕塑的地位远不如绘画。雕塑家通常不留名字（只有唐代的杨惠之是例外），不像画家群体有那么多名扬千古的名字和事迹典故。这种只看正面而不顾背面（犹如看一幅画）的欣赏习惯，如果要深究其原因的话，可以说表明了中国人的某种文化心理结构，也就是对事物只要面子、不要里子，只求表面的观感，而不顾整体的事实。

由此看来，现代中国人即使要做城市雕塑，那目的主要还是为了"面子工程"。面子工程有什么好处？它是一位官员为官一任的名片，关系到上面的人来视察时是否有"亮点"。中国官场是凭印象来提拔干部的，所以给上级一个好印象比什么都重要。由于雕塑主要的功能是为当官的"长脸"，所以不可能把注意力放在雕塑本身的艺术水平上，更不可能考虑作品的思想性了。

例如说，现在各地到处兴建的"地标"建筑，其作用很少在于标明地理位置或"指路"（在这方面，有马路指示牌就可以了），而主要是标明某地有人管，有点像狮子用气味标志自己的领地。被网民们评为"全国十大丑陋雕塑"之一的望京地标是一对吃着竹子的大熊猫母子，下书"望京"两个大红字，外号"高大胖"。这就连地方特色也没有了，纯粹是表明这里的领导没有闲着。

中国城市雕塑所表明的不是这个城市的市民的意愿，而是领导的意愿，如果领导没有意愿，中国市民是怎么也想不到要给自己的城市树立一个地标的。这就难怪中国的城市雕塑到处充斥着"衙门气"，而

北京望京地标

老百姓对这种现象也司空见惯,认为不过是街头宣传的一种变形而已,相当于过去衙门前的一对石狮子或九龙壁之类。

中国只有供私人把玩的小雕刻、小玩意儿才做得面面俱到、玲珑剔透,但这些东西通常都不是人体雕塑。如果说中国现代城市雕塑中也有比较成功的例子的话,那就是这些小东西,如一朵浪花,一个有点味道的几何形体(如华南理工大学"红楼"门前所设置的),但那只能是配料,而不能成为主体。

西方城市雕塑的主体是人体雕塑,但在中国,人体雕塑最大的障碍之一是对裸体的忌讳,而着装则往往是表明人物的身份等级、表面饰物而不是内在性格。一谈到中国风格的人体雕塑,人们往往想到的是从绘画人物中搬过来,什么嫦娥啊、飞天啊,这些人物在绘画中可以很美,但做成雕塑却变得呆板,并且让人担心。米开朗基罗说,好的雕塑应该是能够从山上滚下来而完好无损的雕塑。虽然不能当作绝对标准,但至少应该有这种意识。因为所谓雕塑,本质上就是将散乱的材料塑造成型,那些飘带之类的东西不但易碎,而且起着解构形体的作用。

所以中国现代城市雕塑的主体除了政治伟人外，主要还是由传统园林艺术的自然事物中引申出来的题材，如假山、顽石。这些东西本来虽然是一种伪自然，但毕竟表达了某种哲学观点，现代人则在把它们移植于城市雕塑时丢掉了这种哲学，使之伪上加伪，成为一种实用性很强的摆设。最烦的是在湖中用白水泥做几只曲颈的天鹅，在草坪上放一对石雕的白鹿之类，那些东西极不自然，且破坏周围的风景。

再者，由于中国城市雕塑在艺术趣味上缺乏长期的本土艺术积累，在艺术处理上一直停留在幼稚阶段，实质上不过是某种政治概念的直白的图解，美其名曰"社会主义现实主义"。我们看那些英雄人物雕像，如矗立在武汉彭刘杨路的三烈士像，就像宣传画上的样板。在武汉大学校园里，要么是李达半身雕像，本应放在纪念馆中，却被置于樟树林里，那写实的风格让人突然见着会吓一跳；要么是李四光牵头毛驴考察武大校址，也是全写实的，一个普通下乡干部模样，如下页图。

唯一做得好的是狮子山上的闻一多头像，做得很大气，有诗意，虬发怒张，目光如电。很少见到这样的雕塑。

另外一个不可多得的例子是台湾的宜兰县办公楼门前的一组造型。宜兰县境内的高山上漫山遍野生长着以桧树为主的原始森林，那些自然死去的桧树通常就在山上朽烂了。于是人们在建成那幢办公楼以后，在门前一大片空地上设计了一个创意，就是把那些死掉不久尚未腐烂的合抱粗的桧木从山上运下来，剥去树皮，去掉多余的枝叶，略加修整，几十上百株密集地竖立在空地上，远看就像一大群巨人一齐向天空伸出双臂，表达了一种"众志成城"的意思，给人以极大的震撼。可见政治宣传性的雕塑也可以做得大气。

我们国家大力宣传的二十四个字的核心价值观，富强、民主、文明、和谐、自由、平等、公正、法治、爱国、敬业、诚信、友善，为

左上：李四光（武汉大学）
右上：闻一多像（武汉大学）
左下：郑州中原福塔前的雕塑，有人认为是一对"流氓猪"
右下：重庆永川雕像（已于 2011 年拆除）

什么就不能给每项建立一个象征性的雕塑呢？反倒是不在此列的"孝顺"却有雕塑，如郑州用一对卡通猪来表现儿子帮妈妈捶背，但被观者讽刺为"耍流氓"。

现在有一些仿古的雕塑，把古代的衙门石狮和龙图腾用现代水泥钢筋仿造出来，大都是些粗制滥造的东西。古代这些雕塑不管怎么样，是经过了历史的打磨的，有它固有的程式和风格，现代人却根本不能欣赏，随意改变和忽略，再加上不细致、不耐烦，弄得面目可憎。再就是对西方的雕塑进行抄袭。现在银行门口很多都不再立中国风格的石狮了，而要立新加坡风格的。其实就是更加写实一些，但也更加粗糙一些。中国人什么都敢抄,埃及狮身人面像、埃菲尔铁塔、凯旋门,抄完今人抄古人,缺的就是创意。

等而下之的就是那些媚俗的作品了。这些作品反映的是这个人欲泛滥、道德沦丧的时代最低下的欲望,如重庆永川某明星洗澡的半身裸像,完全是一个包二奶、养明星的贪官眼光的对象化产物,没有半点美感。而且问题在于,除了网上一片骂声以外,许多老百姓都还接受这种东西,因为他们对贪官心理有很大部分是认同的,不过是羡慕嫉妒恨而已。中国人历来分不清色情和人体美的区别,因为他们缺少精神的眼光。

最后,还有一类作品是过于前卫和主题不明的雕塑,如上次评上十大丑陋城市雕塑的有一大把巨型筷子式的东西,细看是个鸟巢,不知要表现什么。还有一个是一大堆七歪八倒危如累卵的吊脚楼模型,丑陋不堪,空有一股追求新奇古怪的急切,既无形式,又无内容。

不是说不能搞前卫,而是说不要在城市雕塑上搞前卫,因为城市雕塑是面向市民的,应该简洁和亲民,让老百姓认同你所要表达的观念。前卫艺术可以在室内展览,也可以搞点小范围的主题公园,爱看不看,千万不能搞成地标。

三

对中国城市雕塑,我想做一个总体性的反思。如前所述,中国没有城市雕塑的传统,比如我们看到《清明上河图》中就没有什么城市雕塑,如果有,它肯定是会表现出来的。其根本原因,则是由于中国历来没有真正的公共空间。直到今天,虽然我们已从西方引入了公共空间的概念以及公共建筑和城市雕塑的形式,但现实中的公共空间仍然很狭小,不足以形成一个城市的公民意识。我们的城市居民还不是公民,而且其中还有很大一部分是所谓的"农民工",没有城市户口,还不具有与城市居民同等的权利。在这种情况下,勉强打造出来的城市雕塑其实是无根的,注定要变质为一种衙门文化和权力操作。因此我主张,除了在某些文化单位(如学校、图书馆等)外,一般城市街道目前最好暂停或少建城市雕塑。没有本土基础的城市雕塑只能是空中

"三面红旗"桥头堡

楼阁,劳民伤财,实在要建,可以搞些小型的玩赏性的,不要搞大型的宣传性的。那些政治性的雕塑过些年形势一变,就得拆除,否则就成了历史的讽刺,如南京长江大桥上的"三面红旗"。

我们这个时代本质上就是一个经济动物的时代,一个GDP统率一切的时代,我们就只是全球"第二大经济体"而已。想用一种表面的文化繁荣来装点庸俗的现实,就像武汉某街道的"遮丑墙"和某县用绿色油漆造成的"绿化山"一样,只会闹笑话。真正的城市雕塑应该表达出不受暂时的政治需要所左右的比较长久的公民共识,即使具有政治含义,也要能够体现某种永恒的普世价值,这就需要有成熟稳定的公民社会。在这方面,甚至台湾地区也还没有完全达到一般公民社会的要求,例如最近发生的蒋介石铜像遭砍头的闹剧,蓝、绿两营生死对头,誓不两立,互相拆台,缺乏公意。公共空间的基本前提是伏

尔泰的名言："我坚决不同意你的观点，但我誓死捍卫你表达你观点的权利。"每个公民表达自己观点的权利，也就是言论自由，是公民社会最起码的公意，在此基础上才有可能形成全社会的共识。自巴黎埃菲尔铁塔以来，现代城市雕塑更是形成了通过广泛招标、充分讨论和议会投票来决定雕塑方案的公开程序，这就是一个国家的公民社会已经成熟的体现。我们的公民社会目前尚处于幼稚的阶段，还没有在公共空间中培养出具有独立公民意识的市民来。只有这样的市民才是真正的城市雕塑的群众基础，他们才能够体会到作为这个城市的公民的尊严和自豪，才能形成一种可以通过城市雕塑来表达的市民精神。更何况，城市雕塑作为公共建筑的一部分，其建造权和支配权目前还不是由纳税人所能够控制的，又不是生活必需品，所以还是少建一些为好。在真正的公民社会和公共空间形成以前，建大型的城市雕塑常常是既无社会共识，又无历史意义，今后拆除起来毫不惋惜，老百姓的血汗钱就这样白白地浪费掉了。

结论是，城市雕塑不是一件孤立的事情，也不是单纯的技术工作，而是牵涉到社会文化历史传统的方方面面，必须充分考虑其社会基础和群众基础。为了奠定这一基础，从体制改革到思想启蒙，我们还有太多的事情要做。

（本文由2013年在华南理工大学召开的"现象学与建筑"学术研讨会上的发言稿扩展而成，未发表）